普通高等教育"十一五"电子电气基础课程规划教材

EDA 与数字系统设计

第 2 版

李国丽　朱维勇　何剑春　编著

机 械 工 业 出 版 社

本教材根据电子技术基础课程设计阶段学时少、任务重的特点，将传统电子技术课程设计内容与 EDA 技术有机结合，优化训练和设计内容，以提高将 EDA 技术用于数字系统设计的能力为目的，深入浅出地对 EDA 技术和相关知识做了介绍。

本教材介绍了 EDA 的相关知识、数字系统设计的基本概念和 Quartus Ⅱ的使用练习，介绍了 VHDL 和 Verilog HDL 硬件描述语言，并给出了若干数字系统设计题目。全书内容共四章，附录中给出了 MAX + PLUS Ⅱ使用简介，以及一些数字系统设计问题的 VHDL 和 Verilog HDL 参考代码。

本书配有免费电子课件，欢迎选用本书作教材的老师登录 www. cmpedu. com 注册下载或发邮件到 wbj@ cmpbook. com 索取。

本书可以作为工科电类或非电类专业的本科生以及电大学生的电子技术课程设计教材或选修课教材，也可供有关教师和工程技术人员参考。

图书在版编目（CIP）数据

EDA 与数字系统设计/李国丽等编著. —2 版. —北京：机械工业出版社，2009. 1

普通高等教育“十一五”电子电气基础课程规划教材

ISBN 978 - 7 - 111 - 13071 - 0

Ⅰ. E… Ⅱ. 李… Ⅲ. ①电子电路-计算机辅助设计-高等学校-教材 ②数字系统-系统设计-高等学校-教材 Ⅳ. TN702 TP271

中国版本图书馆 CIP 数据核字（2008）第 203789 号

机械工业出版社（北京市百万庄大街 22 号 邮政编码 100037）

责任编辑：王保家 版式设计：霍永明 责任校对：陈延翔

封面设计：张 静 责任印制：李 妍

保定市中画美凯印刷有限公司印刷

2009 年 3 月第 2 版第 1 次印刷

184mm × 260mm · 19. 5 印张 · 479 千字

标准书号：ISBN 978 - 7 - 111 - 13071 - 0

定价：32.00 元

凡购本书，如有缺页、倒页、脱页，由本社发行部调换

销售服务热线电话：（010） 68326294

购书热线电话：（010） 88379639 88379641 88379643

编辑热线电话：（010） 88379727

前 言

为适应新世纪人才培养的需要，培养学生利用计算机等先进设备进行电子设计自动化的能力，合理安排教学和训练内容，使学生在最短的时间内，以最快的速度掌握EDA的基本方法，我们编写了这本教材。希望通过本教材的学习，可以使学生掌握EDA的一般方法，学习专用EDA软件的使用，并在有限的学时内完成数字系统设计课题。

在本教材的第1版中，使用的EDA仿真软件是MAX + PLUS Ⅱ，随着EDA技术的飞速发展，Altera公司的第三代PLD开发系统MAX + PLUS Ⅱ已经发展成为第四代PLD开发系统Quartus Ⅱ，它可以用于新器件和大规模CPLD/FPGA的设计，是目前进行CPLD/FPGA和结构化ASIC设计的最佳软件，且非常容易使用。所以，在本书的第2版中，将主要使用Quartus Ⅱ软件进行数字系统设计，为兼顾熟悉MAX + PLUS Ⅱ的读者，把相关MAX + PLUS Ⅱ的内容放到附录A中。

VHDL和Verilog HDL是目前EDA设计中常用的两种硬件描述语言，本教材对这两种硬件描述语言分别用一章的内容进行介绍，并在Quartus Ⅱ设计中使用VHDL语言，在MAX + PLUS Ⅱ设计中使用Verilog HDL语言，以供使用本教材的读者选择。

全书共分为四章。

绪论包括数字系统设计的基本概念、数字系统设计方法简介、可编程逻辑器件简介、EDA软件的种类及各自的特点、硬件描述语言简介以及本教材教学的要求。

第1章通过练习进行Quartus Ⅱ的使用训练，练习题目是经过精心挑选的，只有完成这些练习，才能掌握Quartus Ⅱ软件的使用方法、下载的特点，才有可能进一步完成设计题目。在此章的内容中，将出现一些简单的VHDL语言进行的设计，读者完全可以通过这些简单练习掌握一般问题的VHDL设计，若需要对VHDL语言有进一步的了解，可以参考第2章的有关内容。

第2章介绍VHDL硬件描述语言。以尽量简练的方法介绍VHDL语言的程序结构、基本数据类型和数据对象定义，通过大量的实例来说明VHDL语言的基本语法结构、基本语句和VHDL的程序设计特点等，并给出数字系统中常用电路的VHDL设计程序和仿真结果。

第3章介绍Verilog HDL硬件描述语言，按照IEEE1364—1995标准，介绍Verilog HDL的基础概念、语法要素、基本语句及仿真验证，并给出设计实例。

第4章给出若干数字系统设计题目，分别给出设计任务、设计提示和设计框图，要求学生根据前三章的内容，使用Quartus Ⅱ或MAX + PLUS Ⅱ仿真软件，用不同的方法（图形输入法、HDL硬件描述语言输入法）完成，并下载实现它们。

附录A对MAX + PLUS Ⅱ的使用方法进行了介绍。

附录B给出了部分数字系统设计问题的VHDL参考代码。

附录C给出了部分数字系统设计问题的Verilog HDL参考代码。

附录D给出了VHDL标准程序包文件。

附录E给出了DE2开发板简介。

本教材的绪论、第4章、附录A、附录C由李国丽编写；第2章、第3章由朱维勇编写；第1章、附录B、附录D、附录E由何剑春编写，解放军电子工程学院的李东生教授审阅了书稿，并提出了宝贵意见。在本书的编写过程中，参考和引用了有关专家的教材和论文，在此一并表示衷心的感谢。

本书配有免费电子课件，欢迎选用本书作教材的老师登录 www. cmpedu. com 注册下载或发邮件到 wbj@ cmpbook. com 索取。

由于编者的水平有限，书中可能存在不妥之处，欢迎读者批评指正。

编者

目　录

绪　论

0.1　数字系统设计的基本概念

目前，数字技术已渗透到科研、生产和人们日常生活的各个领域。从计算机到家用电器，从手机到数字电话，以及绝大部分新研制的医用设备、军用设备等，无不尽可能地采用了数字技术。

数字系统是对数字信息进行存储、传输、处理的电子系统。

通常把门电路、触发器等称为逻辑器件。将由逻辑器件构成，能执行某单一功能的电路，如计数器、译码器、加法器等，称为逻辑功能部件，把由逻辑功能部件组成的能实现复杂功能的数字电路称为数字系统。复杂的数字系统可以分割成若干个子系统，例如计算机就是一个内部结构相当复杂的数字系统。

不论数字系统的复杂程度如何，规模大小怎样，就其实质而言皆为逻辑问题，从组成上说，是由许多能够进行各种逻辑操作的功能部件组成的，这类功能部件，可以是小规模集成电路（SSI）逻辑部件，也可以是各种中规模集成电路（MSI）逻辑部件、大规模集成电路（LSI）逻辑部件，甚至可以是 CPU 芯片。由于各功能部件之间的有机配合，协调工作，使数字电路成为统一的数字信息存储、传输、处理的电子电路。

与数字系统相对应的是模拟系统，和模拟系统相比，数字系统具有工作稳定可靠，抗干扰能力强，便于大规模集成，易于实现小型化、模块化等优点。

数字系统一般由控制电路、多个受控电路、输入/输出电路、时基电路等几部分构成，如图 0-1 所示。

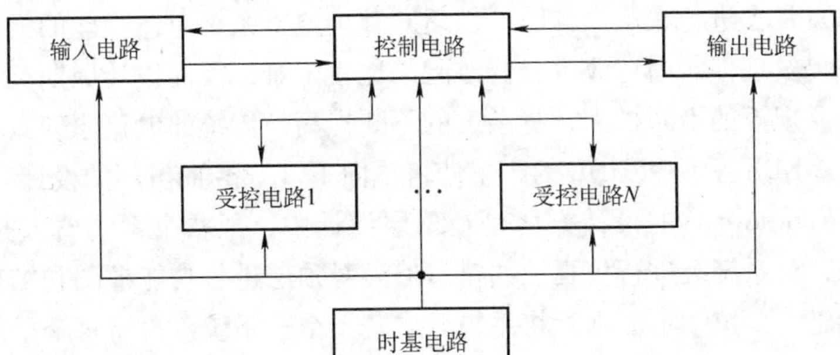

图 0-1　数字系统框图

图中，输入电路将外部信号（开关信号、时钟信号等）引入数字系统，经控制电路逻辑处理后，或控制受控电路，或经输出电路产生外部执行机构（发光二极管、数码管、扬声器等）所需的信号。数字系统通常是一个时序电路，时基电路产生各种时钟信号，保证整个系统在时钟作用下协调工作。

数字系统和逻辑功能部件之间的区别之一在于功能是否单一。一个存储器，尽管规模很大，可以达到数兆甚至吉（G）字节，但因其功能单一，只能算是逻辑功能部件，而由几片MSI构成的交通灯控制器却应称为系统。

数字系统和功能部件之间的区别之二是是否包含控制电路。一个数字电路，无论其规模大小，只有在具有控制电路的情况下才能称之为系统。控制电路根据外部输入信号、各受控电路的反馈信号、控制电路的当前状态，决定系统的下一步动作。控制电路的逻辑关系最为复杂，是数字系统设计中的关键。

0.2 数字系统设计方法简介

数字系统设计的一般流程为：

1. 明确设计要求，确定系统的输入/输出

在具体设计之前，详细分析设计要求，确定系统输入/输出信号是必要的。例如，要设计一个交通灯控制器，必须明确系统的输入信号有哪些（由传感器得到的车辆到来信号、时钟信号），输出要求是什么（红、黄、绿交通灯正确显示和时间显示），只有在明确设计要求的基础上，才能使系统设计有序地进行。

2. 确定整体设计方案

对于一个具体的设计，可能有多种不同的方案，确定方案时，应对不同方案的性能、成本、可靠性等方面进行综合考虑，最终确定设计方案。

3. 自顶向下（Top-down）的模块化设计方法

数字系统的设计通常有两种设计方法：一种是自底向上的设计方法；一种是自顶向下的设计方法。

自底向上（Bottom-up）的设计过程从最底层设计开始。设计系统硬件时，首先选择具体的元器件，用这些元器件通过逻辑电路设计，完成系统中各独立功能模块的设计，再把这些功能模块连接起来，总装成完整的硬件系统。

这种设计过程在进行传统的手工电路设计时经常用到，优点是符合硬件设计工程师传统的设计习惯；缺点是在进行底层设计时，缺乏对整个电子系统总体性能的把握，在整个系统设计完成后，如果发现性能尚待改进，修改起来比较困难，因而设计周期长。

随着集成电路规模的不断扩大，复杂度的不断提高，传统的电路原理图输入法已经无法满足设计的要求。EDA工具和HDL的产生使自顶向下（Top-down）的设计方法得以实现。

自顶向下（Top-down）的设计方法是在顶层设计中，把整个系统看成是包含输入输出端口的单个模块，对系统级进行仿真、纠错，然后对顶层进行功能框图和结构的划分，即从整个系统的功能出发，按一定原则，将系统分成若干个子系统，再将每个子系统分成若干个功能模块，进而将每个模块分成若干个小的模块……直至分成许多基本模块实现。这样将系统模块划分为各个子功能模块，并对其进行行为描述，在行为级进行验证。

例如，交通灯控制器的设计，可以把整个系统分为主控电路、定时电路、译码驱动显示等。定时电路可以由计数器功能模块构成，译码驱动显示可由SSI构成的组合逻辑电路组成，这两部分都是设计者所熟悉的各种功能电路，设计起来并不困难，这样交通灯控制器的设计的主要问题就是控制电路的设计了，而这是一个规模不大的时序电路，也就是说可以把一个复杂的数字系统的设计变成一个较小规模的时序电路的设计，从而大大简化设计的难度，缩短设计周期。由于设计调试都可以针对这些子模块进行，使修改设计也变得非常方便。

模块分割的一般要求为：

1）各模块之间的逻辑关系明确。

2）各模块内部逻辑功能集中，且易于实现。

3）各模块之间的接口线尽量少。

模块化的设计最能体现设计者的思想，分割合适与否对系统设计的方便与否有着至关重要的影响。

4. 数字系统的设计

数字系统的设计可以在以下几个层次上进行：

1）选用通用集成电路芯片构成数字系统。

2）应用可编程逻辑器件实现数字系统。

3）设计专用集成电路（单片系统）。

用通用集成电路构成数字系统即采用 SSI、MSI、LSI（如 74 系列芯片、计数器芯片、存储器芯片等），根据系统的设计要求，构成所需数字系统。早期的数字系统的设计，都是在这个层次上进行的，电子工程师设计电子系统的过程一般是：根据设计要求，进行书面设计——选择器件——电路搭建调试——样机制作，这样完成的系统设计，由于芯片之间的众多连接，造成系统的可靠性不高，也使系统体积相对较大，集成度低。当数字系统大到一定规模时，搭建调试会变得非常困难甚至不可行。

随着数字集成技术和电子设计自动化（Electronic Design Automation，EDA）技术的迅速发展，数字系统设计的理论和方法也在相应地变化和发展着。EDA 技术是从计算机辅助设计（CAD）、计算机辅助制造（CAM）、计算机辅助测试（CAT）和计算机辅助工程（CAE）等技术发展而来的。它以计算机为工具，设计者只需对系统功能进行描述，就可在 EDA 工具的帮助下完成系统设计。

应用可编程逻辑器件（Programmable Logic Device，PLD）实现数字系统设计和单片系统的设计，是目前利用 EDA 技术设计数字系统的潮流。这种设计方法以数字系统设计软件为工具，将传统数字系统设计中的搭建调试用软件仿真取代，对计算机上建立的系统模型，用测试码或测试序列测试验证后，将系统实现在 PLD 芯片或专用集成电路上，这样最大程度地缩短了设计和开发时间，降低了成本，提高了系统的可靠性。

高速发展的可编程逻辑器件为 EDA 技术的不断进步奠定了坚实的物理基础。大规模可编程逻辑器件不但具有微处理器和单片机的特点，而且随着微电子技术和半导体制造工艺的进步，集成度不断提高，与微处理器、DSP、A/D、D/A、RAM 和 ROM 等独立器件之间的物理与功能界限正日趋模糊，嵌入式系统和片上系统（SOC）得以实现。以大规模可编程集成电路为物质基础的 EDA 技术打破了软硬件之间的设计界限，使硬件系统软件化。这已成为现代电子设计技术的发展趋势。

0.3 可编程逻辑器件简介

数字集成电路从它的产生到现在，经过了早期的电子管、晶体管、小中规模集成电路，到大规模、超大规模集成电路（VLSIC，几万门以上）以及许多具有特定功能的专用集成电路的发展过程。但是，随着微电子技术的发展，设计与制造集成电路的任务已不完全由半导体厂商来独立承担。系统设计师们更愿意自己设计专用集成电路（Application Specific Integrated Circuit，ASIC）芯片，而且希望ASIC的设计周期尽可能短，最好是在实验室里就能设计出合适的ASIC芯片，并且立即投入实际应用之中，因而出现了现场可编程逻辑器件（Field Programmable Logic Device，FPLD），其中应用最广泛的当属CPLD和FPGA。

CPLD是复杂可编程逻辑器件（Complex Programmable Logic Device）的简称，FPGA是现场可编程门阵列（Field Programmable Gate Array）的简称。两者的功能基本相同，只是实现原理略有不同，所以我们有时可以忽略这两者的区别，统称为可编程逻辑器件或CPLD/FPGA。

可编程逻辑器件是电子设计领域中最具活力和发展前途的一项技术，它的影响丝毫不亚于20世纪70年代单片机的发明和使用。

可编程逻辑器件能完成任何数字器件的功能，上至高性能CPU，下至简单的74电路，都可以用可编程逻辑器件来实现。可编程逻辑器件如同一张白纸或是一堆积木，工程师可以通过传统的原理图输入法或硬件描述语言，自由地设计一个数字系统，通过软件仿真，我们可以事先验证设计的正确性，还可以利用PLD的在线修改能力，随时修改设计。

使用可编程逻辑器件来开发数字电路，可以大大缩短设计时间，减少芯片面积，提高系统的可靠性。可编程逻辑器件的这些优点使得可编程逻辑器件技术在20世纪90年代以后得到飞速的发展，同时也大大推动了EDA软件和硬件描述语言（Hardware Description Language，HDL）的进步。

早期的可编程逻辑器件只有可编程只读存储器（PROM）、紫外线可擦除只读存储器（EPROM）和电可擦除只读存储器（EEPROM）三种，它们由全译码的与阵列和可编程的或阵列组成，由于阵列规模大，速度低，主要用途是作存储器。

20世纪70年代中期，出现了一类结构上稍复杂的可编程芯片，称为可编程逻辑阵列（Programmable Logic Array，PLA）。它由可编程的与阵列和可编程的或阵列组成，虽然其阵列规模大为减小，提高了芯片的利用率，但由于编程复杂，支持PLA的开发软件有一定难度，没有得到广泛应用。

20世纪70年代末，美国MMI公司（Monolithic Memories Inc，单片机存储器公司）率先推出了可编程阵列逻辑器件（Programmable Array Logic，PAL）。PAL由可编程的与阵列和固定的或阵列构成，采用熔丝编程方式、双极型工艺制造。PAL在器件的工作速度、输出结构种类上较早期的可编程逻辑器件有了很大进步，但由于其输出方式的固定不能重新组态，所以编程灵活性较差，又由于采用的是PROM工艺，只能一次性编程，使用者仍要承担一定风险。

20世纪80年代中期，Altera公司发明了通用阵列逻辑（Generic Array Logic，GAL）。它和PAL的区别在于GAL的输出电路可以组态，而且它大多采用UVCMOS或E^2CMOS工艺，实现了重复编程，通常可擦写百次以上，甚至上千次。GAL由于其设计具有很强的灵活性，设计风险为零，可以取代大部分 SSI、MSI 和 PAL 器件，所以在 20 世纪 80 年代得到广泛使用。

这些早期的可编程逻辑器件的一个共同特点是都属于低密度 PLD，结构简单，设计灵活，但规模小，难以实现复杂的逻辑功能。

其后，随着集成电路工艺水平的不断提高，PLD 突破了传统的单一结构，向着高密度、高速度、低功耗以及结构体系更灵活、适用范围更宽的方向发展，因而相继出现了各种不同结构的高密度 PLD。20 世纪 80 年代中期，Altera 公司推出了一种新型的可擦除、可编程逻辑器件（Erasable Programmable Logic Device，EPLD），它采用 CMOS 和 UVEPROM 工艺制作，集成度比 PAL 和 GAL 高得多，设计也更加灵活，但内部互连能力比较弱。

1985 年 Xilinx 公司首家推出了现场可编程门阵列器件（Field Programmable Gate Array，FPGA），它是一种新型的高密度 PLD，采用 CMOS-SRAM 工艺制作，其结构和阵列型 PLD 不同，内部由许多独立的可编程逻辑模块组成，逻辑模块之间可以灵活地相互连接，具有密度高、编程速度快、设计灵活和可再配置设计能力等许多优点。FPGA 出现后立即受到世界范围内电子工程师的普遍欢迎，并得到迅速发展。

20 世纪 80 年代末，Lattice 公司提出在系统可编程（In System Programmable，ISP）技术后，相继出现了一系列具备在系统可编程能力的复杂可编程逻辑器件（Complex Programmab1e Logic Device，CPLD），CPLD 是在 EPLD 的基础上发展起来的，它采用 E^2CMOS 工艺制作，增加了内部连线，改进了内部结构体系，因而比 EPLD 性能更好，设计更加灵活，其发展也非常迅速。

不同厂家对可编程逻辑器件的叫法也不尽相同。Xilinx 公司把基于查找表技术、SRAM 工艺、要外挂配置用的 EEPROM 的可编程逻辑器件称为 FPGA；把基于乘积项技术、Flash 工艺（类似 EEPROM 工艺）的可编程逻辑器件称为 CPLD。Altera 公司把自己的可编程逻辑器件产品中的 MAX 系列（乘积项技术，EEPROM 工艺）、FLEX 系列（查找表技术，SRAM 工艺）都叫做 CPLD；而把也是 SRAM 工艺、基于查找表技术、要外挂配置用的 FLEX 系列的 EPROM 叫做 FPGA。

随着可编程逻辑器件应用的日益广泛，许多 IC 制造厂家涉足 PLD/FPGA 领域，目前世界上有十几家生产 CPLD/FPGA 的公司，最大的三家是 Altera、Xilinx 和 Lattice，其中 Altera 和 Xilinx 占有了 60% 以上的市场份额。Altera 的主要产品有 MAX3000/7000、FLEX10K、APEX20K、ACEX1K、Stratix、Cyclone 等；Xilinx 的主要产品有 XC9500/4000、Coolrunner（XPLA3）、Spartan、Virtex 等；Lattice 的主要产品有 ispLSI2000/5000/8000、MACH4/5、ispMACH4000 等。

0.4 EDA 软件种类及各自特点

计算机技术的进步推动了 EDA 技术的普及和发展，EDA 工具层出不穷，目前在我国各大专院校教学中具有的广泛影响的 EDA 软件有 SPICE、PSpice、OrCAD、Electrical Workbench、Multisim、Protel 等。

SPICE（Simulation Program with Integrated Circuit Emphasis）软件于 1972 年由美国加州大学伯克利分校的计算机辅助设计小组利用 FORTRAN 语言开发而成，主要用于大规模集成电路的计算机辅助设计。SPICE 的正式实用版 SPICE 2G 在 1975 年正式推出，但是该程序的运行环境至少为小型机。1985年，加州大学伯克利分校用C语言对SPICE软件进行了改写，1988年SPICE被定为美国国家工业标准。与此同时，各种以SPICE为核心的商用模拟电路仿真软件，在SPICE的基础上做了大量实用化工作，从而使SPICE成为最为流行的电子电路仿真软件。

PSpice则是由美国Microsim公司在SPICE 2G版本的基础上升级并用于PC上的SPICE版本，其中采用自由格式语言的5.0版本，自20世纪80年代以来在我国得到广泛应用，并且从6.0版本开始引入图形界面。1998年著名的EDA商业软件开发商OrCAD公司与Microsim公司正式合并，自此Microsim公司的PSpice产品正式并入OrCAD公司的商业EDA系统中，由OrCAD公司正式推出了OrCAD PSpice Release 9.0，与传统的SPICE软件相比，PSpice 9.0在三大方面实现了重大变革：第一，在对模拟电路进行直流、交流和瞬态等基本电路特性分析的基础上，实现了蒙特卡罗分析、最坏情况分析以及优化设计等较为复杂的电路特性分析；第二，不但能够对模拟电路进行仿真，而且能够对数字电路、数/模混合电路进行仿真；第三，集成度大大提高，电路图绘制完成后可直接进行电路仿真，并且可以随时分析观察仿真结果。

Electronic Workbench软件是加拿大Interactive Image Technologies公司于20世纪80年代末、90年代初推出的专门用于电子线路仿真的"虚拟电子工作台"软件，可以将不同类型的电路组合成混合电路进行仿真。它不仅可以完成电路的瞬态分析和稳态分析、时域和邻域分析、器件的线性和非线性分析、电路的噪声分析和失真分析等常规电路的分析，而且还提供了离散傅里叶分析、电路零极点分析、交直流灵敏度分析和电路容差分析等共计14种电路分析方法，并具有故障模拟和数据储存等功能。其升级版本Multisim 2001除具备上述功能外，还支持VHDL和Verilog HDL文本的输入。在此基础上，Multisim经历了Multisim7、Multisim8，后来Multisim被美国NI（National Instrument）公司收购，以后推出了NI Multisim9，其性能得到了极大的提升。NI公司下属的Electronics Workbench Group最新推出的Multisim10.0和Ultiboard10.0具备了很多专业设计特性，主要是高级仿真工具、增强的元件库和扩展的用户社区等。

Protel软件包是20世纪90年代初由澳大利亚Protel Technology公司研制开发的电路EDA软件，它在我国电子行业中知名度很高，普及程度较广。Protel 98是应用于Windows95/98和Windows NT下的EDA设计软件，它包括五大组件：原理图设计系统Advanced Schematic 98、印制电路板设计系统Advanced PCB 98、可编程逻辑器件（PLD）设计系统Advanced PLD 98、电路仿真系统Advanced SIM 98以及自动布线系统Advanced Route 98。它可以完成电路原理图的设计和绘制、电路仿真、印制电路板设计、可编程逻辑器件（PLD）设计和自动布线等。在Protel 98的基础上，Protel经历了Protel 99、Protel 99se、Protel DXP的发展过程，功能也愈来愈完善。Protel最新版本Altium Designer 6增强了很多板级设计功能，大大增强了对处理复杂板卡设计和高速数字信号的支持，同时，它能更加方便、快速地实现复杂板卡的PCB版图设计。

除此之外，专门用于开发FPGA和CPLD的EDA工具也很多，它们大致可以分为五个模块：

1）设计输入编辑器；

2）仿真器；

3）HDL 综合器；

4）适配器（或布局布线器）；

5）下载器。

设计输入编辑器可以接受不同的设计输入方式，如原理图输入方式、状态图输入方式、波形图输入方式以及 HDL 文本输入方式。各 PLD 器件厂商一般都有自己的设计输入编辑器，如 Xilinx 公司的 Foundation、ISE，Altera 公司的 MAX + PLUS Ⅱ、Quartus Ⅱ等。

仿真器以基于 HDL 的仿真器应用广泛。数字系统的设计中，行为模型的表达、电子系统的建模、逻辑电路的验证以及门级系统的测试，都离不开仿真器的模拟检测。按处理的硬件描述语言，仿真器可分为 VHDL 仿真器、Verilog 仿真器等，按仿真的电路描述级别的不同，HDL 仿真器可以独立或综合完成系统级仿真、行为级仿真、RTL 级仿真和门级时序仿真。

几乎每个公司的 EDA 产品都有仿真工具。Verilog-XL、NC-verilog 用于 Verilog 仿真，Leapfrog 用于 VHDL 仿真，Analog Artist 用于模拟电路仿真。Viewlogic 公司的仿真器有：Viewsim 门级电路仿真器，SpeedwaveVHDL 仿真器，VCS-verilog 仿真器。Mentor Graphics 公司有其子公司 Model Tech 出品的 VHDL 和 Verilog 双仿真器：ModelSim。Cadence、Synopsys 用的是 VSS（VHDL 仿真器）。现在的趋势是各大 EDA 公司都逐渐用 HDL 仿真器作为电路验证的工具。

综合工具可以把 HDL 变成门级网表。这方面 Synopsys 工具占有较大的优势，它的 Design Compile 是作为一个综合的工业标准，它还有另外一个产品叫 Behavior Compiler，可以提供更高级的综合。

随着 FPGA 设计的规模越来越大，各 EDA 公司相继开发了用于 FPGA 设计的综合软件，比较有名的有：Synopsys 公司的 FPGA Express，Cadence 公司的 Synplity，Mentor 公司的 Leonardo，这三家的 FPGA 综合软件占了市场的绝大部分。

适配器又称布局布线器，其任务是完成系统在器件上的布局布线。适配器输出的是厂商自己定义的下载文件，用于下载到器件中以实现设计。布局布线通常由 PLD 厂商提供的专门针对器件开发的软件完成，这些软件可以嵌在 EDA 开发环境中，也可以是专用的适配器，

在 IC 设计的布局布线工具中，Cadence 公司的软件是比较强的，它有很多产品，用于标准单元、门阵列时已可实现交互布线。最有名的是 Cadence spectra，它原来是用于 PCB 布线的，后来 Cadence 公司把它用来作 IC 的布线。其主要工具有：Cell3，Silicon Ensemble - 标准单元布线器，Gate Ensemble - 门阵列布线器，Design Planner - 布局工具。其他各 EDA 软件开发公司也提供各自的布局布线工具。

下载器又称编程器，它把设计下载到对应的实际器件中，实现硬件设计，一般 PLD 厂商都提供专门针对器件的下载或编程软件。

0.5 硬件描述语言简介

数字系统的设计输入方式有多种，通常是由线信号和表示基本设计单元的符号连在一起组成线路图，符号取自器件库，符号通过信号（或网线）连接在一起，信号使符号互连，这样设计的系统所形成的设计文件是若干张电路原理结构图，在图中详细标注了各逻辑单元、器件的名称和相互间的信号连接关系。对于小的系统，这种原理电路图只要几十张至几

百张就可以了，但如果系统比较大，硬件比较复杂，这样的原理电路图可能要几千张、几万张甚至更多，这样就给设计归档、阅读、修改等都带来了不便。这一点在IC设计领域表现得尤为突出，从而导致了采用硬件描述语言进行硬件电路设计方法的兴起。

硬件描述语言是用文本形式来描述数字电路的内部结构和信号连接关系的一类语言，类似于一般的计算机高级语言的语言形式和结构形式。设计者可以利用HDL描述设计的电路，然后利用EDA工具进行综合和仿真，最后形成目标文件，再用ASIC或PLD等器件实现。

硬件描述语言的发展至今约有20多年的历史，并成功地应用于数字系统开发的各个阶段：设计、综合、仿真和验证等，使设计过程达到高度自动化。硬件描述语言有多种类型，最具代表性的、使用最广泛的是VHDL（Very High Speed Intergated Circuit Hardware Description Language）语言和Verilog HDL语言。

VHDL语言于20世纪80年代初由美国国防部（The United States Department of Defense）发起创建，当时制定了一个名为VHSIC（Very High Speed Integrated Circuit）的计划，其目的是为了能制定一个标准的文件格式和语法，要求各武器承包商遵循该标准描述其设计的电路，以便于保存和重复使用电子电路设计。VHDL语言的全称为“超高速集成电路硬件描述语言”（VHSIC Hardware Description Language），于1982年正式诞生，VHDL吸取了计算机高级语言语法严谨的优点，采用了模块化的设计方法，于1987年被国际电气电子工程师学会（International Electrical & Electronic Engineering ，IEEE）收纳为标准；文件编号为IEEE Standard 1076。1993年，IEEE对VHDL进行了修订，从更高的抽象层次和系统描述能力上扩展了VHDL的内容，公布了新版本的VHDL，即IEEE标准的1076—1993版本。

Verilog HDL语言最初是于1983年由Gateway Design Automation（GDA）公司的Phil Moorby为其模拟器产品开发的硬件描述语言，那时它只是一种专用语言，最初只设计了一个仿真与验证工具，之后又陆续开发了相关的故障模拟与时序分析工具。1985年Moorby推出它的第三个商用仿真器Verilog-XL，获得了巨大的成功，由于他们的模拟、仿真器产品的广泛使用，Verilog HDL作为一种便于实用的语言逐步为设计者所接受。1989年Cadence公司收购了GDA公司，使得Verilog HDL成为该公司的专有技术。1990年Cadence公司公开发表了Verilog HDL，并成立OVI（Open Verilon International）来促进Verilog HDL的发展，致力于推广Verilog HDL成为IEEE标准，这一努力最后获得成功，Verilog语言于1995年成为IEEE标准，称为IEEE Std 1364—1995。

本书将在介绍数字系统的设计方法及基本步骤的基础上，介绍Quartus Ⅱ和MAX + PLUS Ⅱ的使用方法，介绍硬件描述语言VHDL和Verilog HDL，并给出若干数字系统设计问题，期望通过实例和练习，把数字系统设计的基本理论、基本方法和设计课题紧密结合，使读者在Quartus Ⅱ或MAX + PLUS Ⅱ的设计平台下，学会用原理电路图输入或硬件描述语言输入（VHDL或Verilog HDL）进行电路设计、编译（Compiler）、仿真（Simulator）、底层编辑（Floorplan Editor）及PLD编程校验（Programmer或Configure），对功能测试向量（Waveform Editor）、逻辑综合与试配（Logic Synthesize）等涉及不多，以提高读者利用Quartus Ⅱ或MAX + PLUS Ⅱ进行数字系统设计的能力。

第1章　Quartus Ⅱ使用练习

世界上各大可编程逻辑器件（PLD）生产厂商都有自己的EDA开发平台，例如Lattice公司的Synario、Xilinx公司的Foudation、Altera公司的MAX+PLUS Ⅱ与Quartus Ⅱ等，都是得到广泛使用的开发平台。本章介绍如何利用Altera公司的Quartus Ⅱ进行CPLD/FPGA设计，结合简单实例介绍Quartus Ⅱ的使用方法。

1.1　Quartus Ⅱ概述

Quartus Ⅱ是Altera公司自行设计的CAE软件平台，提供了完整的多平台设计环境，能满足各种特定设计的要求，是单片可编程系统（SOPC）设计的综合性环境和SOPC开发的基本设计工具，并为Altera DSP开发包进行系统模型设计提供了集成综合环境。Quartus Ⅱ可以在多种平台上运行，其图形界面丰富，加上完整的、可即时访问的在线文档，使设计人员可以轻松地掌握软件的使用。

Quartus Ⅱ开发系统有很多特点：

1. 界面开放

Quartus Ⅱ是Altera公司的EDA软件，但它可以与其他工业标准的设计输入、综合与校验工具相连接，设计人员可以使用Altera或标准EDA工具设计输入工具来建立逻辑设计，用Quartus Ⅱ编译器（Compiler）对Altera器件设计进行编译，并使用Altera或其他EDA校验工具进行器件或板级仿真。目前，Quartus Ⅱ支持与Candence、Exemplarlogic、Metor Graphics、Synopsys、Synplicity、Viewlogic等公司所提供的EDA工具接口。

2. 与结构无关

Quartus Ⅱ系统的核心编译器支持Altera公司的FLEX10K、FLEX8000、FLEX6000、MAX9000、MAX7000、MAX5000、Classic、Stratix、Stratix II、Cyclone、Cyclone II等可编程逻辑器件系列，提供了与结构无关的可编程逻辑环境。Quartus Ⅱ的编译器还提供了强大的逻辑综合与优化功能，使用户可以容易地把设计集成到器件中。

3. 丰富的设计库

Quartus Ⅱ提供丰富的库单元供设计者调用，其中包括74系列的全部器件和其他多种逻辑功能部件，调用库元件进行设计，可以大大减轻设计人员的工作量，缩短设计周期。此外，Quartus Ⅱ含有许多用来构建复杂系统的参数化宏功能模块和LPM（Library of Parameterized Modules）模块，它们可与Quartus Ⅱ普通设计文件一起使用，使非专业设计人员完成SOPC设计成为可能。

4. 模块化工具

设计人员可以从各种设计输入、处理和校验选项中进行选择，从而使Quartus Ⅱ可以满足不同用户的需求，根据需要，还可以添加新功能。例如，在本教材中，侧重点在于用Quartus Ⅱ进行各种设计输入（图形或HDL输入）、编译（Compiler）、仿真（Simulator）、底层编辑（Floorplan Editor）及PLD器件编程校验（Programmer或Configure），并不过多涉及功能测试向量（Waveform Editor）、逻辑综合与试配（Logic Synthesize）等。

5. 硬件描述语言

Quartus Ⅱ软件支持各种 HDL 设计输入选项，包括 VHDL、Verilog HDL 和 AHDL。Quartus Ⅱ内部嵌有 VHDL、Verilog 及 AHDL 的逻辑综合器，也可调用第三方的综合工具，如 Leonardo Spectrum、Synplify Pro、FPGA Compiler Ⅱ等进行逻辑综合。

为适应 MAX + PLUS Ⅱ使用者的需要，Quartus Ⅱ软件提供了两种不同的界面形式：Quartus Ⅱ主界面和 MAX + PLUS Ⅱ主界面。用户可以使用“Tools”下的“Customize”命令定制合意的界面，如图 1-1-1 所示。本章的介绍是在 Quartus Ⅱ主界面下进行的，打开时出现图 1-1-2 所示主界面。关于 MAX + PLUS Ⅱ的使用将在附录 A 中介绍。当然，不管选择哪种界面，软件中各种命令和图标功能是相同的。

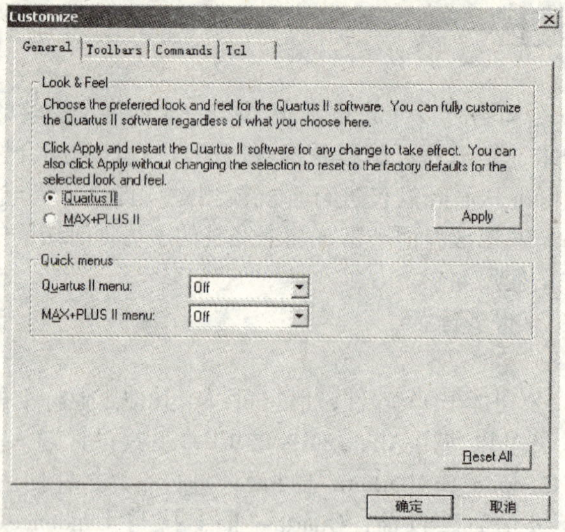

图 1-1-1 定制主界面

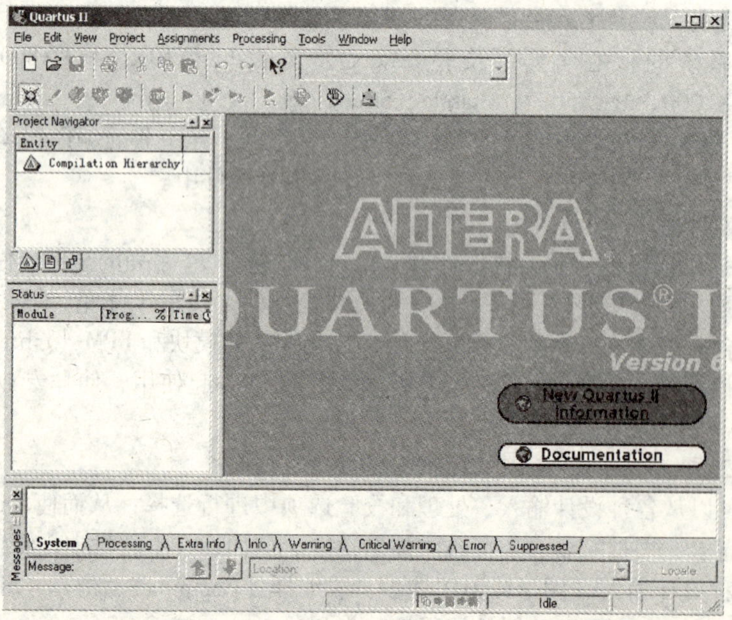

图 1-1-2 Quartus Ⅱ主界面

本章将通过一些例子来说明利用 Quartus Ⅱ进行数字功能模块或数字系统设计的过程。

1.2　基于 Quartus Ⅱ的电路设计过程

Quartus Ⅱ中每一项设计都对应一个工程（Project）。Quartus Ⅱ软件中的工程由所有设计文件和与设计文件有关的设置组成。为便于设计项目的存储，必须首先建立一个存放与此工程相关的所有文件的文件夹，例如 E:\quartus2\lg1。此文件夹被默认为工作库（Work Library）。一般不同设计项目应该放在不同文件夹中。

用户可以使用 Quartus Ⅱ原理图输入、文本输入、模块输入方式等来表达电路。因此，设计输入可采用文本形式的文件（如 VHDL、Verilog、AHDL 等）、存储器数据文件（如 HEX、MIF 等）、原理图及第三方 EDA 工具产生的文件（如 EDIF、VQM 等）。

[**例 1-2-1**]　用原理图输入法设计一个 3 线-8 线译码器。

步骤 1：进入 Windows 操作系统，打开 Quartus Ⅱ软件。

步骤 2：创建工程。

（1）工程设置　选择“File → New Project Wizard”命令，在弹出如图 1-2-1 所示的对话框中，点击“Next”按钮，进入图 1-2-2 所示的工程设置页面，设置工程文件夹、工程名和顶层实体名。例中工程名和顶层实体名均为 L38。设置完成后点击“Next”按钮，进入目标器件选择页面。

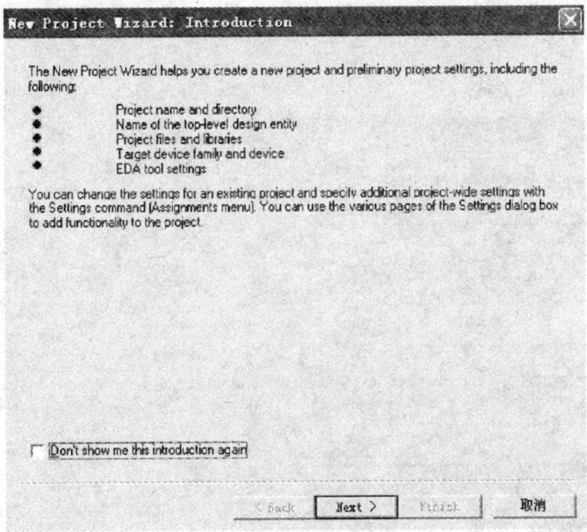

图 1-2-1　新建工程

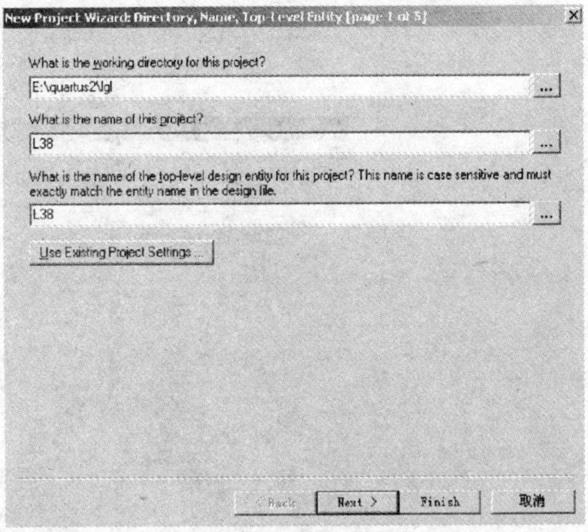

图 1-2-2　工程设置

（2）指定目标器件　设计人员可以在该步骤中指明本次设计的目标器件。若使用 Altera 的 DE2 板进行开发，此时应该在“Family”中选择“Cyclone Ⅱ”，并指明“Package”为“FBGA”、“Pin count”为 672、“Speed grade”为 6 或 8，即选择 EP2C35F672C6 或 EP2C35F672C8 器件，如图 1-2-3 所示。设置完毕，点击“OK”按钮。

（3）选择仿真器和综合器　Quartus Ⅱ软件内部嵌有 VHDL、Verilog 的逻辑综合器；也可调用第三方的综合工具，如 Leonardo Spectrum、Synplify Pro、FPGA Compiler Ⅱ等进行逻辑综合。Quartus Ⅱ具备便捷的仿真功能，同时也支持第三方仿真工具，如 Modelsim。本例中采用默认设置，即采用 Quartus Ⅱ自带的仿真器和综合器完成设计的综合和仿真，如图 1-2-4 所示。点击

"Next"按钮。

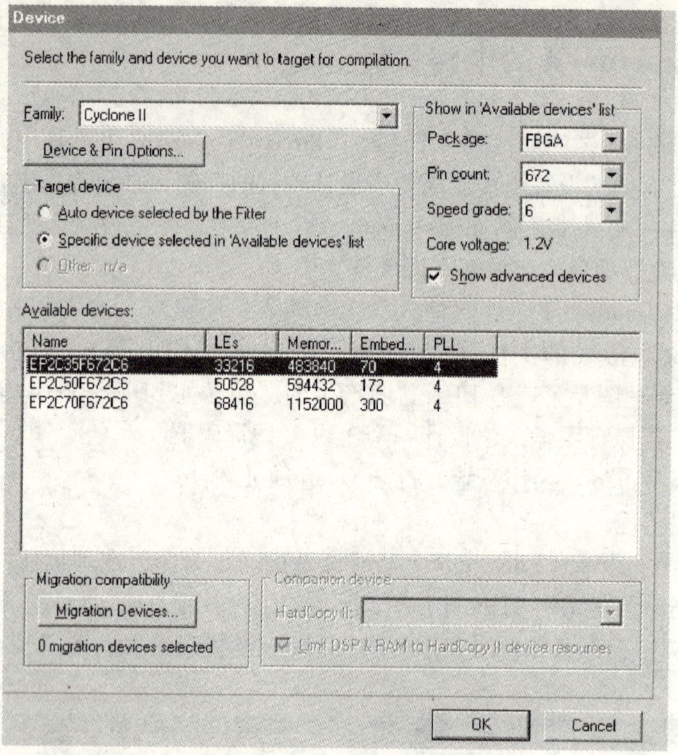

图 1-2-3　目标芯片选择

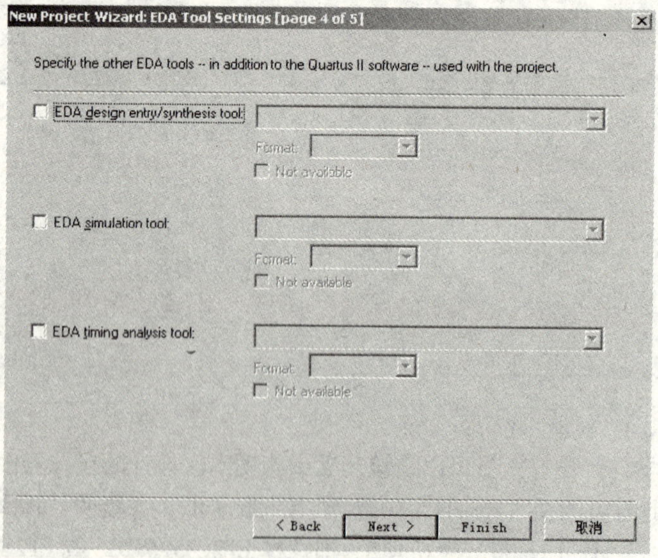

图 1-2-4　选择默认的综合器与仿真器

（4）工程总结　图 1-2-5 总结了工程设置情况，包括工程文件夹位置、工程名和顶层实体名、器件类型、综合器与仿真器选择等。设计人员在此可检查设置是否符合要求。若无问题，点击"Finish"按钮结束工程的创建。若有不符合要求的情况，可点击"Back"按钮退回修改。

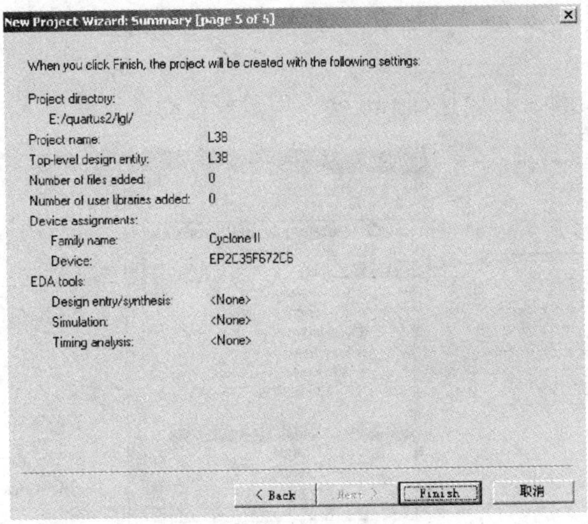

图1-2-5 工程总结

步骤3：打开原理图编辑器。

项目建立后，便可进行具体设计。迄今项目中没有包含任何文件，我们需要为项目添加实际的设计文件。执行“File”菜单下的“New”命令可弹出图1-2-6所示文件类型选择对话框，在图1-2-6的“Device Design Files”栏中选择“Block Diagram/Schematic File”，进入图1-2-7所示原理图文件（扩展名为bdf）编辑界面。

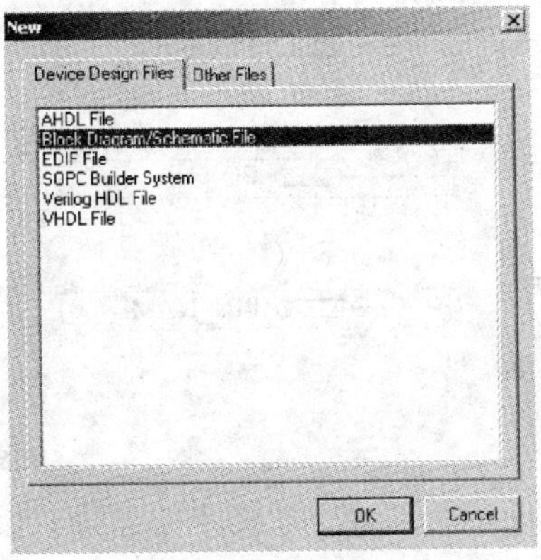

图1-2-6 新建bdf文件

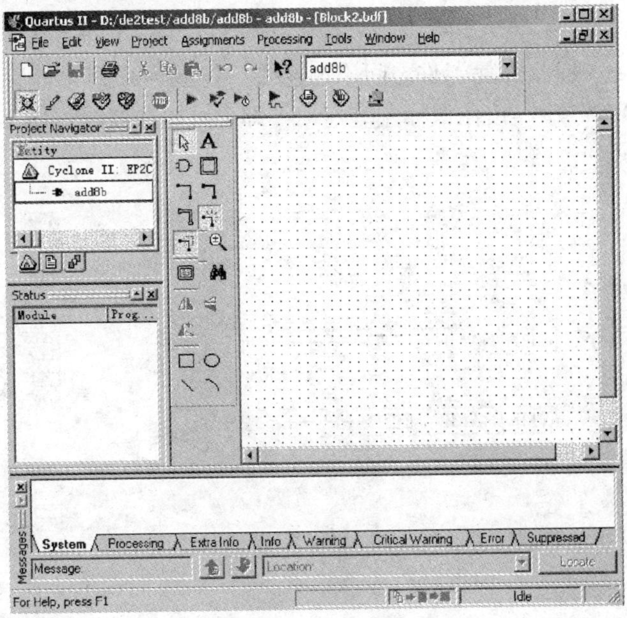

图1-2-7 bdf文件编辑界面

步骤4：原理图编辑。

（1）元器件放置 在图1-2-7编辑界面空白处双击鼠标左键，弹出元器件选择页面，如图1-2-8所示。图中“Libraries”处列出元件库目录，包括基本元件库、宏功能库和其他元件库。选择其中任一库，如基本元件库，双击所需的元件即可将元件调入文件。也可在页面

“Name”处输入元件名，如and3（三输入与门）、not（非门）、input（输入端口）等，并点击“OK”按钮。

若要放置相同的元件，只要按住Ctrl键，用鼠标拖动该元件。

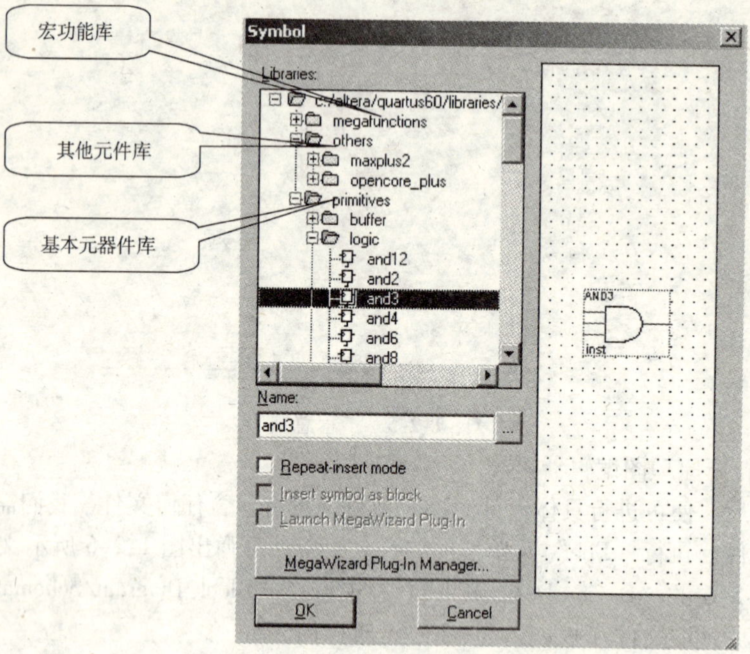

图1-2-8 元器件选择窗口

（2）在元器件之间添加连线 把鼠标移到元件引脚附近，则鼠标光标自动由箭头变为“+”字，按住鼠标左键拖动，即可画出连线，如图1-2-9所示。

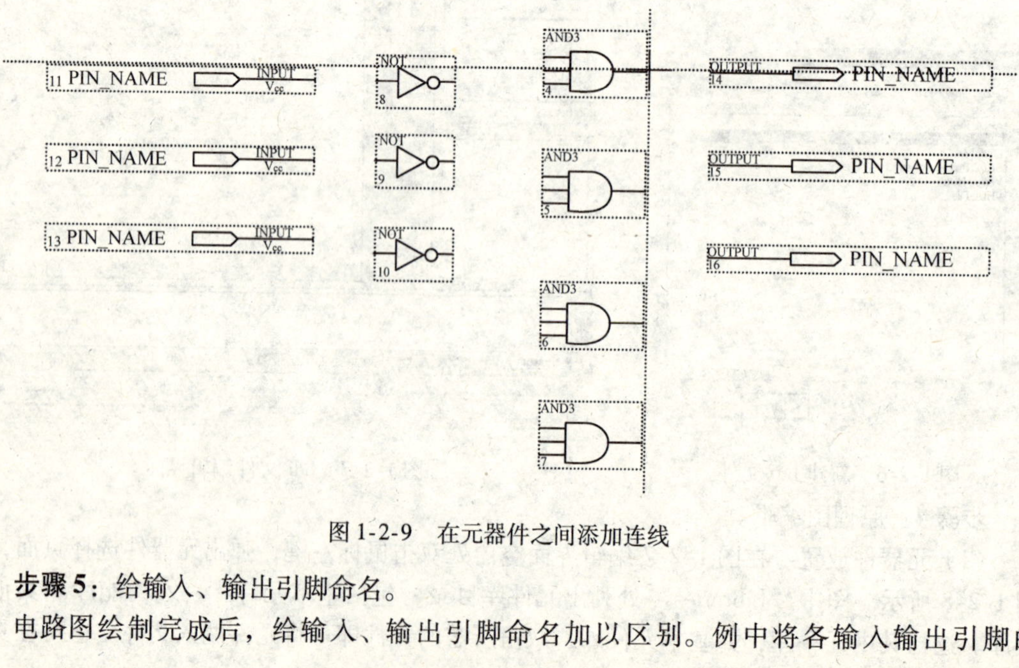

图1-2-9 在元器件之间添加连线

步骤5：给输入、输出引脚命名。

电路图绘制完成后，给输入、输出引脚命名加以区别。例中将各输入输出引脚的

“pin_name”分别改为：a、b、c 和 y0、y1、…、y7，如图 1-2-10 所示。

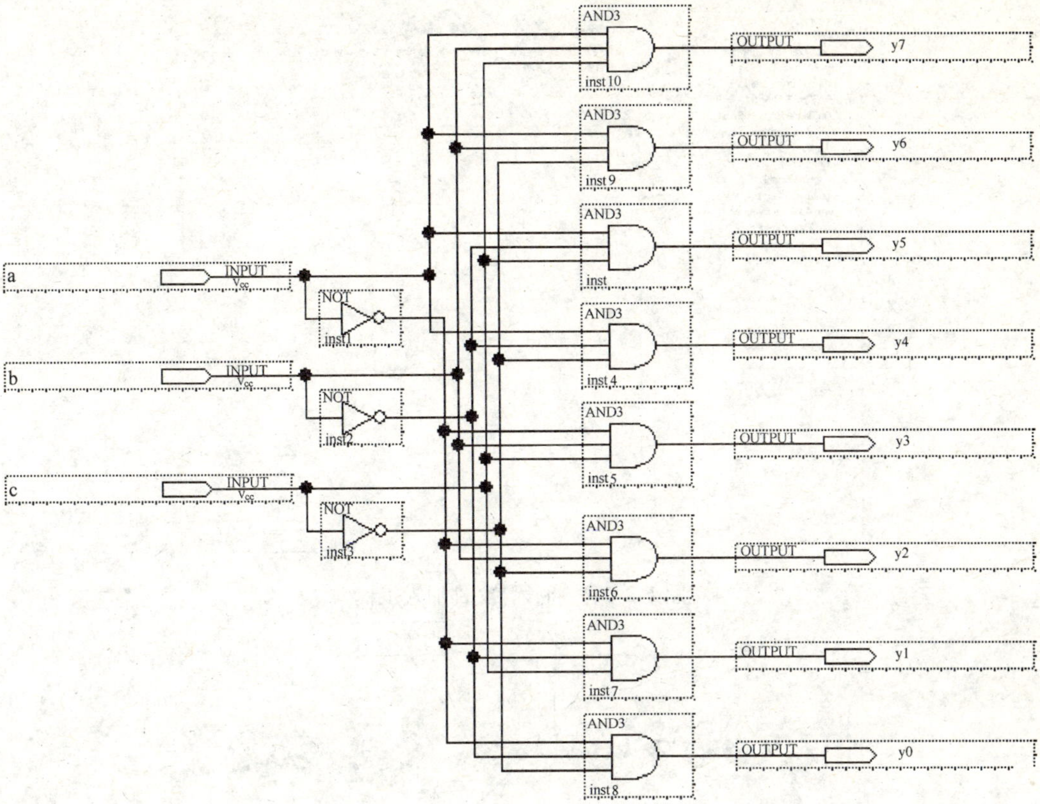

图 1-2-10 给输入输出引脚命名

步骤 6：保存原理图。

选择“File→Save”命令，保存原理图，将文件存入用户库（文件名为 L38. bdf)。

为将文件加入建立的工程，选择“Project”菜单下的“Add/Remove Files in Project”，在出现的图 1-2-11 所示页面中，点击“Add”或“Add All”按钮将文件 L38. bdf 加入工程。点击“OK”按钮。

步骤 7：编译。

Quartus Ⅱ的编译器可完成对设计项目的检错、逻辑综合、结构综合、时序分析等功能。选择“Processing”下的“Start Compilation”项，或点击图 1-2-12 所示“全程编译”快捷图标，即可启动全程编译。编译过程中“Processing”窗口会显示相关信息，若发现问题，会以红色的错误标记条或深蓝色警告标记条加以提示。警告不影响编译通过，错误则必须排除。双击错误条文，光标将定位于错误处。

编译完成后，将会出现图 1-2-13 所示的编译结果报告。用户可以在窗口中查看项目编译后的各种统计信息，包括资源使用情况、时序情况、适配情况等。

步骤 8：时序模拟。

工程编译完成后，可以进行功能和时序仿真测试，以验证设计结果是否满足设计要求。对工程进行仿真的步骤如下：

(1) 新建 vwf 文件 在“File”菜单下，选择“New”窗口中“Other Files”中的

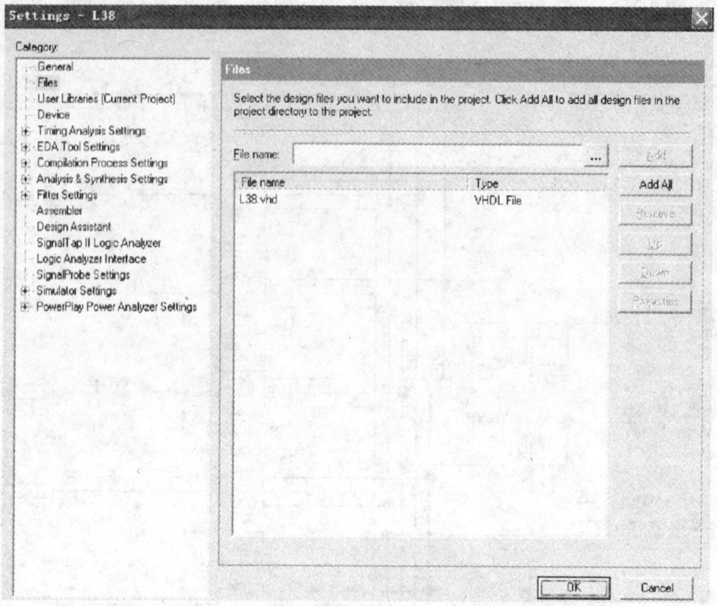

图 1-2-11 将设计文件加入工程

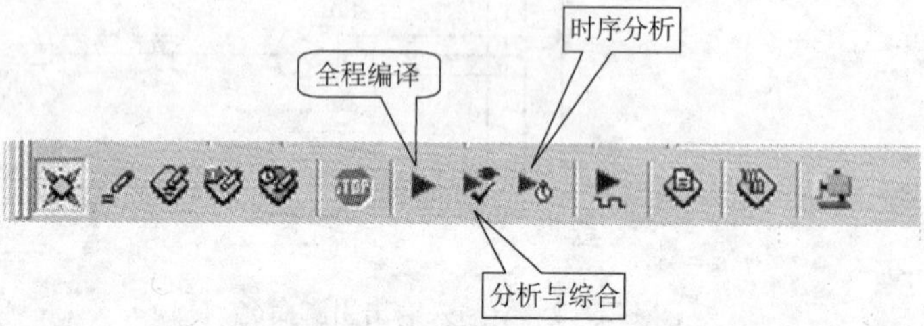

图 1-2-12 启动编译的快捷键

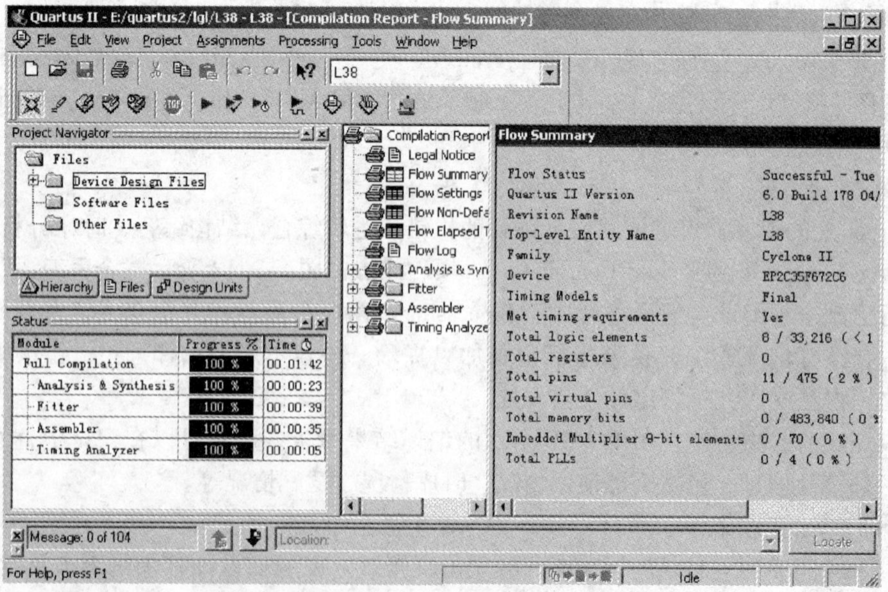

图 1-2-13 编译报告窗口

“Vector Waveform File”项，如图1-2-14所示，新建仿真文件（扩展名为vwf）。此时弹出图1-2-15所示vwf文件编辑界面。

（2）确定仿真时间和网格宽度　为设置满足要求的仿真时间区域，选择“Edit”菜单下的“End Time”项，指定仿真结束时间。另外，为便于对输入信号的赋值，通常还需要指定网格宽度。指定网格宽度可通过“Edit”菜单下的“Grid Size”项来进行操作。例中将仿真结束时间设定为100ms（见图1-2-16），网格宽度则设定为10ms（见图1-2-17）。

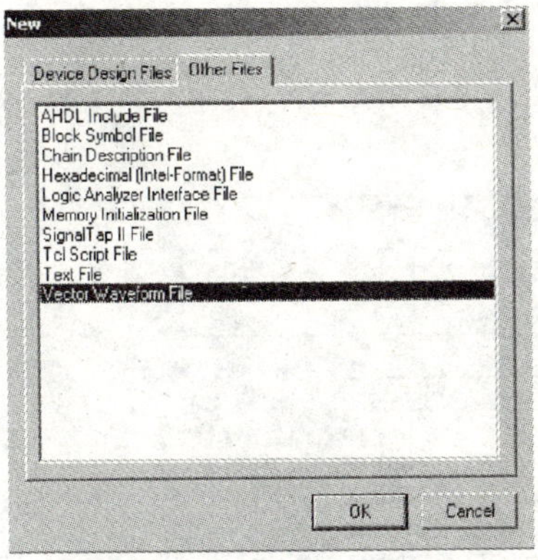

图1-2-14　新建vwf文件

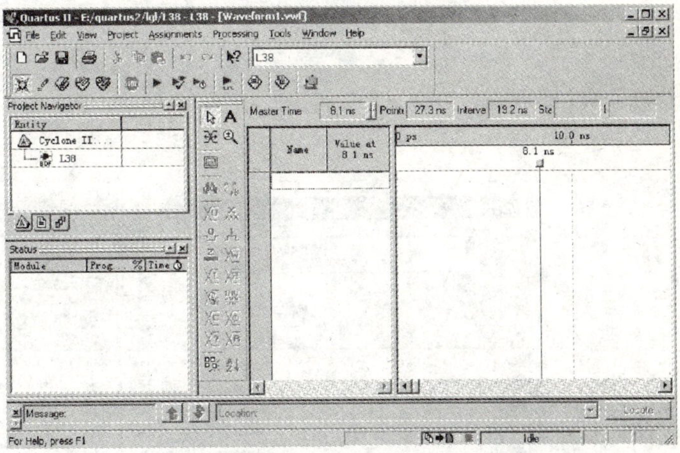

图1-2-15　vwf文件编辑界面

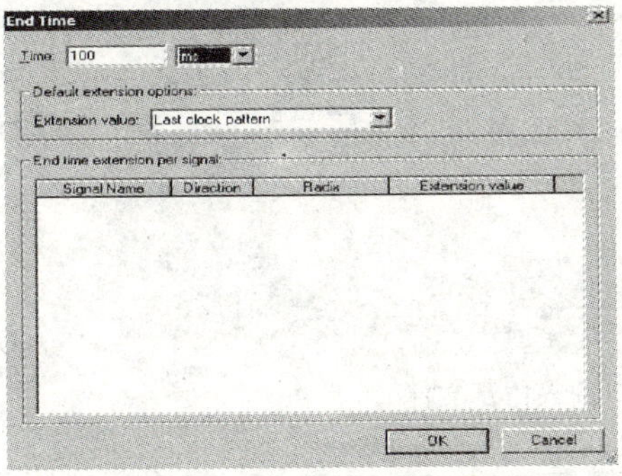

图1-2-16　确定仿真结束时间

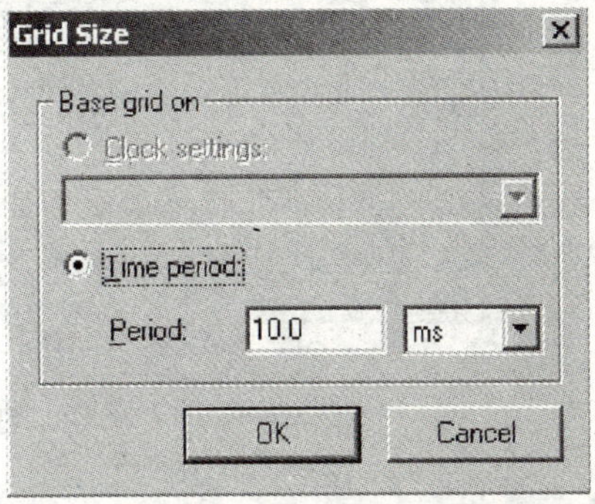

图1-2-17　指定网格宽度

（3）编辑vwf文件　在端口列表空白处点击右键，选择“Insert Node or Bus”，弹出图1-2-18所示对话框；点击“Node Finder”，点击“List”找到设计中出现的输入输出端口；用图1-2-19中“>>”或“≥”符号将全部或部分选中的端口调入仿真文件。仿真前需要对输入量进行赋值，可利用图1-2-20中波形绘制工具来编辑输入节点a、b、c波形。单线信号赋值时，可用鼠标拖动选定区域，利用置0、置1等按钮将区域赋值为低电平、高电平或高阻态；总线信号赋值时，可利用专用的总线赋值按钮来完成；时钟信号赋值时，则应该选择专门的时钟信号设置按钮，在设置对话框内指明时钟信号的周期。编辑完成后将文件存盘，生成L38. vwf文件。

（4）启动仿真　在“Processing”菜单下选择“Start Simulation”命令，或点击其快捷图标，即可启动工程仿真，如图1-2-21所示。仿真结束后可在vwf文件中观察仿真结果，如图1-2-22所示。可见，例中仿真结果符合表1-2-1所列的3线-8线译码器功能（注意有竞争冒险现象）。

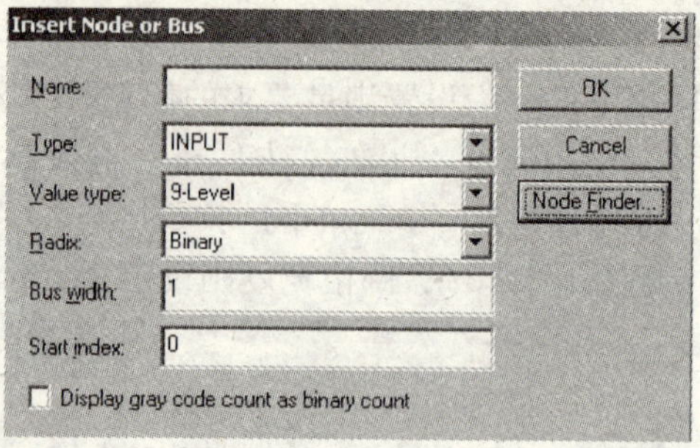

图 1-2-18　端口搜索

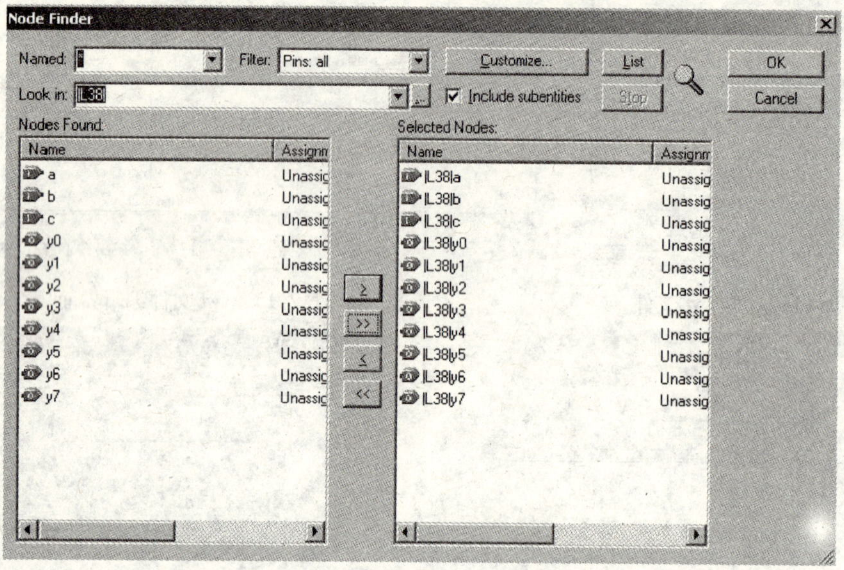

图 1-2-19　将输入输出端口调入仿真文件

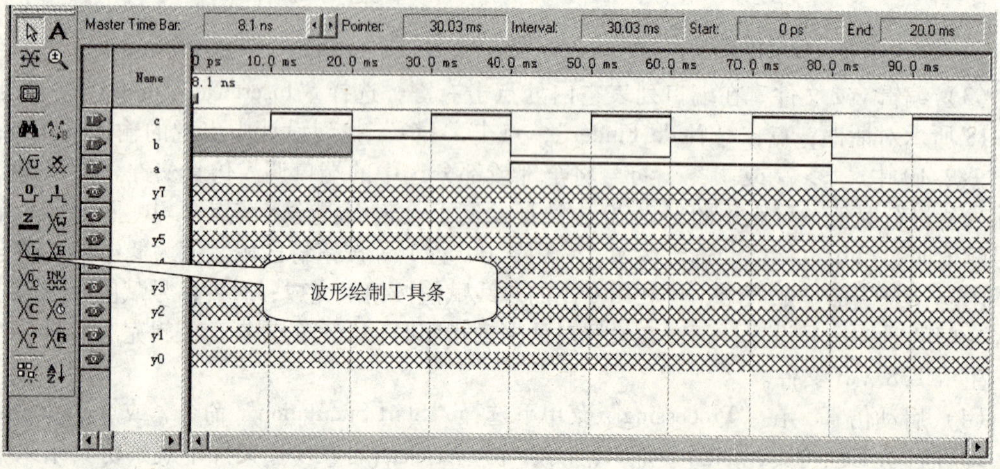

图 1-2-20　波形编辑

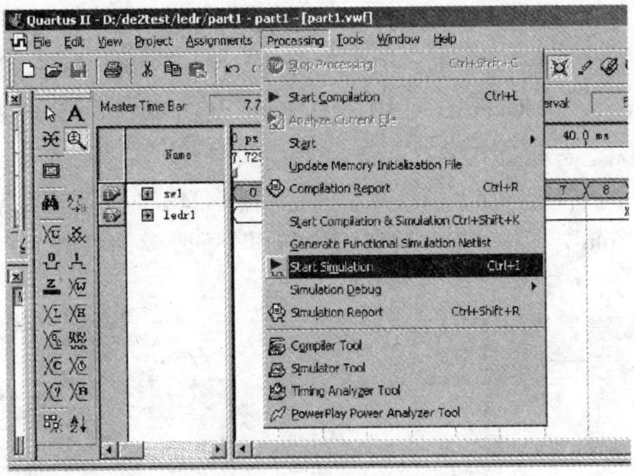

图 1-2-21 启动仿真

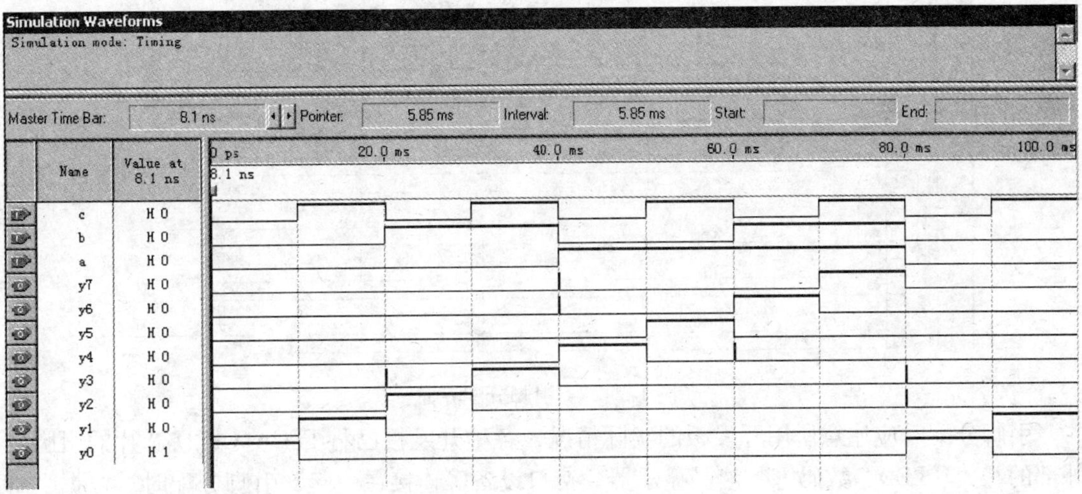

图 1-2-22 仿真结果

表 1-2-1 3 线 -8 线译码器真值表

a	b	c	y0	y1	y2	y3	y4	y5	y6	y7
0	0	0	1	0	0	0	0	0	0	0
0	0	1	0	1	0	0	0	0	0	0
0	1	0	0	0	1	0	0	0	0	0
0	1	1	0	0	0	1	0	0	0	0
1	0	0	0	0	0	0	1	0	0	0
1	0	1	0	0	0	0	0	1	0	0
1	1	0	0	0	0	0	0	0	1	0
1	1	1	0	0	0	0	0	0	0	1

步骤 9：引脚分配

仿真后，就可以准备将设计文件下载至 PLD 芯片进行验证了。为确定电路在 FPGA 器件中的位置，需要将其输入输出端口与 FPGA 器件的引脚建立对应关系，也就是完成设计的“引脚分配”工作。启动“Assignments→Pin”菜单，显示项目的信号列表和目标芯片的引脚图，如图 1-2-23 所示。在 Quartus Ⅱ中，引脚分配有自动和手动两种方式，自动方式由软件自动完成引脚分配，手动方式则由用户完成引脚分配。

注意：芯片上有一些特定功能的引脚，进行引脚编辑时一定要注意不能使用它们。另外，若选择器件为“Auto”，则不允许对引脚进行再分配。

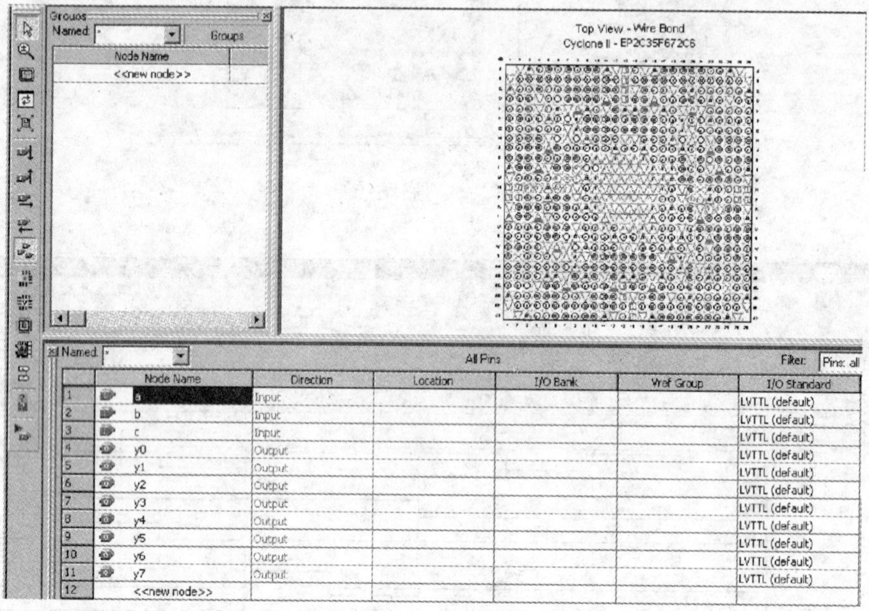

图 1-2-23　引脚分配界面

引脚分配时应注意所用开发板的实际情况，各种开发板已将 FPGA/CPLD 芯片的引脚与外部的开关、LED、数码管、液晶显示器、接口设备等连接在一起，引脚分配时需根据引脚与外部器件的对应关系来进行。例如，合肥工业大学电气学院开发的 HF03 型 EDA 实验箱的 EPF10K10 引脚分配表如表 E-19（见附录 E）所示，Altera 公司合作伙伴友晶科技公司的 DE2 开发系统目标器件与扩展外设的连接表如表 E-1 ~ 表 E-18 所示。引脚分配时只能根据引脚与外部器件的对应表用手动方式分配。

以 DE2 开发板为例来说明引脚分配的过程：双击图 1-2-23 中“Location”下的空白格，可选择相应的引脚编号。例如，本工程分配引脚时，根据附表 E-1 和附表 E-2，输入信号 a、b、c 与开关 SW［2 ~ 0］相连，输出 y0、y1、…、y7 与发光管 LEDR［0 ~ 7］相连，引脚分配情况如图 1-2-24 所示。

当然，引脚分配后，需要对工程再进行一次编译，以将引脚对应关系存入设计，并在工程中产生 sof 文件。

步骤 10：下载（以 DE2 开发板为例）。

通过 USB 编程电缆连接 PC 与 DE2 开发板，并利用适配器为 DE2 系统通上电源。将“Run/Program”开关打至“Run”档，按下红色电源开关，启动 DE2 系统，如图 1-2-25 所示。在 Quartus Ⅱ软件中选择“Tools”菜单下的“Programmer”命令，或者点击编程器的快

Named: * All Pins

		Node Name	Direction	Location
1		a	Input	PIN_P25
2		b	Input	PIN_N26
3		c	Input	PIN_N25
4		y0	Output	PIN_AE23
5		y1	Output	PIN_AF23
6		y2	Output	PIN_AB21
7		y3	Output	PIN_AC22
8		y4	Output	PIN_AD22
9		y5	Output	PIN_AD23
10		y6	Output	PIN_AD21
11		y7	Output	PIN_AC21
12		<<new node>>		

图 1-2-24 引脚分配参考方案

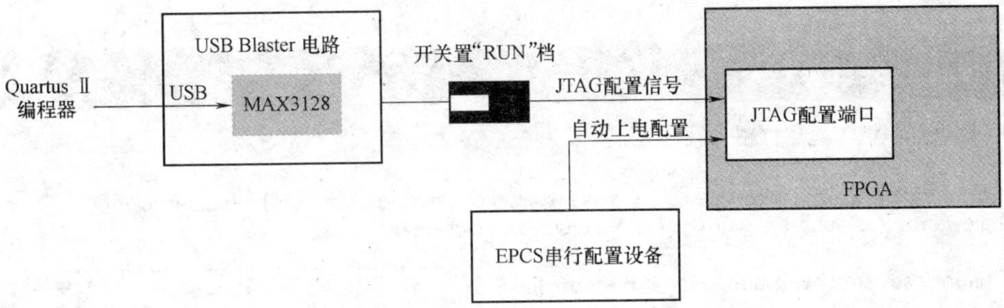

图 1-2-25 Quartus Ⅱ软件与 DE2 开发板的连接图

捷图标，即可打开下载界面，如图 1-2-26 所示。在下载之前，首先需要进行硬件设置，点击界面中“Hardware Setup”按钮，在“Hardware Setting”中双击“USB-Blaster”，如图 1-2-27所示，并点击“Close”按钮。硬件设置完成后，在图 1-2-26 界面中，将编程模式确定为“JTAG”，并在“Program/Configure”复选框内打“√”，便可点击“Start”按钮开始下载，Quartus Ⅱ软件便将设计（L38. sof）载入 FPGA 器件。

注意：若有提示下载不成功信息，应按以上各步检查是否设置正确，并检查计算机与实验箱硬件连接，排除故障，再次尝试下载。

步骤 11：设计文件下载至 FPGA 芯片后，根据步骤 9 引脚分配的结果，改变数据开关 SW[2～0] 的电平，验证发光管 LEDR[0～7] 的状态是否满足表 1-2-1。硬件系统示意图如图 1-2-28 所示，图中所示的 L1～L8 对应于 DE2 上的 LEDR[0～7]，K1～K3 对应于 SW[2～0]。

[例 1-2-2] 用 VHDL 设计一个 3 线-8 线译码器。

步骤 1～2：与原理图输入法时相同。

步骤 3：选择 File→New 命令，如图 1-2-29 所示，选择“VHDL File”，点击“OK”按钮。

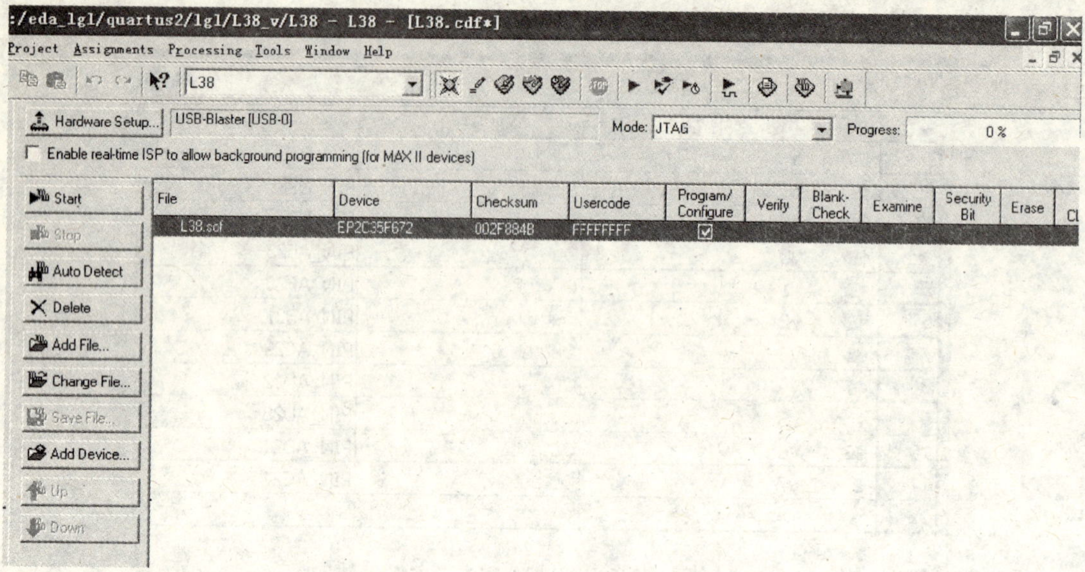

图 1-2-26　设计的下载界面

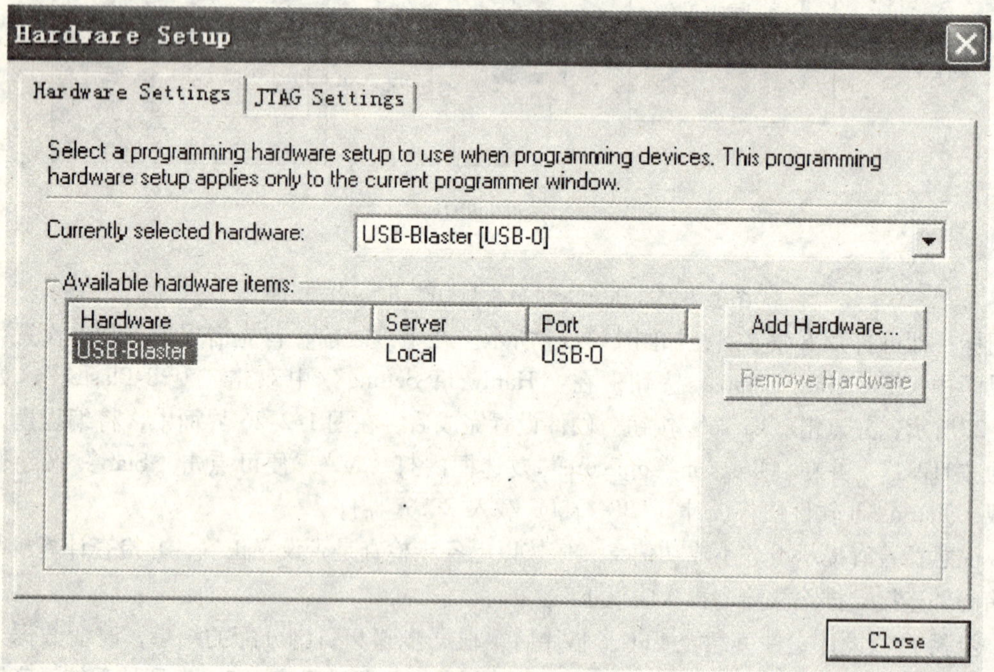

图 1-2-27　下载设备设置为“USB-Blaster”

步骤 4：在 HDL 编辑界面下，键入如下 VHDL 代码：

```
library ieee;
use ieee.std_logic_1164.all;
entity decoder is
Port ( aa: in std_logic_vector(2 downto 0);
    qq: out std_logic_vector(7 downto 0));
```

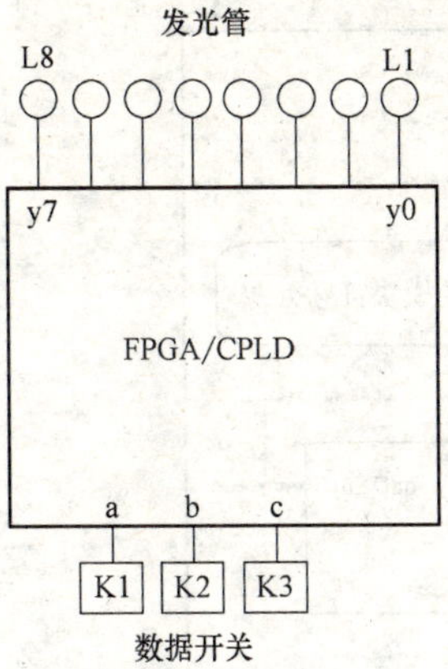

图 1-2-28 3线-8线译码器硬件系统示意图

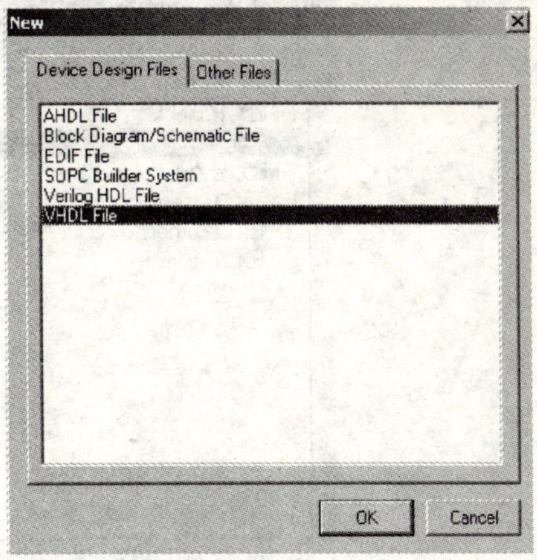

图 1-2-29 新建 VHDL 文件

```
end decoder;
architecture one of decoder is
begin
    process (aa)
      begin
      case aa is
          when"000" =>qq<="00000001";
          when"001" =>qq<="00000010";
          when"010" =>qq<="00000100";
          when"011" =>qq<="00001000";
          when"100" =>qq<="00010000";
          when"101" =>qq<="00100000";
          when"110" =>qq<="01000000";
          when"111" =>qq<="10000000";
      end case;
end process;
end one;
```

步骤5：保存设计文件。

选择 File→Save 命令保存文件为 decoder. vhd。

步骤6：编译、仿真、引脚分配、下载等，与图形输入法相同。

vhd 文件描述的功能模块可以生成一个符号，放在用户库中，供原理图文件调用。生成模块符号的方法为：选择菜单“File→Create→Update”，并选择“Create Symbol Files for Current File”子菜单。生成的模块符号被放入用户库，如图 1-2-30 所示。用户库中模块符号的调用方法与器件库中元器件的调入方法相同。

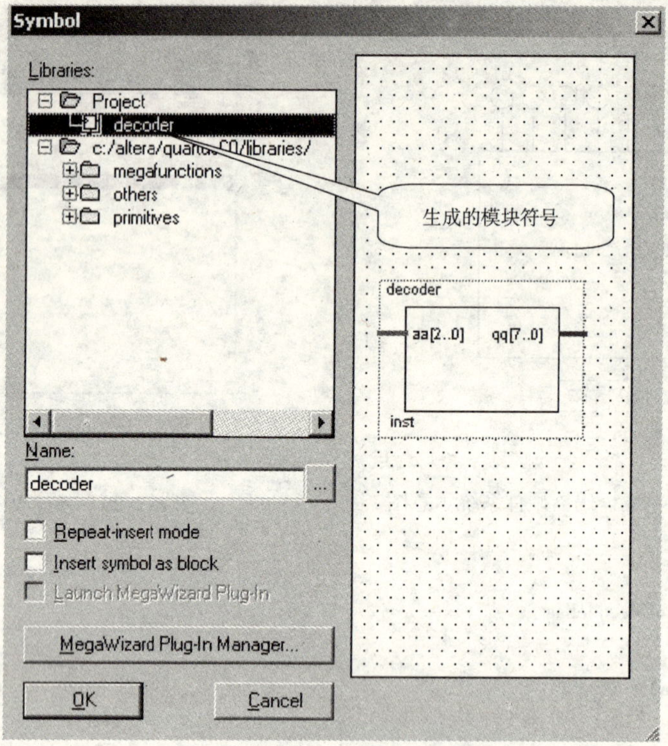

图 1-2-30 生成功能模块及调用

1.3 计数器设计

[**例 1-3-1**] 用 D 触发器设计一个 4 位二进制加法计数器。

原理图输入法时，参考电路如图 1-3-1 所示。图中，clk 接时钟信号源，reset 接数据开关给出复位信号，q3、q2、q1、q0 接发光二极管，下载后，在时钟信号作用下，由发光管的状态验证满足异步 4 位二进制加法计数器的加法规律，硬件示意图如图 1-3-2 所示。

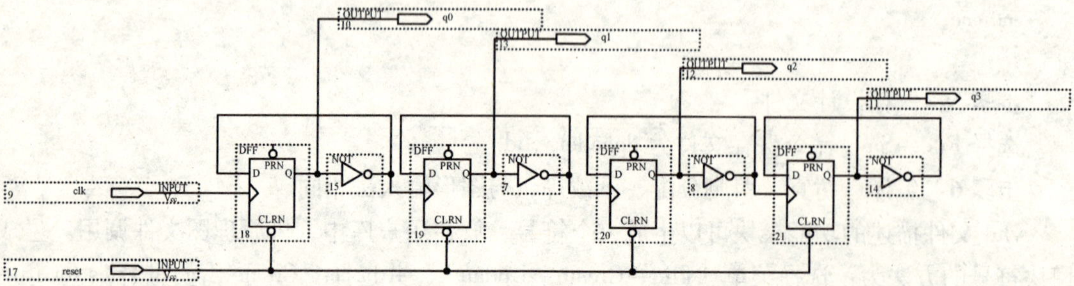

图 1-3-1 异步 4 位二进制加法计数器

文本文件输入时，VHDL代码为：

```
library ieee;
use ieee. std_ logic_ 1164. all;
use ieee. std_ logic_ unsigned. all;
entity jsq16 is
Port ( clk, reset: in std_ logic;
     q3, q2, q1, q0: buffer std_ logic);
end jsq16;

architecture one of jsq16 is
begin
   process (clk, reset)
     begin
       if (reset ='0') then q0 <='0';
         elsif (clk'event and clk ='1') then
            q0 <= not q0;
       end if;
   end process;

   process (q0, reset)
     begin
       if (reset ='0') then q1 <='0';
         elsif (q0'event and q0 ='0') then
            q1 <= not q1;
       end if;
   end process;

   process (q1, reset)
     begin
       if (reset ='0') then q2 <='0';
         elsif (q1'event and q1 ='0') then
            q2 <= not q2;
       end if;
   end process;

   process (q2, reset)
     begin
       if (reset ='0') then q3 <='0';
         elsif (q2'event and q2 ='0') then
            q3 <= not q3;
```

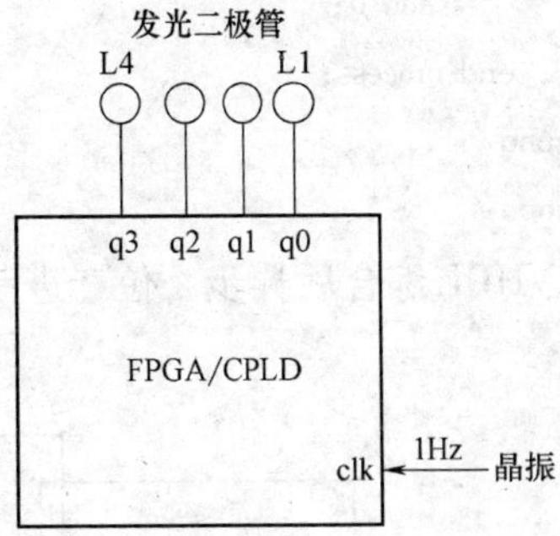

图1-3-2 异步4位二进制加法计数器硬件系统示意图

```
        end if;
    end process;
end
one;
```

VHDL 综合后异步 4 位二进制加法计数器 RTL 图如图 1-3-3 所示。

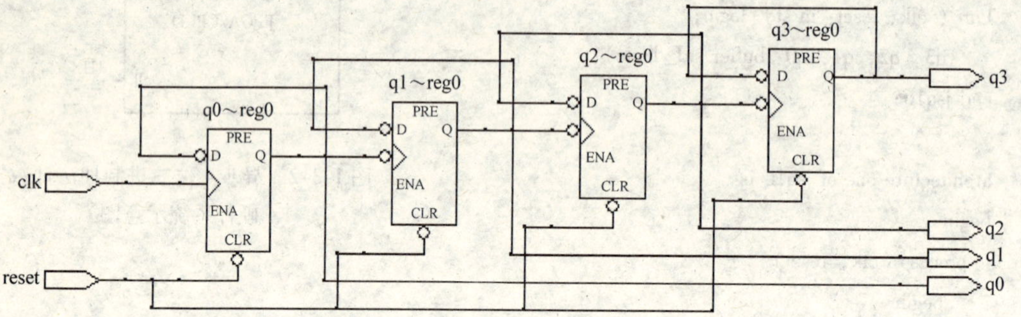

图 1-3-3　VHDL 综合后异步 4 位二进制加法计数器 RTL 图

［例 1-3-2］　设计一个十进制加法计数器。

实现十进制加法计数器的方法有很多种。用 74LS161 实现时，参考电路如图 1-3-4 所示。

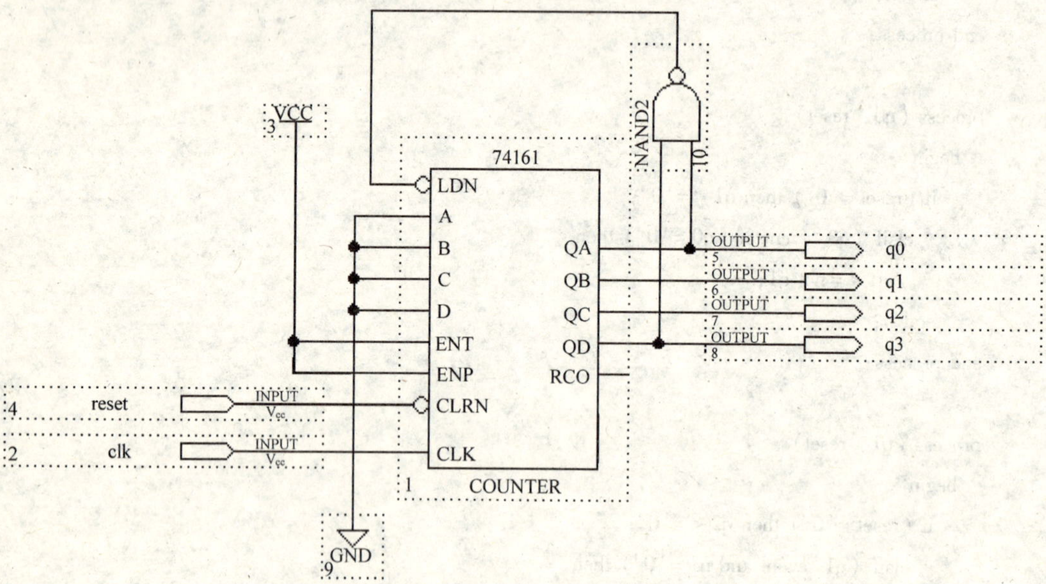

图 1-3-4　用 74LS161 实现十进制加法计数器

用 VHDL 实现时，代码为：

```
library ieee;
use ieee. std_ logic_ 1164. all;
use ieee. std_ logic_ unsigned. all;

entity jsq10 is
Port ( clk, reset: in std_ logic;
```

```
    q: buffer std_ logic_ vector (3 downto 0));
end jsq10;

architecture one of jsq10 is
begin
  process (clk, reset)
    begin
      if (reset ='0') then q <= " 0000";
        elsif (clk 'event and clk ='1') then
          if (q = "1001") then
            q <= " 0000";
          else
            q <= q + 1;
          end if;
      end if;
    end process;
end one;
```

[例 1-3-3]　设计一个六十进制加法计数器。

用原理图输入法实现时，参考电路如图 1-3-5 所示，硬件系统示意图如图 1-3-6 所示。

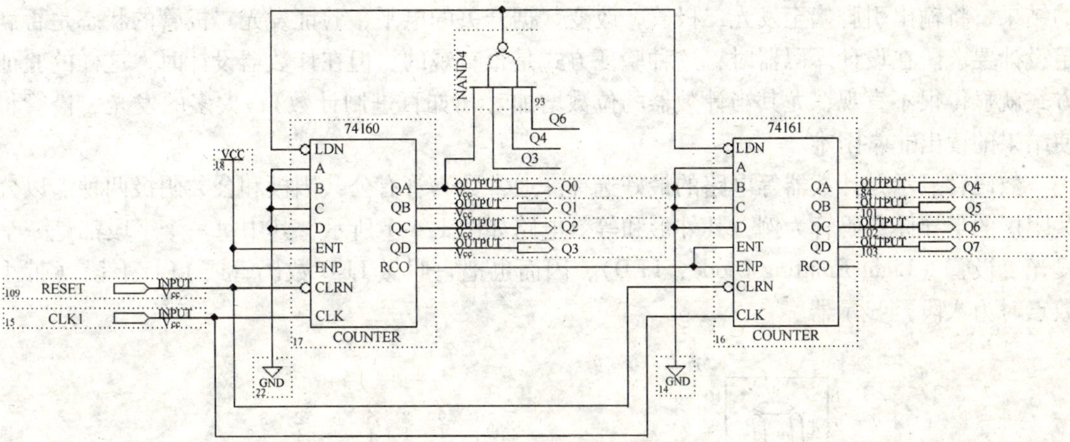

图 1-3-5　六十进制计数器

用 VHDL 实现时，代码为：

```
library ieee;
use ieee. std_ logic_ 1164. all;
use ieee. std_ logic_ unsigned. all;
entity jsq60 is
Port ( clk1, reset: in std_ logic;
    qh, ql: buffer std_ logic_ vector (3 downto 0));
end jsq60;
architecture one of jsq60 is
```

```
begin
  process (clk1, reset)
    begin
      if (reset ='0') then
        qh <= "0000"; ql <= "0000";
        elsif (clk1'event and clk1 ='1') then
          if (qh = "0101"  and ql = "1001") then
            qh <= "0000"; ql <= "0000";
          elsif (ql = "1001") then
            qh <= qh + 1; ql <= "0000";
          else
            ql <= ql + 1;
          end if;
      end if;
    end process;
end one;
```

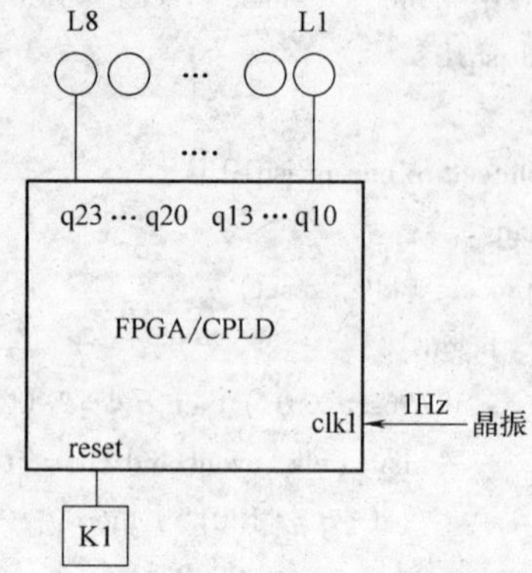

图 1-3-6　六十进制计数器硬件系统示意图

1.4　扫描显示电路

以上的设计中，设计验证采取的方式是将设计文件下载至 PLD 芯片后，根据引脚分配的结果，将输出引脚接至发光二极管，改变数据开关的电平，验证发光二极管的状态是否满足设计要求。在设计译码器时，这种验证方式是很直观的，但在计数器设计时，这样的验证方式就显得很不直观，尤其当计数器的位数增加时（如百进制计数），太多的发光二极管将使结果的读出非常困难。

数码管显示是计数器等电路的最好选择。通常数码管有公共阳极和公共阴极两种。以公共阴极的半导体数码管为例，其外形和等效电路如图 1-4-1 所示，其中每一个字段都是一个发光二极管（Light Emitting Diode，LED），因而也把它叫做 LED 数码管或 LED 七段（带小数点时为八段）显示器。

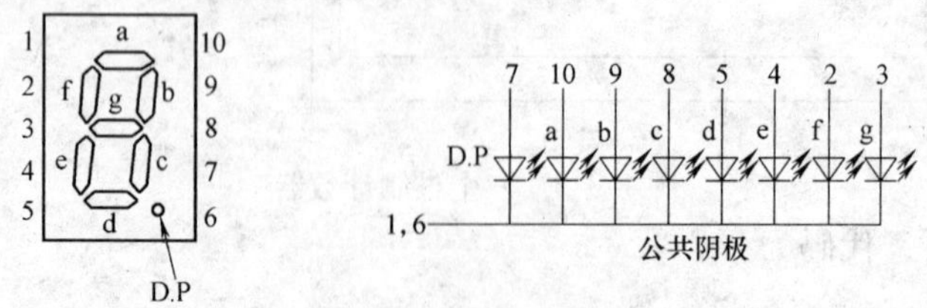

图 1-4-1　数码管及其等效电路

数码管可以用 TTL 或 CMOS 集成电路直接驱动。以公共阴极的数码管为例，其驱动方式有两种：

1. BCD 码驱动方式

这种驱动方式由 BCD-七段显示驱动器 7448 给出数码管所需的驱动电平，硬件连接电路如图 1-4-2 所示，当 7448 的输入端输入四位二进制数时，数码管根据表 1-4-1 的关系显示相应的字形。

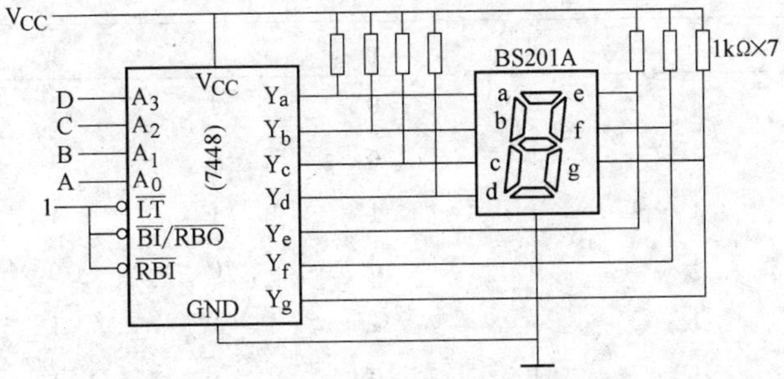

图 1-4-2　用 7448 驱动数码管的连接方式

表 1-4-1　BCD－七段显示译码器的真值表

输入				输出							
D	C	B	A	Ya	Yb	Yc	Yd	Ye	Yf	Yg	字形
0	0	0	0	1	1	1	1	1	1	0	0
0	0	0	1	0	1	1	0	0	0	0	1
0	0	1	0	1	1	0	1	1	0	1	2
0	0	1	1	1	1	1	1	0	0	1	3
0	1	0	0	0	1	1	0	0	1	1	4
0	1	0	1	1	0	1	1	0	1	1	5
0	1	1	0	1	0	1	1	1	1	1	6
0	1	1	1	1	1	1	0	0	0	0	7
1	0	0	0	1	1	1	1	1	1	1	8
1	0	0	1	1	1	1	0	0	1	1	9
1	0	1	0	1	1	1	0	1	1	1	A
1	0	1	1	0	0	1	1	1	1	1	b
1	1	0	0	1	0	0	1	1	1	0	C
1	1	0	1	0	1	1	1	1	0	1	d
1	1	1	0	1	0	0	1	1	1	1	E
1	1	1	1	1	0	0	0	1	1	1	F

2. 直接驱动方式

这种驱动方式直接对数码管相应的字段给出驱动电平，显示字形。真值表如表 1-4-2 所示。

表 1-4-2　直接驱动显示真值表

输入							输出字形
a	b	c	d	e	f	g	
1	1	1	1	1	1	0	0
0	1	1	0	0	0	0	1
1	1	0	1	1	0	1	2
1	1	1	1	0	0	1	3

（续）

输　入							输出字形
a	b	c	d	e	f	g	
0	1	1	0	0	1	1	4
1	0	1	1	0	1	1	5
1	0	1	1	1	1	1	6
1	1	1	0	0	0	0	7
1	1	1	1	1	1	1	8
1	1	1	1	0	1	1	9
1	1	1	0	1	1	1	A
0	0	1	1	1	1	1	B
1	0	0	1	1	1	0	C
0	1	1	1	1	0	1	D
1	0	0	1	1	1	1	E
1	0	0	0	1	1	1	F

实际PLD器件验证设计结果时，以上两种驱动数码管的方式都可以使用。当采用直接驱动方式时，驱动一个数码管需要七个电平信号，如果系统用来显示结果的数码管较多，应考虑数字系统输出信号占用PLD芯片引脚的问题，因为PLD芯片的引脚总数是有限的，其中还有一些特定功能的引脚不能给用户使用，所以直接驱动时，必须设法减少占用PLD芯片的引脚的数量。

解决的方法是采用动态扫描显示，如图1-4-3所示，将所有数码管（八个）的相应字段并联在一起，由FPGA/CPLD的输出信号a、b、…、g直接驱动相应字段，由片选信号MS1、MS2、…、MS8决定选中的是哪个数码管，数码管显示何种字形由表1-4-2决定。

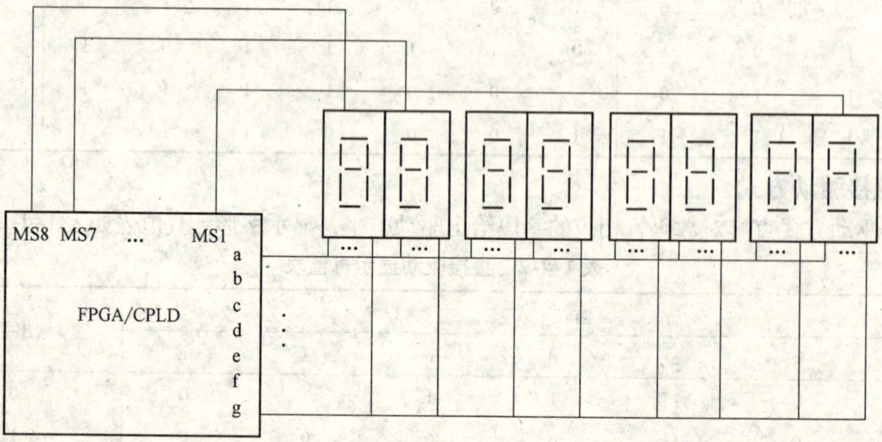

图1-4-3　动态扫描显示原理图

注意：如果开发板使用的数码管为共阳极的，由于共阳极数码管为低电平驱动，驱动显示电平应做相应改变。

［例1-4-1］ 设计一个电路，使八个数码管依次同时显示0、1、2、…、A、B、C、E、F。

此电路包含一个动态扫描信号产生模块和一个十六进制计数器，参考电路如图1-4-4所示。

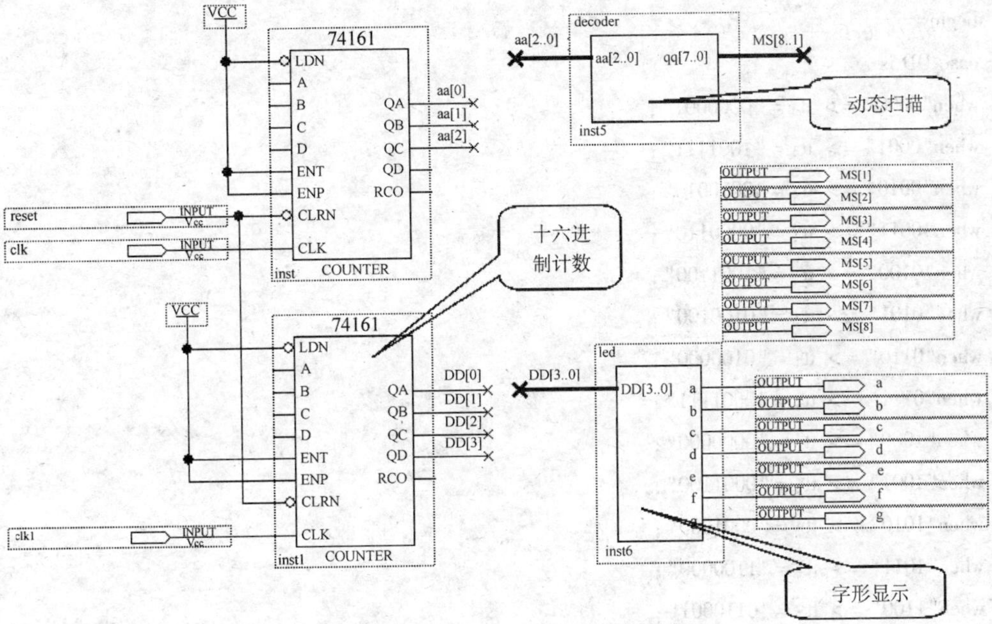

图1-4-4 动态扫描信号产生电路

动态扫描信号产生模块可以由计数器和译码器构成。上面的一片74161构成三位二进制加法计数器，其输出QC、QB、BA传送至3线-8线译码器decoder（见例1-2-2），则在时钟脉冲clk作用下，MS1到MS8依次产生“1”信号，连接到八个数码管的片选端后，即依次选中八个数码管，当时钟clk足够快时，人眼就不能分辨数码管的选中次序了，看到的将是八个数码管同时被选中。下方的74161作为十六进制加法计数器。led是一个字形显示模块，是由VHDL文件产生的符号。在clk1作用下，DD［3..0］从0、1、…、F变化时，由led模块输出的字段驱动电平使八个数码管显示正确的字形。

值得指出的是，DE2系统中的数码管是共阳的，并有相应的驱动电路。

显示译码部分的代码如下：

```
library ieee;
use ieee. std_ logic_ 1164. all;

entity led is
```

```
Port ( DD: in std_ logic_ vector(3 downto 0);
        a, b, c, d, e, f, g: out std_ logic);
end led;

architecture one of led is
begin
  process (DD)
variable tt: std_ logic_ vector (6 downto 0);
begin
case DD is
when"0000" => tt: ="0000001";
when"0001" => tt: ="1001111";
when"0010" => tt: ="0010010";
when"0011" => tt: ="0000110";
when"0100" => tt: ="1001100";
when"0101" => tt: ="0100100";
when"0110" => tt: ="0100000";
when"0111" => tt: ="0001111";
when"1000" => tt: ="0000000";
when"1001" => tt: ="0001100";
when"1010" => tt: ="0001000";
when"1011" => tt: ="1100000";
when"1100" => tt: ="0110001";
when"1101" => tt: ="1000010";
when"1110" => tt: ="0110000";
when"1111" => tt: ="0111000";
   when others =  >null;
end case;
a<=tt (6); b<=tt (5); c<=tt (4); d<=tt (3); e<=tt (2); f<=tt (2); g<=tt (0);
end process;
end one;
```

硬件系统示意图如图 1-4-5 所示，则当 clk 的频率较高，clk1 选择 1Hz 时，会看到八个数码管同时依此显示 0、1、2、…、A、B、C、D、E、F。

此例也可以完全由 VHDL 文件完成，参考代码为：

```
library ieee;
use ieee. std_ logic_ 1164. all;
use ieee. std_ logic_ unsigned. all;

entity saomiao is
```

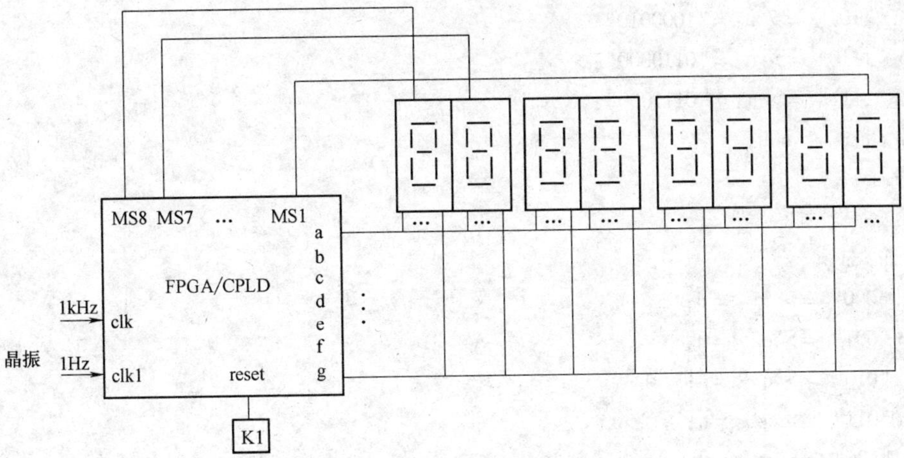

图 1-4-5　例 1-4-1 硬件系统示意图

```
port (clk, clk1, reset: in std_logic;
      q1, q2, q3, q4, q5, q6, q7, q8: out std_logic_vector (6 downto 0));
end entity;
architecture one of saomiao is
  signal in1: std_logic_vector(3 downto 0);
begin
  process(clk)
    variable temp: std_logic_vector(3 downto 0);
    variable flag: std_logic_vector(2 downto 0);
    variable tt: std_logic_vector(6 downto 0);
    begin
    if (clk'event and clk='1') then
    flag: = flag + 1;
    temp: = in1;
 case temp is
 when "0000"  => tt: = "0000001";
 when "0001"  => tt: = "1001111";
 when "0010"  => tt: = "0010010";
 when "0011"  => tt: = "0000110";
 when "0100"  => tt: = "1001100";
 when "0101"  => tt: = "0100100";
 when "0110"  => tt: = "0100000";
 when "0111"  => tt: = "0001111";
 when "1000"  => tt: = "0000000";
 when "1001"  => tt: = "0001100";
 when "1010"  => tt: = "0001000";
 when "1011"  => tt: = "1100000";
```

```
    when "1100"  => tt: ="0110001";
    when "1101"  => tt: ="1000010";
    when "1110"  => tt: ="0110000";
    when "1111"  => tt: ="0111000";
    when others => null;
    end case;

    case flag is
    when "000"  => q1 <= tt;
    when "001"  => q2 <= tt;
    when "010"  => q3 <= tt;
    when "011"  => q4 <= tt;
    when "100"  => q5 <= tt;
    when "101"  => q6 <= tt;
    when "110"  => q7 <= tt;
    when "111"  => q8 <= tt;
    when others  => null;
    end case;
    end if;
    end process;
    process (clk1, reset)
    begin
            if (reset = '0') then in1 <= "0000";
              elsif (clk1'event and clk1 = '1') then
              in1 <= in1 + 1;
            end if;
    end process;
    end one;
```

[**例1-4-2**]　设计一个电路，使两个数码管显示1~12的十二进制计数，两个数码管显示0~59的六十进制计数。

六十进制计数器在例1-3-3中设计过了，十二进制计数器也可以仿照完成，现在的问题是要把两个计数器输出的个位和十位数分别显示在不同的数码管上，相应的数码管选择显示模块可以用VHDL文件完成，参考代码如下。sel模块的原理是：in1、in2、…、in8为八个数码管的BCD码输入端数据，MS1有效时，in1的数据送MS1显示；MS2有效时，in2的数据送MS2显示……MS8有效时，in8的数据送MS8显示。八组数据可以不全部都有，如此例中，十二进制数的低四位送in1，高四位送in2，六十进制数的低四位送in3，高四位送in4，其余数据端为空。

```
library ieee;
use  ieee.std_logic_1164.all;
use  ieee.std_logic_unsigned.all;
```

```
entity sel is
  port (in1, in2, in3, in4, in5, in6, in7, in8: in std_logic_vector(3 downto 0);
  clk: in std_logic;
  ms1, ms2, ms3, ms4, ms5, ms6, ms7, ms8: out std_logic;
  a, b, c, d, e, f, g: out std_logic);
end sel;

architecture one of sel is
  signal temp, flag: std_logic_vector(3 downto 0);
begin
process (clk, temp, flag, in1, in2, in3, in4, in5, in6, in7, in8)
variable led7s: std_logic_vector(6 downto 0);
  begin
if (clk'event and clk='1') then
  ms1<='0'; ms2<='0'; ms3<='0'; ms4<='0'; ms5<='0'; ms6<='0'; ms7<='0'; ms8<='0';
  flag<=flag+1;
case flag is
    when "0000" =>temp<=in1; ms1 <='1';
    when "0001" =>temp<=in2; ms2 <='1';
    when "0010" =>temp<=in3; ms3 <='1';
    when "0011" =>temp<=in4; ms4 <='1';
    when "0100" =>temp<=in5; ms5 <='1';
    when "0101" =>temp<=in6; ms6 <='1';
    when "0110" =>temp<=in7; ms7 <='1';
    when "0111" =>temp<=in8; ms8 <='1';
    when others  =>null;
end case;
case temp is
    when "0000" =>led7s:="1000000";
    when "0001" =>led7s:="1111001";
    when "0010" =>led7s:="0100100";
    when "0011" =>led7s:="0110000";
    when "0100" =>led7s:="0011001";
    when "0101" =>led7s:="0010010";
    when "0110" =>led7s:="0000010";
    when "0111" =>led7s:="1111000";
    when "1000" =>led7s:="0000000";
    when "1001" =>led7s:="0010000";
    when others=>led7s:=null;
end case;
```

```
    end if;
        a <= led7s(6); b <= led7s(5); c <= led7s(4); d <= led7s(3); e <= led7s(2); f <= led7s(1);
g <= led7s(0);
    end process;
    end one;
```

生成符号体后，参考电路如图 1-4-6 所示。

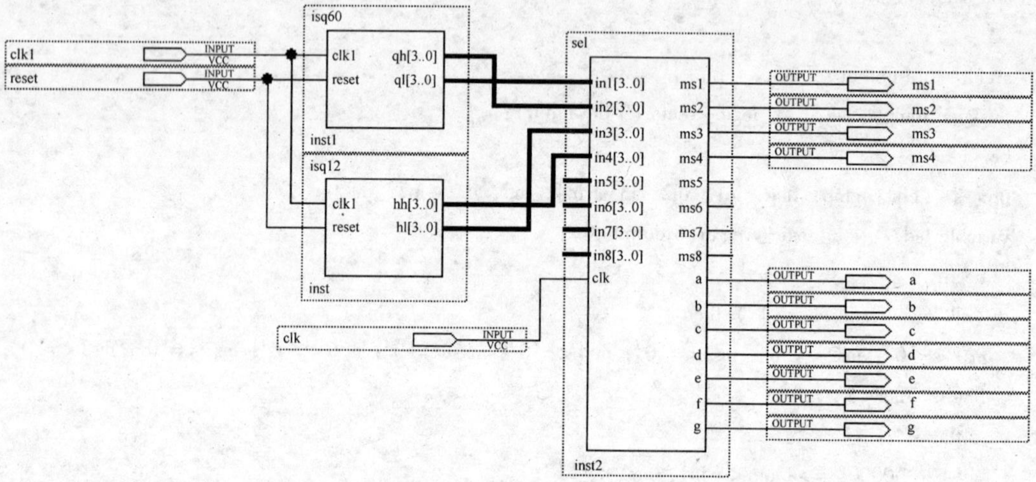

图 1-4-6 例 1-4-2 参考电路图

图中，jsq60 为六十进制计数器，jsq12 为十二进制计数器，硬件系统示意图如图 1-4-7 所示。

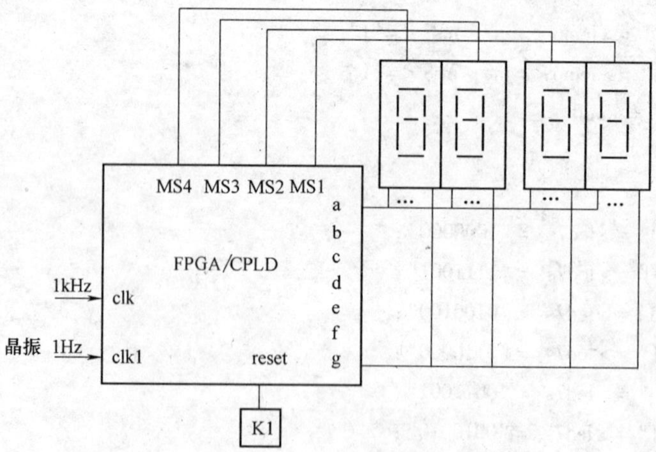

图 1-4-7 例 1-4-2 硬件系统示意图

1.5 数字系统设计实例

[**例 1-5-1**] 设计一个具有三种信号灯的交通灯控制器。

设计要求是：由一条主干道和一条支干道汇合成十字路口，在每个入口处设置红、绿、黄三色信号灯，红灯亮禁止通行，绿灯亮允许通行，黄灯亮则给行驶中的车辆有时间停在禁行线外。用传感器检测车辆是否到来。主干道处于常允许通行的状态，支干道有车来时才允许通行，主、支干道均有车时，两者交替允许通行，主干道每次放行 45s，支干道每次放行 25s，在每次由绿灯亮到红灯亮的转换过程中，黄灯要亮 5s 作为过渡，使行驶中的车辆有时间停到禁行线外，设立 45s、25s、5s 计时及显示电路。

这是一个数字系统设计问题，按自顶向下（Top-down）的设计方法，整个系统可分为主控电路、定时电路，译码驱动显示等几个模块，而定时电路可以由 45s、25s、5s 计数器功能模块构成，这是我们已经熟悉的功能模块，译码驱动显示可由 SSI 构成组合逻辑电路构成，系统框图如图 1-5-1 所示。

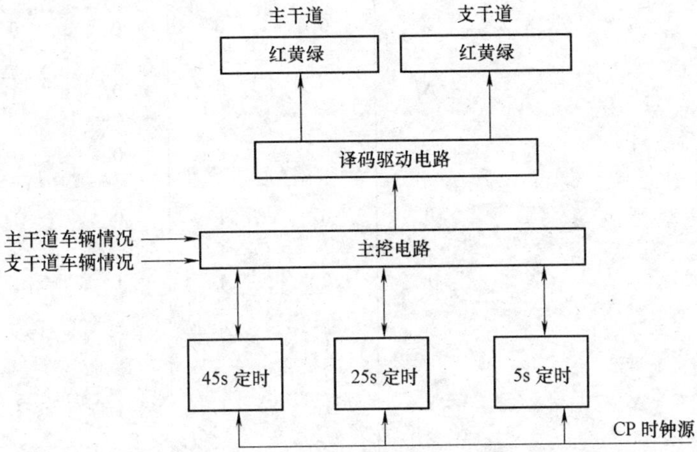

图 1-5-1　交通灯控制系统框图

在这个设计问题中，主控电路是核心，这是一个时序电路，其输入信号为：

1）车辆检测信号，设为 A、B（模拟传感器输出信号）。

2）45s、25s、5s 定时信号，设为 C、D、E。

其状态表如表 1-5-1 所列。

表 1-5-1　状态转换表

状　态	主　干　道	支　干　道	时间/s
S0	绿灯亮，允许通行	红灯亮，禁止通行	45
S1	黄灯亮，停车	红灯亮，禁止通行	5
S2	红灯亮，禁止通行	绿灯亮，允许通行	25
S3	红灯亮，禁止通行	黄灯亮，停车	5

对逻辑变量逻辑赋值为：

A = 0　主干道无车，A = 1　主干道有车（可始终设为 1，使主干道处于常允许通行状态）；

B = 0　支干道无车，B = 1　支干道有车；

C = 0　45s 定时未到，C = 1　45s 定时已到；

D = 0　25s 定时未到，D = 1　25s 定时已到；

E = 0　5s 定时未到，E = 1　5s 定时已到。状态编码为：

S0 = 00　　S1 = 01　　S2 = 11　　S3 = 10

若选 JK 触发器，其输出为 Q2　Q1。

逻辑赋值后的状态表如表 1-5-2 所列，逻辑赋值后的状态转换图如图 1-5-2 所示。

表 1-5-2　逻辑赋值后状态表

A	B	C	D	E	$Q2^n$	$Q1^n$	$Q2^{n+1}$	$Q1^{n+1}$	说明
X	0	X	X	X	0	0	0	0	维持 S0
1	1	0	X	X	0	0	0	0	
0	1	X	X	X	0	0	0	1	由 S0→S1
1	1	1	X	X	0	0	0	1	
X	X	X	X	0	0	1	0	1	维持 S1
X	X	X	X	1	0	1	1	1	由 S1→S2
1	1	X	0	X	1	1	1	1	维持 S2
0	1	X	X	X	1	1	1	1	
X	0	X	X	X	1	1	1	0	由 S2→S3
1	1	X	1	X	1	1	1	0	
X	X	X	X	0	1	0	1	0	维持 S3
X	X	X	X	1	1	0	0	0	由 S3→S0

将表 1-5-2 中 $Q2^{n+1}$、$Q1^{n+1}$ 的 “1” 项按最小项之和的形式写出，并化简即得状态方程为

$$Q2^{n+1} = \overline{Q2}^n EQ1^n + (Q1^n + \overline{E})\ Q2^n$$

$$Q1^{n+1} = \overline{Q1}^n \overline{Q2}^n B\ (\overline{A} + C)\ + Q1^n\ [\overline{Q2}^n + B\ (\overline{A} + \overline{D})]$$

所以，两 JK 触发器的驱动方程为

$$J1 = \overline{Q2}^n B\ (\overline{A} + C),\ \overline{K1} = \overline{Q2}^n + B\ (\overline{A} + \overline{D})$$

$$J2 = EQ1^n,\ \overline{K2} = Q1^n + \overline{E}$$

45s、25s、5s 定时器 CP 脉冲驱动方程为

$$CP45 = [\overline{Q2}\ \overline{Q1}\ (A + \overline{B})\ + Q2\ \overline{Q1}E]\ CP$$

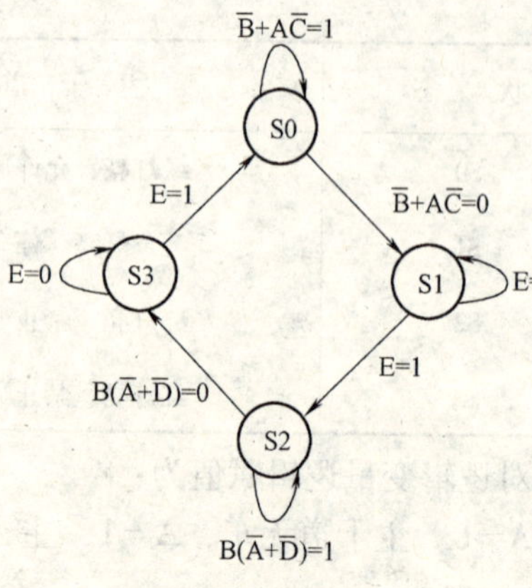

图 1-5-2　状态转换图

$$CP25 = [Q2Q1B + \overline{Q2}\,Q1E]\ CP$$

$$CP5 = [Q1 \oplus Q2]\ CP$$

则主控电路和各定时电路如图1-5-3所示。图1-5-3中，各计数器驱动脉冲电路如图1-5-4所示。

设主干道红、黄、绿三色灯为R1、Y1、G1，支干道红、黄、绿三色灯为R2、Y2、G2，信号灯显示的真值表如表1-5-3所列。

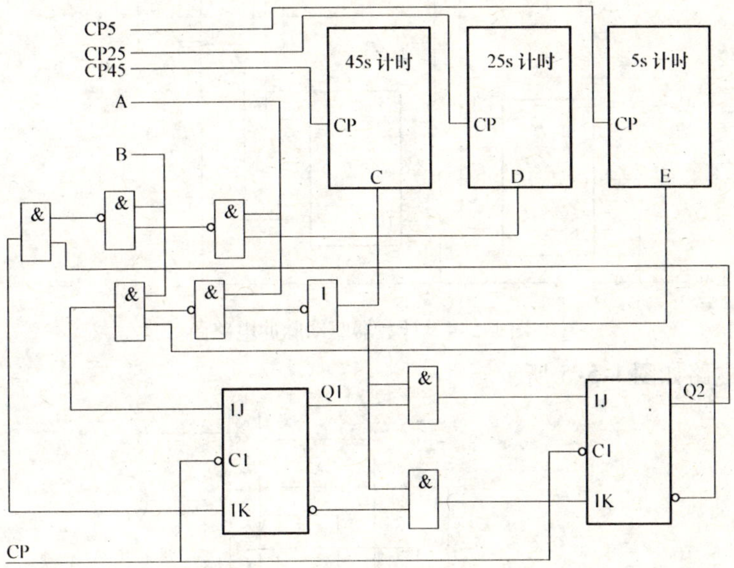

图1-5-3　交通灯控制器主控电路

表1-5-3　译码驱动电路真值表

Q2	Q1	R1	Y1	G1	R2	Y2	G2
0	0	0	0	1	1	0	0
0	1	0	1	0	1	0	0
1	1	1	0	0	0	0	1
1	0	1	0	0	0	1	0

所以，表达式为

$$R1 = Q2,\ R2 = \overline{Q2}$$

$$Y1 = Q1\,\overline{Q2},\ Y2 = \overline{Q1}Q2$$

$$G1 = \overline{Q1}\ \overline{Q2},\ G2 = Q2Q1$$

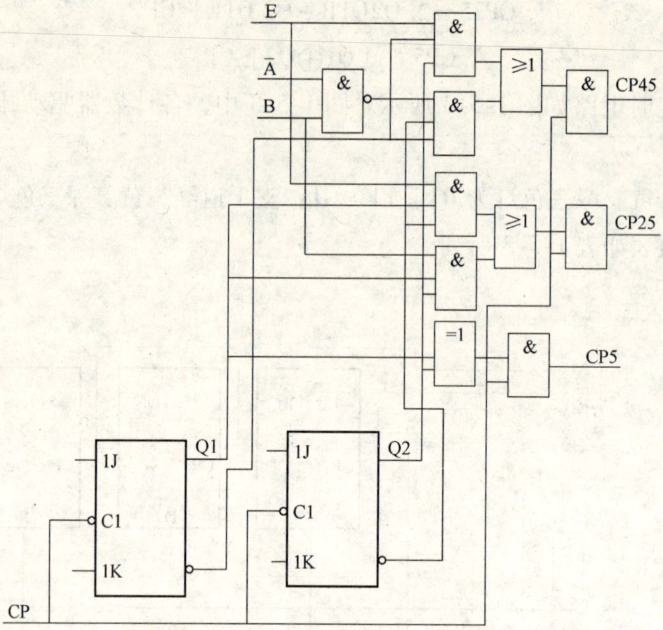

图 1-5-4　计数器驱动脉冲电路图

译码驱动电路如图 1-5-5 所示。

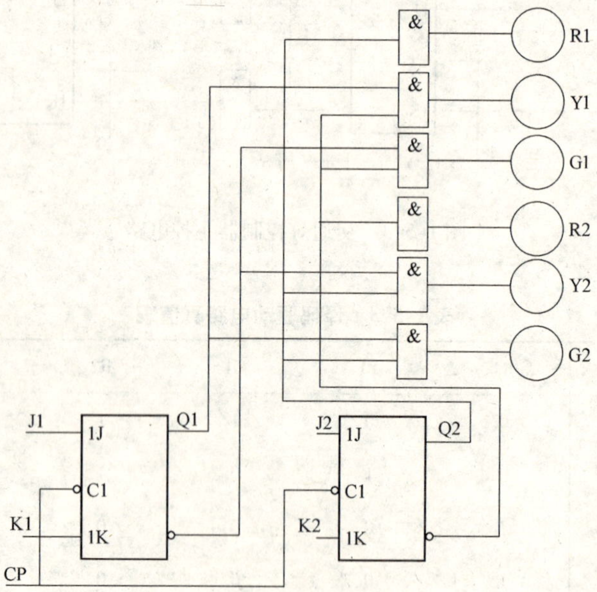

图 1-5-5　译码驱动电路

此例也可以完全由 VHDL 文件完成，参考代码为：

```
library ieee;
use ieee. std_logic_1164. all;
use ieee. std_logic_unsigned. all;

entity traffic is
```

```
port( clk,enb: in std_logic;
     ared,agreen,ayellow,bred,bgreen,byellow: buffer std_logic;
     acounth,acountl,bcounth,bcountl: buffer std_logic_vector(3 downto 0));
end traffic;

architecture one of traffic is
begin
process(clk,enb)
variable lightstatus: std_logic_vector(5 downto 0);
begin
if (clk'event and clk='1')then
lightstatus:= ared&agreen&ayellow&bred&bgreen&byellow;
If ((acounth ="0000" and acountl="0000") or (bcounth="0000" and bcountl="0000"))then
Case lightstatus is
When "010100" =>
lightstatus:="001100"; acountl <= "0101"; acounth <= "0000"; bcountl <= "0101"; bcounth <=
"0000";
When "001100" =>
If (enb='1') then
lightstatus:="100010";acountl<= "0000";acounth<= "0011";bcountl<= "0101";bcounth<= "0010";
        else
lightstatus:="010100";acountl<= "0101";acounth<= "0100";bcountl<= "0000";bcounth<= "0101";
end if;
        when "100010" =>

lightstatus:="100001";acountl<= "0101";acounth<= "0000";bcountl<= "0101";bcounth<= "0000";
        when "100001" =>

lightstatus:="010100";acountl<= "0101";acounth<= "0100";bcountl<= "0000";bcounth<= "0101";
        when others =>
lightstatus:="010100";acountl<= "0101";acounth<= "0100";bcountl<= "0000";bcounth<= "0101";
        end case;
else
if (acountl="0000") then
acounth<= acounth-1;
acountl<= "1001";
      else
acountl<= acountl-1;
      end if;
      if (bcountl="0000") then
bcounth<= bcounth-1;
bcountl<= "1001";
        else
```

```
bcountl <= bcountl - 1;
end if;
end if;
end if;
    ared <= lightstatus(5); agreen <= lightstatus(4); ayellow <= lightstatus(3);
    bred <= lightstatus(2); bgreen <= lightstatus(1); byellow <= lightstatus(0);
end process;
end one;
```

顶层 bdf 文件如图 1-5-6 所示，其中 sel 为扫描显示模块，电路下载后，硬件系统示意图如图 1-5-7 所示。

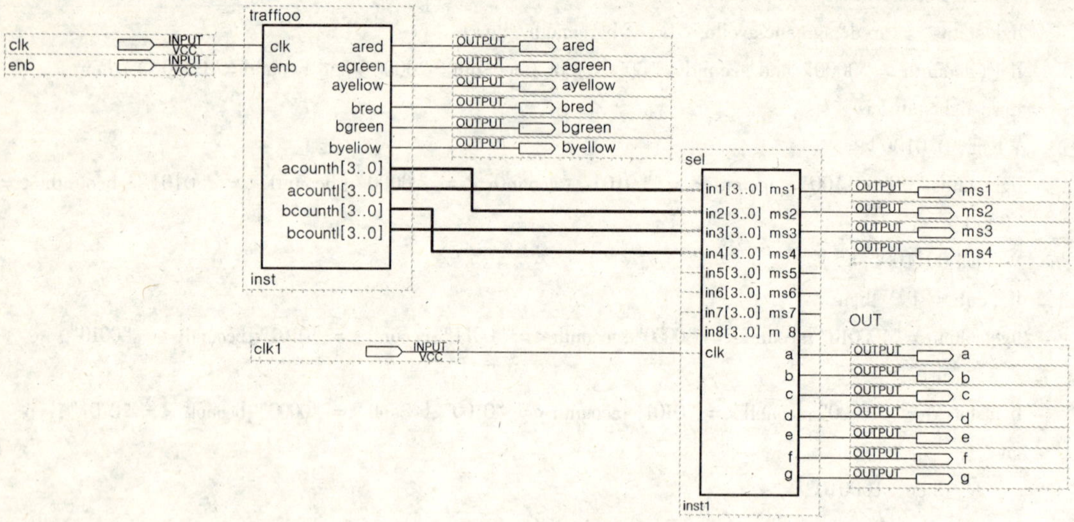

图 1-5-6　具有三种信号灯的交通灯控制器顶层 bdf 文件图

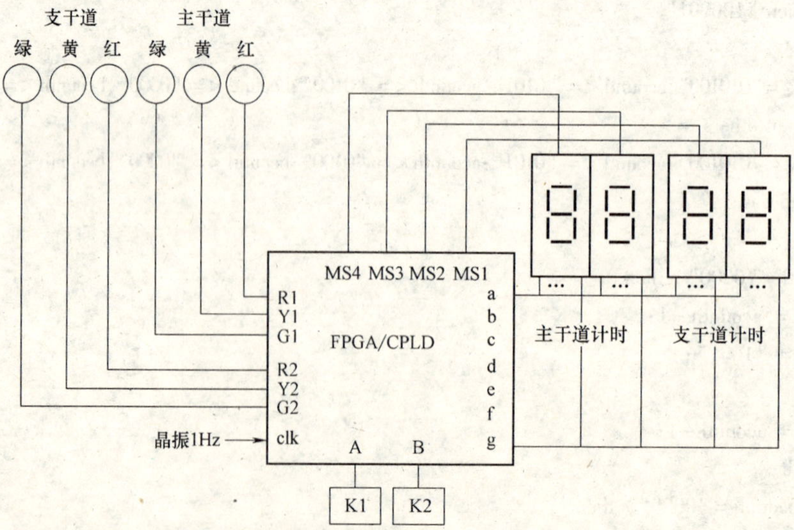

图 1-5-7　具有三种信号灯的交通灯控制器硬件系统示意图

［例1-5-2］ 设计一个四位数字频率计，频率测量范围为0～9999Hz。设被测信号为方波，幅值已满足要求，测量结果用LED表示。

脉冲信号的频率就是在单位时间内所产生的脉冲个数，其表达式$f=N/T$，f为被测信号的频率，N为计数器所累计的脉冲个数，T为产生N个脉冲所需的时间，所以在1s时间内计数器所记录的结果，就是被测信号的频率。

数字频率计的原理框图如图1-5-8所示。当闸门信号（宽度为1s的正脉冲）到来时，闸门开通，被测信号通过闸门送到计数器，计数器开始计数，当闸门信号结束时，计数器停止计数。由于闸门开通的时间为1s，计数器的计数值就是被测信号频率。为了使测得的频率值准确，在闸门开通之前，计数器必须清零。为了使显示电路稳定地显示频率值，在计数器和显示电路之间加了锁存器，当计数器计数结束时，将计数值通过锁存信号送到锁存器。控制电路在时基电路的控制下产生三个信号：闸门信号、锁存信号和清零信号。各信号之间的时序关系如图1-5-9所示。

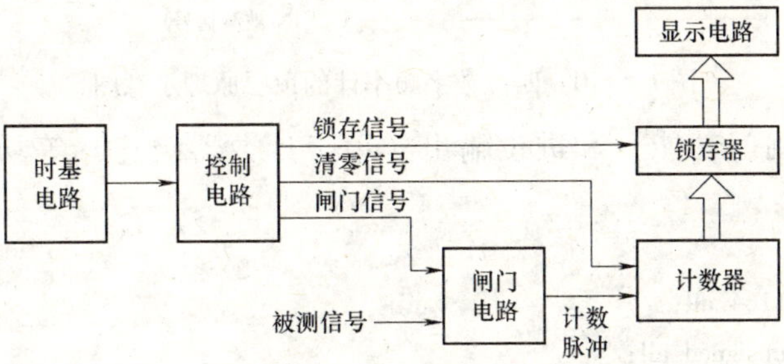

图1-5-8 数字频率计原理框图

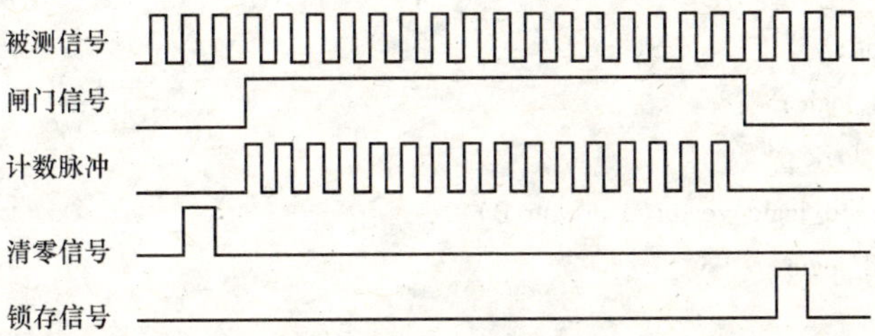

图1-5-9 频率计各信号时序图

根据上述的数字频率计的工作原理，不难得到如图1-5-10所示的四位数字频率计的顶层原理示意图。图中总共有四个不同的功能模块：CONSIGNAL模块、CNT10模块、LOCK模块和DECODER模块，各模块间的互连关系在图中已经标明。CONSIGNAL模块为频率计的控制器，产生满足时序要求的控制信号；四个十进制计数器CNT10组成10000进制计数器，使频率计的测量范围达到0～9999Hz；LOCK模块用于锁存计数器计数结果；DECODER模块将计数器输出的8421BCD码转换为七段显示码。

在完成频率计顶层设计的功能模块分割后，就可以进行各底层模块的设计。CNT10、LOCK、CONSIGNAL、DECODER模块全部采用VHDL描述。

1. 模块文件CNT10. vhd

CNT10模块的主要逻辑功能为十进制加法计数器，除此之外，还要有异步清零、计数

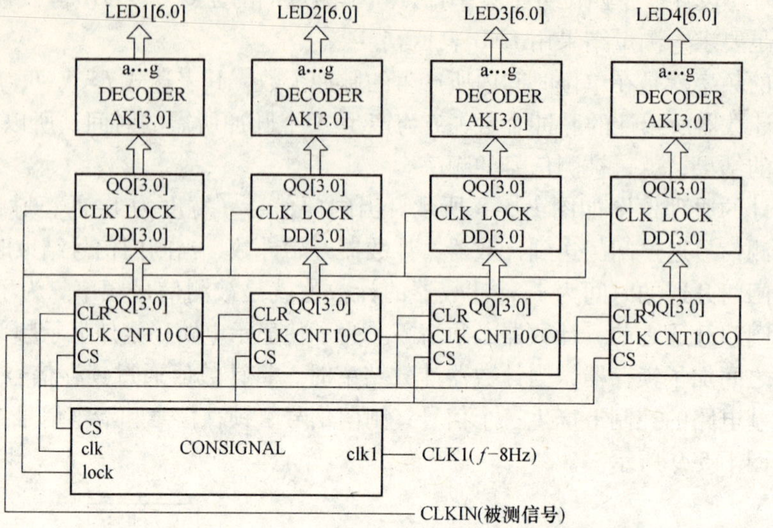

图 1-5-10 四位数字频率计的顶层原理示意图

允许控制（相当于闸门功能）和进位输出（用于计数器级连）等功能。CNT10 模块的 VHDL 语言源程序为：

```
library ieee;
use ieee. std_logic_1164. all;
use ieee. std_logic_unsigned. all;

entity cnt10 is
port( clk:in std_logic;
          clr:in std_logic;
          cs:in std_logic;
          qq:buffer std_logic_vector(3 downto 0);
          co:out std_logic
          );
end cnt10;
architecture one of cnt10 is
begin
          process( clk, clr, cs)
            begin
              if ( clr = '1') then
                   qq <= "0000";
              elsif ( clk ' event and clk = '1') then
                   if ( cs = '1') then
                        if ( qq = 9) then
                             qq <= "0000";
                        else
                             qq <= qq + 1;
```

```
                end if;
            end if;
        end if;
    end process;

    process(qq)
    begin
        if (qq =9) then
                co <= '0';
        else
                co <= '1';
        end if;
    end process;
end one;
```

2. 模块文件 LOCK. vhd

LOCK 模块的功能是在锁存信号的上升沿将输入数据锁存到输出端，其 VHDL 语言源程序为：

```
library ieee;
use ieee. std_logic_1164. all;
use ieee. std_logic_unsigned. all;

entity lock is
port( clk:in std_logic;
        dd:in std_logic_vector(3 downto 0);
        qq:out std_logic_vector(3 downto 0)
        );
end lock;

architecture one of lock is
begin
        process( clk,dd)
          begin
            if (clk'event and clk ='1') then
              qq <= dd;
            end if;
end process;
end one;
```

3. 模块文件 CONSIGNAL. vhd

CONSIGNAL 模块用有限状态机（FSM）方式编写，其功能是在一个 8Hz 时钟信号控制下，产生频率计工作中的三个控制信号，包括四个十进制计数器开始计数时的清零信号与片选信号、频率计数完毕时的锁存信号。该模块采用格雷码形式对十二个状态进行编码，以避免状态转换时可能出现的竞争冒险现象。CONSIGNAL 中十二个状态分配如下：一个清零状态、一个锁存状态、八个状态产生 1s 基准信号、两个闲置状态等待测量结果的输出。CONSIGNAL 模块的 VHDL 语言程序为：

```
library ieee;
use ieee.std_logic_1164.all;

entity consignal is
    port ( clk: in std_logic;
        cs,clr,lock: out std_logic );
end consignal;

architecture behav of consignal is
  signal current_state, next_state: std_logic_vector(3 downto 0 );
  constant st0 : std_logic_vector := "0011" ;
  constant st1 : std_logic_vector := "0010";
  constant st2 : std_logic_vector := "0110" ;
  constant st3 : std_logic_vector := "0111";
  constant st4 : std_logic_vector := "0101" ;
  constant st5 : std_logic_vector := "0100";
  constant st6 : std_logic_vector := "1100" ;
  constant st7 : std_logic_vector := "1101";
  constant st8 : std_logic_vector := "1111";
  constant st9 : std_logic_vector := "1110";
  constant st10 : std_logic_vector := "1010" ;
  constant st11 : std_logic_vector := "1011";

  begin
com1: process(current_state)
   begin
     case current_state is
        when st0 => next_state <= st1;clr <= '1';cs <= '0';lock <= '0';
        when st1 => next_state <= st2;clr <= '0';cs <= '1';lock <= '0';
        when st2 => next_state <= st3;clr <= '0';cs <= '1';lock <= '0';
        when st3 => next_state <= st4;clr <= '0';cs <= '1';lock <= '0';
        when st4 => next_state <= st5;clr <= '0';cs <= '1';lock <= '0';
        when st5 => next_state <= st6;clr <= '0';cs <= '1';lock <= '0';
        when st6 => next_state <= st7;clr <= '0';cs <= '1';lock <= '0';
        when st7 => next_state <= st8;clr <= '0';cs <= '1';lock <= '0';
        when st8 => next_state <= st9;clr <= '0';cs <= '1';lock <= '0';
        when st9 => next_state <= st10;clr <= '0';cs <= '0';lock <= '0';
        when st10 => next_state <= st11;clr <= '0';cs <= '0';lock <= '0';
        when st11 => next_state <= st0;clr <= '0';cs <= '0';lock <= '1';
        when others => next_state <= st0;clr <= '0';cs <= '0';lock <= '0';
      end case ;
```

```
    end process com1 ;

reg: process (clk)
            begin
               if ( clk'event and clk ='1') then
               current_state  <= next_state;
               end if;
         end process reg;
    end behav;
```

4. 模块文件 DECODER. vhd

DECODER 模块将 BCD 码计数结果译码为七段显示码，以便于数码管显示。DECODER 模块的 VHDL 语言程序为：

```
library ieee;
use ieee.std_logic_1164.all;

entity decoder is
port(din:in std_logic_vector(3 downto 0);
    led7s:out std_logic_vector(6 downto 0)
    );
end;
architecture one of decoder is
begin
    process(din)
        begin
            case din is
              when "0000" => led7s <= "1000000";
              when "0001" => led7s <= "1111001";
              when "0010" => led7s <= "0100100";
              when "0011" => led7s <= "0110000";
              when "0100" => led7s <= "0011001";
              when "0101" => led7s <= "0010010";
              when "0110" => led7s <= "0000010";
              when "0111" => led7s <= "1111000";
              when "1000" => led7s <= "0000000";
              when "1001" => led7s <= "0010000";
              when "1010" => led7s <= "0001000";
              when "1011" => led7s <= "0000011";
              when "1100" => led7s <= "1000110";
              when "1101" => led7s <= "0100001";
              when "1110" => led7s <= "0000110";
              when "1111" => led7s <= "0001110";
              when others => led7s <= null;
```

```
        end case;
    end process;
end;
```

对各个子模块进行编译和仿真，并生成相应的模块符号，以便在顶层图编辑时使用。可用原理图输入法完成图1-5-11所示的顶层文件，存为fmeter. bdf 。图中CLK1端为8Hz基准时钟，CLKIN端加上被测信号。选择器件为EP2C35F672C8，按表1-5-4来锁定引脚。

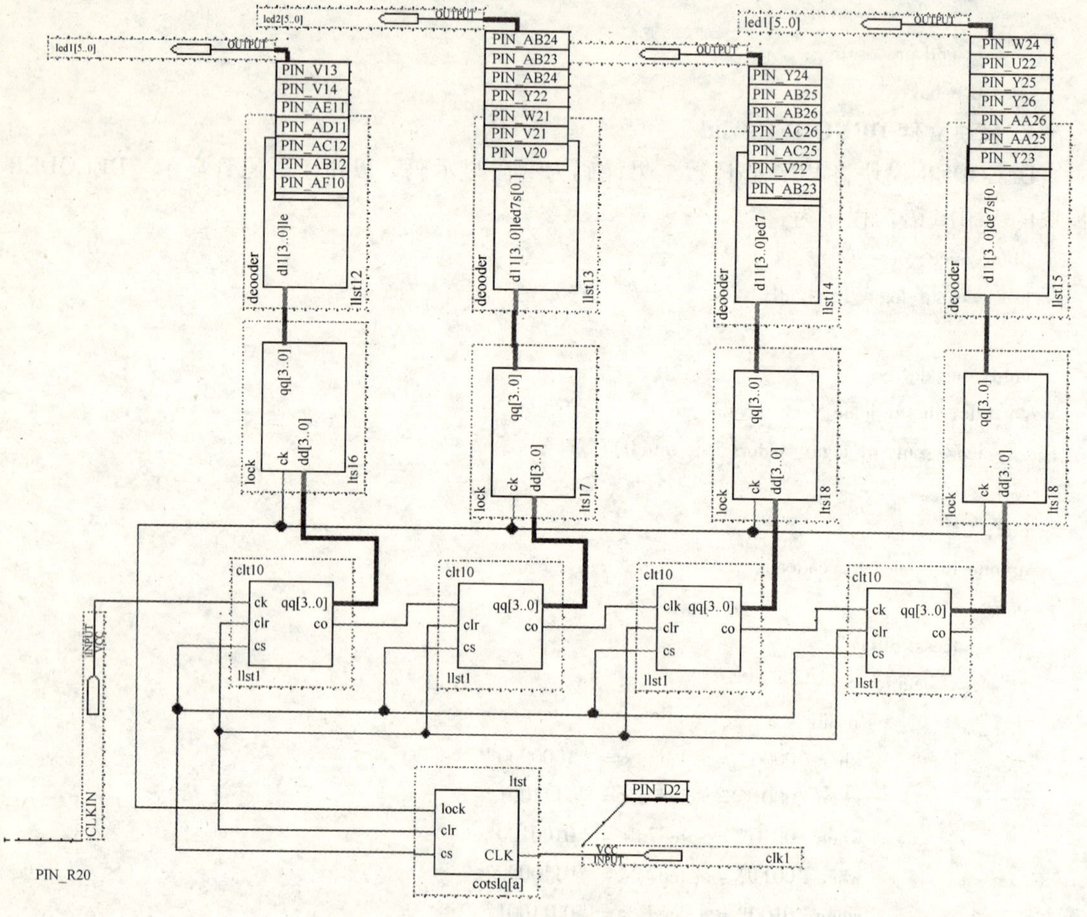

图1-5-11 数字频率计的顶层参考图

表1-5-4 数字频率计引脚锁定

信号名	引脚号	信号名	引脚号	信号名	引脚号	信号名	引脚号
LED10	PIN_ AF10	LED20	PIN_ V20	LED30	PIN_ AB23	LED40	PIN_ Y23
LED11	PIN_ AB12	LED21	PIN_ V21	LED31	PIN_ V22	LED41	PIN_ AA25
LED12	PIN_ AC12	LED22	PIN_ W21	LED32	PIN_ AC25	LED42	PIN_ AA26
LED13	PIN_ AD11	LED23	PIN_ Y22	LED33	PIN_ AC26	LED43	PIN_ Y26
LED14	PIN_ AE11	LED24	PIN_ AA24	LED34	PIN_ AB26	LED44	PIN_ Y25
LED15	PIN_ V14	LED25	PIN_ AA23	LED35	PIN_ AB25	LED45	PIN_ U22
LED16	PIN_ V13	LED26	PIN_ AB24	LED36	PIN_ Y24	LED46	PIN_ W24
CLKIN	PIN_ R20	CLK1	PIN_ T22				

第 2 章　VHDL 硬件描述语言

2.1　VHDL 概述

2.1.1　VHDL 的特点

VHDL 语言作为一种标准的硬件描述语言，具有结构严谨、描述能力强的特点，支持从系统级到门级所有层次的设计，在使用 VHDL 语言进行逻辑电路设计时，不需要考虑特定电路制造工艺的影响，其设计覆盖所有的逻辑电路形式。其语法结构以严谨著称，适合于复杂逻辑电路的设计。由于 VHDL 语言来源于 C、Fortran 等计算机高级语言，在 VHDL 语言中保留了部分高级语言的原语句，如 if 语句、子程序和函数等，便于阅读和应用。具体特点如下：

1）支持从系统级到门级电路的描述，既支持自底向上（Bottom - up）的设计，也支持从顶向下（Top - down）的设计，同时还支持结构、行为和数据流三种形式的混合描述。

2）VHDL 的设计单元的基本组成部分是实体（Entity）和结构体（Architecture），实体包含设计系统单元的输入和输出端口信息，结构体描述设计单元的组成和行为，便于各模块之间数据传送。利用单元（Componet）、块（Block）、过程（Procedure）和函数（Function）等语句，用结构化层次化的描述方法，使复杂电路的设计更加简便。采用包的概念，便于标准设计文档资料的保存和广泛使用。

3）VHDL 语言有常数、信号和变量三种数据对象，每一个数据对象都要指定数据类型，VHDL 的数据类型丰富，有数值数据类型和逻辑数据类型，有位型和位向量型。既支持预定义的数据类型，又支持自定义的数据类型，其定义的数据类型具有明确的物理意义，VHDL 是强类型语言。

4）数字系统有组合电路和时序电路，时序电路又分为同步和异步，电路的动作行为有并行和串行动作，VHDL 语言常用语句分为并行语句和顺序语句，完全能够描述复杂的电路结构和行为状态。

2.1.2　VHDL 语言的基本结构

VHDL 语言是数字电路的硬件描述语言，在语句结构上吸取了 Fortran 和 C 等计算机高级语言的语句，只要具备高级语言的编程技能和数字逻辑电路的设计基础，就可以在较短的时间内学会 VHDL 语言。但是 VHDL 毕竟是一种描述数字电路的工业标准语言，该种语言的标识符号、数据类型、数据对象以及描述各种电路的语句形式和程序结构等方面具有特殊的规定，如果一开始就介绍它的语法规定，会使初学者感到枯燥无味，不得要领。较好的办法是选取几个具有代表性的 VHDL 程序实例，先介绍整体的程序结构，再逐步介绍程序中的语法概念。

一个 VHDL 语言的设计程序描述的是一个电路单元，这个电路单元可以是一个门电路，或者是一个计数器，也可以是一个 CPU。一般情况下，一个完整的 VHDL 语言程序至少要包含实体、结构体和程序包三个部分。实体给出电路单元的外部输入输出接口信号和引脚信息，结构体给出了电路单元的内部结构和信号的行为特点，程序包定义在设计结构体和实体中将用到的常数、数据类型、子程序和设计好的电路单元等。

[例 2-1-1] 用 VHDL 语言描述一位全加器。一位全加器的输入信号是 A、B、Ci，输出信号是 S 和 Co。全加器的真值表如表 2-1-1 所示。

表 2-1-1 全加器的真值表

输入信号			输出信号	
A	B	Ci	S	Co
0	0	0	0	0
0	0	1	1	0
0	1	0	1	0
0	1	1	0	1
1	0	0	1	0
1	0	1	0	1
1	1	0	0	1
1	1	1	1	1

一位全加器的逻辑表达式是

$S = A \oplus B \oplus Ci$

$Co = AB + ACi + BCi$

一位全加器的电路如图 2-1-1 所示。

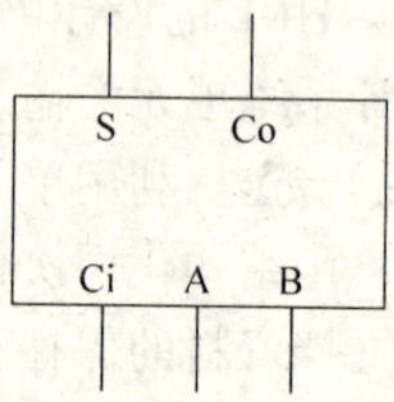

图 2-1-1 一位全加器电路图

全加器的 VHDL 程序的文件名称是 fulladder. VHD，其中 VHD 是 VHDL 程序的文件扩展名，程序如下：

```
       ┌LIBRARY IEEE;                          --IEEE 标准库
程序包 │USE IEEE. STD_LOGIC_1164. ALL;
       │USE IEEE. STD_LOGIC_ARITH. ALL;
       └USE IEEE. STD_LOGIC_UNSIGNED. ALL;
      ┌ENTITY fulladder IS                     --fulladder 是实体名称
      │    PORT(
实体  │        A,B,Ci:IN STD_LOGIC;           --定义输入/输出信号
      │          Co,S  :OUT STD_LOGIC
      │        );
      └END fulladder;
       ┌ARCHITECTURE addstr OF fulladder IS    --addstr 是结构体名
       │BEGIN
结构体 │    S <= A XOR B XOR Ci;
       │    Co <= (A AND B)OR(A AND Ci)OR(B AND Ci);
       └END addstr;
```

从这个例子中可以看出，一段完整的 VHDL 代码主要由以下几部分组成：

第一部分是程序包，程序包是用 VHDL 语言编写的共享文件，定义在设计结构体和实

体中将用到的常数、数据类型、子程序和设计好的电路单元等，放在文件目录名称为IEEE的程序包库中。

第二部分是程序的实体，定义电路单元的输入/输出引脚信号。程序的实体名称fulladder是任意取的，但是必须与VHDL程序的文件名称相同。实体的标识符是ENTITY，实体以ENTITY开头，以END结束。其中，定义A、B、Ci是输入信号引脚，定义Co和S是输出信号引脚。

第三部分是程序的结构体，具体描述电路的内部结构和逻辑功能。结构体有三种描述方式，分别是行为（BEHAVIOR）描述方式、数据流（DATAFLOW）描述方式和结构（STRUCTURE）描述方式。其中数据流（DATAFLOW）描述方式又称为寄存器（RTL）描述方式，例中结构体的描述方式属于数据流描述方式。结构体以标识符ARCHITECTURE开头，以END结尾。结构体的名称addstr是任意取的。

2.1.3 VHDL语言的实体（ENTITY）说明语句

实体是VHDL程序设计中最基本的组成部分，在实体中定义了该设计芯片中所需要的输入/输出信号引脚。端口信号名称表示芯片的输入/输出信号的引脚名，这种端口信号通常被称为外部信号，信号的输入/输出状态被称为端口模式，在实体中还定义信号的数据类型。

实体说明语句的格式为：

```
ENTITY 实体名称 IS
PORT(
    端口信号名称1:输入/输出状态  数据类型;
    端口信号名称2:输入/输出状态  数据类型;
      …
    端口信号名称N:输入/输出状态  数据类型
    );
END 实体名称;
```

[例2-1-2]　一个同步十六进制加法计数器，带有计数控制、异步清零和进位输出等功能。计数器电路图如图2-1-2所示，电路有三个输入端和五个输出端。输入端分别是时钟脉冲输入端CLK，计数器状态控制端EN，异步清零控制端Rd。输出端分别是四位计数输出端Q0、Q1、Q2、Q3和一个进位输出端Co。当计数器输出0000～1110时，Co＝0；只有当计数器输出1111时，Co＝1。电路的功能表如表2-1-2所示。

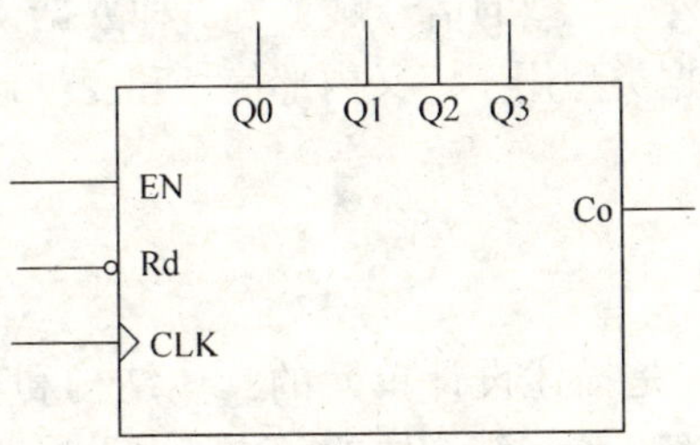

图2-1-2　同步十六进制加法计数器电路

表2-1-2　同步十六进制加法计数器的功能表

控制器			工作状态
CLK	EN	Rd	
×	×	0	异步清零
上升沿	1	1	计数
×	0	1	保持

该设计的实体部分如下：

```
ENTITY cntm16 IS
```

```
PORT (
        EN      : IN STD_LOGIC;
        Rd      : IN STD_LOGIC;
        CLK     : IN STD_LOGIC;
        Co      : OUT STD_LOGIC;
        Q       : BUFFER STD_LOGIC_VECTOR(3 DOWNTO 0)
        );
END cntm16;
```

（1）实体名称表示所设计电路的电路名称，必须与 VHDL 文件名相同，实体名称是“cntm16”，所存的 VHDL 文件名必须是“cntm16. VHD”。

（2）端口信号名称表示芯片的输入/输出信号的引脚名，这种端口信号通常被称为外部信号，端口信号名称可以表示一个信号，也可以表示一组信号（BUS），由数据类型定义，如 EN、Rd、CLK、Co 分别表示计数允许信号、异步清零信号、时钟输入信号和进位输出信号。Q 是一组输出信号，用来表示四位同步二进制计数器的四位计数输出信号。

（3）端口信号输入/输出状态有以下几种状态：

IN　　信号进入电路单元。

OUT　　信号从电路单元输出。

INOUT　　信号是双向的，既可以进入电路单元，也可以从电路单元输出。

BUFFER　　信号从电路单元输出，同时在电路单元内部可以使用该输出信号。

（4）端口数据类型（TYPE）定义端口信号的数据类型，在 VHDL 中，常用的端口信号数据类型如下：

1）位（BIT）型：表示一位信号的值，可以取值‘0’和‘1’，放在单引号里面表示，如 X <= ‘1’，Y <= ‘0’。

2）位向量（BIT_VECTOR）型：表示一组位型信号值，在使用时必须标明位向量的宽度（个数）和位向量的排列顺序。例如，Q : OUT BIT_ VECTOR（3 downto 0），表示 Q3，Q2，Q1，Q0 四个位型信号。位向量的信号值放在双引号里面表示，例如，Q <= “0000”。

3）标准逻辑位（STD_ LOGIC）型：IEEE 标准的逻辑类型，它是 BIT 型数据类型的扩展，可以取值‘U’，‘X’，‘0’，‘1’，‘Z’，‘W’，‘L’，‘H’，‘-’等。

4）标准逻辑位向量（STD_ LOGIC_ VECTOR）型：IEEE 标准的逻辑向量，表示一组标准逻辑位型信号值。

VHDL 是与类型高度相关的语言，不允许将一种数据类型的信号赋予另一种数据类型的信号。除了上述介绍的数据类型外，还有其他多种数据类型用于定义内部信号和变量，请参见 2. 2 节。

2.1.4 VHDL 语言的结构体（ARCHITECTURE）

结构体是 VHDL 程序设计中的最主要组成部分，是描述设计单元的具体结构和功能，在程序中，结构体放在实体的后面。每一个结构体都有名称，结构体的名称是由设计者任取的，结构体是以标识符 ARCHITECTURE 开头，以 END 结尾。不同的结构体采用不同的描述语句。

结构体的一般格式为：

```
ARCHITECTURE 结构体名 OF 实体名称 IS
    说明语句
BEGIN
    电路描述语句
END 结构体名;
```

结构体说明语句是对结构体中用到的数据对象的数据类型、元件和子程序等加以说明。电路描述语句用并行语句来描述电路的各种功能，这些并行语句包括并行信号赋值语句、条件赋值（WHEN - ELSE）语句、进程（PROCESS）语句、元件例化（COMPONET MAP）语句和子程序调用语句等。

例 2-1-2 设计程序的结构体部分如下：

```
ARCHITECTURE counstr OF cntm16 IS
BEGIN
Co <= '1' WHEN (Q ="1111" AND EN ='1') ELSE '0';          --条件赋值语句
PROCESS (CLK, Rd)                                          --PROCESS 语句
    BEGIN
    IF (Rd ='0') THEN                                      --IF 语句
    Q <= "0000";
    ELSIF (CLK'EVENT AND CLK ='1') THEN                    --CLK 上升沿计数
        IF(EN ='1') then
        Q <= Q+1;
        END IF;
    END IF;
END PROCESS;
END counstr;
```

结构体的名称是 counstr，该结构体属于行为描述方式，采用多种描述语句，如进程（PROCRESS）语句、条件赋值语句（WHEN - ELSE）、顺序语句（IF - ELSE）等，这些语句的具体用法参见 2.3 节相关内容。

2.1.5 程序包（PACKAGE）、库（LIBRARY）和 USE 语句

程序包定义了一组标准的数据类型说明、常量说明、元件说明、子程序说明和函数说明等，它是一个用 VHDL 语言描写的一段程序，可以供其他设计单元调用。它如同 C 语言中的*.H 文件一样，定义了一些数据类型说明和函数说明。在一个设计单元中，在实体部分所定义的数据类型、常数和子程序在相应的结构体中是可以被使用的（可见的），但是在一个实体的说明部分和结构体部分中定义的数据类型、常量及子程序却不能被其他设计单元的实体和结构体使用（不可见）。程序包就是为了使一组类型说明、常量说明和子程序说明对多个设计单元都可以使用而提供的一种结构。程序包分为两大类，即 VHDL 预定义标准程序包和用户定义的程序包。VHDL 设计中常用的标准程序包的名称和内容如表 2-1-3 所示。用户定义的程序包是设计者把预先设计好的电路单元设计定义在一个程序包中，放在指定的库中，以供其他设计单元调用，如果在设计中要使用某个程序包中的内容时，可以用 USE 语句打开该程序包。有关程序包的设计方法参见 2.4.5 节的内容。

库（LIBRARY）是专门用于存放预先编译好的程序包的地方，它实际上对应一个文件

目录，程序包的文件就存放在此目录中。库名与目录名的对应关系可以在编译程序中指定，库的说明总是放在设计单元的最前面。例如，对IEEE标准库的调用格式为：

LIBRARY IEEE;

表2-1-3 IEEE两个标准库STD和IEEE中的程序包

库名	程序包名	定义的内容
STD	STANDARD	定义VHDL的数据类型，如BIT，BIT_ VECTOR等
	TEXTIO	TEXT读写控制数据类型和子程序等
IEEE	STD_ LOGIC_ 1164	定义STD_ LOG，STD_ LOGIC_ VECTOR等
	STD_ LOGIC_ ARITH	定义有符号与无符号数据类型，基于这些数据类型的算术运算符，如“+”，“-”，“*”，“/”，SHL，SHR等
	STD_ LOGIC_ SIGNED	定义基于STD_ LOGIC与STD_ LOGIC_ VECTOR数据类型上的有符号的算术运算
	STD_ LOGIC_ UNSIGNED	定义基于STD_ LOGIC与STD_ LOGIC_ VECTOR类型上的无符号的算术运算

1. 常用的库和包的种类

VHDL程序中常用的库有STD库、IEEE库和WORK等。其中STD库和IEEE库中的标准程序包是由提供EDA工具的厂商提供的，用户在设计程序时，可以用相应的语句调用。

（1）STD库　STD库是VHDL语言标准库，库中定义了STANDARD和TEXTIO两个标准程序包。STANDARD程序包中定义了VHDL的基本的数据类型，如字符（CHARACTER）、整数（INTEGER）、实数（REAL）、位型（BIT）和布尔量（BOOLEAN）等。用户在程序中可以随时调用STANDARD包中的内容，不需要任何说明。TEXTIO程序包中定义了对文本文件的读和写控制的数据类型和子程序。用户在程序中调用TEXTIO包中的内容，需要USE语句加以说明。

（2）IEEE库　IEEE标准库是存放用VHDL语言编写的多个标准程序包的目录，IEEE库中的程序包有STD_ LOGIC_ 1164，STD_ LOGIC_ ARITH，STD_ LOGIC_ UNSIGNED和STD_ LOGIC_ SIGNED等程序包。其中STD_ LOGIC_ 1164是IEEE标准的程序包，定义了STD_ LOGIC和STD_ LOGIC_ VECTOR等多种数据类型，以及多种逻辑运算符子程序和数据类型转换子程序等。STD_ LOGIC_ ARITH和STD_ LOGIC_ UNSINGED等程序包是SYNOPSYS公司提供的，包中定义了SIGNED和UNSIGNED数据类型以及基于这些数据类型的运算符子程序。用户使用包中的内容，需要用USE语句加以说明。

（3）WORK库　WORK库是用户进行VHDL设计的当前目录，用于存放用户设计好的设计单元和程序包。在使用该库中的内容时，不需要进行任何说明。

2. 库、包和USE语句的格式

用户在用到标准程序包中内容时，除了STANDARD程序包以外，都要在设计程序中加以说明，首先用LIBRARY语句说明程序包所在的库名，再用USE语句说明具体使用哪一个程序包和具体的子程序名。各种标准程序包中的内容太多，初学者一时之间难以全面了解，可以用下面的格式，以免出现不必要的错误。

库和包的调用格式：

```
LIBRARY IEEE;
USE IEEE. STD_LOGIC_1164. ALL;
USE IEEE. STD_LOGIC_ARITH. . ALL;
USE IEEE. STD_LOGIC_UNSIGNED. ALL;
```

2.2 VHDL 的数据类型和数据对象

VHDL 语言和其他高级语言一样，除了具有一定的语法结构外，还定义了常数、变量和信号三种数据对象，每个数据对象要求指定数据类型，每一种数据类型具有特定的物理意义。由于 VHDL 语言是强类型语言，不同的语句类型的数据之间不能进行运算和赋值，我们有必要详细了解 VHDL 语言的数据类型和数据对象。

2.2.1 VHDL 的标记

一个完整的 VHDL 语句可以有下列几个部分组成：标识符、保留字（Reserved Words）、界符、常数、赋值符号和注释（Comments），所有这些统称为标记。

1. 标识符

标识符是程序员为了书写程序所规定的一些词，用来表示常数、变量、信号、子程序、结构体和实体等名称。VHDL 基本的标识符组成的规则如下：

1）标识符由 26 个英文字母和数字 0，1，2，…，9 及下划线“_”组成。

2）标识符必须是以英文字母开头。

3）标识符中不能有两个连续的下划线“_”，标识符的最后一个字符不能是下划线。

4）标识符中的英文字母不区分大小写。

5）标识符字符最长可以是 32 个字符。

例如：

CLK，QO，DAT1，SX_1，NOT_Q 是合法的标识符。

3DA，_QD，NA_C，DB－A，DB_ 等是非法的标识符。

2. 保留字

VHDL 中的保留字是具有特殊含义的标识符号，只能作为固定的用途，用户不能用保留字作为标识符。比如 ENTITY，ARCHITECTURE，PROCESS，BLOCK，BEGIN 和 END 等。VHDL 保留字如表 2-2-1 所示。

表 2-2-1 VHDL 保留字

abs	access	after	alias	all
and	architecture	array	assert	attribute
begin	block	body	buffer	bus
case	component	configuration	constant	disconnect
downto	else	elsif	end	entity
exit	file	for	function	generate
generic	group	guarded	if	impure
in	inertial	inout	is	label

（续）

library	linkage	literal	loop	map
mod	nand	new	next	nor
not	null	of	on	open
or	others	out	package	port
postponed	procedure	process	pure	range
record	register	reject	rem	report
return	rol	ror	select	severity
signal	shared	sla	sll	sra
srl	subtype	then	to	transport
type	unaffected	units	until	use
variable	wait	when	while	with
xnor	xor			

3. VHDL 中的界符

界符是作为 VHDL 语言中两个部分的分隔符用的。如每个完整的语句均以“;”结尾，用双减号“--”开头的部分是注释内容，不参加程序编译。信号赋值符号是“<=”，变量赋值符号是“:=”等。

表 2-2-2　VHDL 中常用的界符

,	:	;	>	<	=
+	-	*	/	&	<>
--	_	(	)	<=	:=

在 VHDL 中，常用的界符如表 2-2-2 所示。

4. 注释符

在 VHDL 中，为了便于理解和阅读程序，常常加上注释，注释符用双减号“--”表示。注释语句以注释符打头，到行尾结束。注释可以加在语句结束符“;”之后，也可以加在空行处。

2.2.2　VHDL 的数据类型

在 VHDL 中，定义了三种数据对象，即信号、变量和常数，每一个数据对象都必须具有确定的数据类型，只有相同的数据类型的两个数据对象才能进行运算和赋值，为此 VHDL 定义了多种标准的数据类型，而且每一种数据类型都具有特定的物理意义。例如，BIT 型、STD_ LOGIC 型、INTEGER 型和 REAL 型等数据类型。

VHDL 的数据类型较多，根据数据用途分类可分为标量型、复合型、存取型和文件型。标量型包括整数类型、实数类型、枚举类型和时间类型，其中位（BIT）型和标准逻辑位（STD_ LOGIC）型属于枚举类型。复合型主要包括数组（ARRAY）型和记录（RECORD）型，存取类型和文件类型提供数据和文件的存取方式。

这些数据类型又可以分为两大类：即在 VHDL 程序包中预定义的数据类型和用户自定义的数据类型。预定义的数据类型是最基本的数据类型，这些数据类型都定义在标准程序包 STANARD、STD_ LOGIC_ 1164 和其他标准的程序包中，这些程序包放在 EDA 软件中 IEEE 和 STD 目录中，供用户随时调用。在预定义的各种数据类型的基础上，用户可以根据实际需要自己定义数据类型和子类型，如标量型和数组型。使用用户定义的数据类型和子类型，可以使设计程序的语句简练易于阅读，简化设计电路硬件结构。

值得注意的是，各种 EDA 工具不能完全支持 VHDL 的所有数据类型，只支持 VHDL 的子集。

1. STANDARD 程序包中预定义的数据类型

（1）整数（INTEGER）数据类型　整数数据类型与数学中整数的定义是相同的，整数类型的数据代表正整数、负整数和零。VHDL 整数类型定义格式为：

```
TYPE INTEGER IS RANGE -2147483648 TO 2147483647 ;
```

实际上一个整数是由 32 位二进制码表示的带符号数的范围。所以，数值范围也可以表示为 $-2^{31} \sim 2^{31}-1$。

正整数（POSITIVE）和自然数（NATURAL）是整数的子类型，定义格式为：

```
SUBTYPE POSITIVE IS INTEGER RANGE 0 TO INTEGER'HIGH ;
SUBTYPE NATURE IS INTEGER RANGE 1 TO INTEGER'HIGH ;
```

其中，INTEGER'HIGH 是数值类属性，代表整数上限的数值，即 $2^{31}-1$。所以正整数表示的数值范围是 $0 \sim 2^{31}-1$，自然数表示的数值范围是 $1 \sim 2^{31}-1$。实际使用过程中，为了节省硬件组件，常用 RANGER... TO... 限制整数的范围。例如：

```
SIGNAL A：INTEGER;          --信号 A 是整数数据类型
VARIABLE B：INTEGER RANGE 0 TO 15;     --变量 B 是整数数据类型，变化范围是 0 到 15。
SIGNAL C：INTEGER RANGE 1 TO 7;     --信号 C 是整数数据类型，变化范围是 1 到 7。
```

（2）实数（REAL）数据类型　VHDL 实数数据类型与数学上的实数相似，VHDL 的实数就是带小数点的数，分为正数和小数。实数有两种书写形式，即小数形式和科学计数形式，不能写成整数形式。例如，1.0、1.0E4、-5.2 等实数是合法的。实数数据类型的定义格式为：

```
TYPE REAL is range -1.7e38 to 1.7e38;
```

例如：

```
SIGNAL A, B, C : REAL ;
                 A <= 5.0;
                 B <= 3.5E5;
                 C <= -4.5;
```

（3）位（BIT）数据类型　位数据类型的位值用字符‘0’和‘1’表示，将值放在单引号中，表示二值逻辑的 0 和 1。这里的 0 和 1 与整数型的 0 和 1 不同，可以进行算术运算和逻辑运算，而整数类型只能进行算术运算。位数据类型的定义格式为：

```
TYPE BIT is ( '0', '1' );
```

例如：

```
RESULT :OUT BIT;
RESULT <= '1';
```

将 RESULT 引脚设置为高电平。

（4）位向量（BIT_ VECTOR）数据类型　位向量是基于 BIT 数据类型的数组。VHDL 位向量的定义格式为：

```
TYPE BIT_VECTOR is array (NATURAL range <>) of BIT;
```

使用位向量必须注明位宽，即数组的个数和排列顺序，位向量的数据要用双引号括起来。例如，“1010”，X“A8”。其中 1010 是四位二进制数，用 X 表示双引号里的数是十六进制数。

例如：SIGNAL A：BIT_VECTOR（3 DOWNTO 0）；

A <= "1110"；

表示A是四个BIT型元素组成的一维数组，数组元素的排列顺序是A3 =1，A2 =1，A1 =1，A0 =0。

（5）布尔（BOOLEAN）数据类型　一个布尔量具有真（TRUE）和假（FALSE）两种状态。布尔量没有数值的含义，不能用于数值运算，它的数值只能通过关系运算产生。例如，在IF语句中，A > B是关系运算，如果A =3，B =2，则A > B关系成立，结果是布尔量TRUE，否则结果为FALSE。

在VHDL中，布尔数据类型的定义格式为：

```
TYPE BOOLEAN IS（FALSE，TRUE）；
```

（6）字符（CHARACTER）数据类型　在STANDARD程序包中预定义了128个ASCII码字符类型，字符类型用单引号括起来，如‘A’、‘b’、‘1’等，与VHDL标识符不区分大小写不同，字符类型中的字符大小写是不同的，如‘B’和‘b’不同。

（7）字符串（STRING）数据类型　在STANDARD程序包中，字符串的定义是：

```
TYPE STRING is array（POSITIVE range <>）of CHARACTER；
```

字符串数据类型是由字符型数据组成的数组，字符串必须用双引号括起来。例如：

```
CONSTANT STR1 :STRING := "Hellow world"；
```

定义常数ST1是字符串，初值是“Hellow world ”。

（8）时间（TIME）数据类型　表示时间的数据类型，一个完整的时间类型包括整数表示的数值部分和时间单位两个部分，数值和单位之间至少留一个空格，如1ms、20ns等。

STANDARD程序包中定义时间格式为：

```
TYPE TIME is range -9223372036854775808 to 9223372036854775807
        UNITS
            fs;               -- 飞秒
        ps = 1000 fs;         -- 皮秒
        ns = 1000 ps;         -- 纳秒
        μs = 1000 ns;         -- 微秒
        ms = 1000 us;         -- 毫秒
        sec = 1000 ms;        -- 秒
        min = 60 sec;         -- 分
        hr = 60 min;          -- 小时
        END UNITS;
```

2. IEEE预定义的标准逻辑位和标准逻辑位向量

（1）标准逻辑位（STD_ LOGIC）数据类型　STD_ LOGIC是位（BIT）数据类型的扩展，是STD_ ULOGIC数据类型的子类型。它是一个逻辑型的数据类型，其取值取代BIT数据类型的取值0和1两种数值，扩展定义了九种值，在IEEE STD1164程序包中，STD_ ULOGIC和STD_ LOGIC数据类型定义格式为：

```
TYPE std_ulogic IS('U', -- Uninitialized
                   'X', -- Forcing Unknown
                   '0', -- Forcing 0
```

```
            '1', -- Forcing 1
            'Z', -- High Impedance
            'W', -- Weak Unknown
            'L', -- Weak 0
            'H', -- Weak 1
            '-', -- Don't care
        );
FUNCTION resolved ( s : std_ulogic_vector ) RETURN std_ulogic;
SUBTYPE std_logic IS resolved std_ulogic;
```

STD_ LOGIC 和 STD_ ULOGIC 数据类型的区别在于 STD_ LOGIC 数据类型是经过重新定义的，可以用来描述多路驱动的三态总线，而 STD_ ULOGIC 数据类型只能用于描述单路驱动的三态总线。

（2）标准逻辑位向量（STD_ LOGIC_ VECTOR）数据类型 STD_ LOGIC_ VECTOR 是基于 STD_ LOGIC 数据类型的标准逻辑一维数组，和 BIT_ VECTOR 数组一样，使用标准逻辑位向量必须注明位宽和排列顺序，数据要用双引号括起来。

例如：SIGNAL SA1 : STD_ LOGIC_ VECTOR（3 DOWNTO 0 ）;

SA1 <= "0110";

在 IEEE_ STD_ 1164 程序包中，STD_ LOGIC_ VECTOR 数据类型定义格式为：

```
TYPE std_logic_vector IS ARRAY ( NATURAL RANGE < > ) OF std_logic;
```

3. 其他预定义的数据类型

在 STD_ LOGIC_ ARITH 程序包中定义了无符号（UNSIGNED）和带符号（SIGNED）数据类型，这两种数据类型主要用来进行算术运算。定义格式为：

```
TYPE UNSIGNED is array (NATURAL range < > ) of STD_LOGIC;
TYPE SIGNED is array (NATURAL range < > ) of STD_LOGIC;
```

（1）无符号（UNSIGNED）数据类型　无符号数据类型是由 STD_ LOGIC 数据类型构成的一维数组，它表示一个自然数。在一个结构体中，当一个数据除了执行算术运算之外，还要执行逻辑运算，就必须定义成 UNSIGNED，而不能是 SIGNED 或 INTEGER 类型。例如：

```
SIGNAL DAT1:UNSIGNED(3 DOWNTO 0);
       DAT1 <= "1001";
```

定义信号 DAT1 是四位二进制码表示的无符号数据，数值是 9。

（2）带符号（SIGNED）数据类型　带符号（SIGNED）数据类型表示一个带符号的整数，其最高位用来表示符号位，用补码表示数值的大小。当一个数据的最高位是 0 时，这个数表示正整数；当一个数据的最高位是 1 时，这个数表示负整数，例如：

```
VARIABLE DB1, DB2:SIGNED(3 DOWNTO 0);
DB1 <= "0110";
DB2 <= "1001";
```

定义变量 DB1 是 6，变量 DB2 是 -7。

4. 用户自定义的数据类型

在 VHDL 中，用户可以根据设计需要，自己定义数据的类型，称为用户自定义的数据类型。利用用户自己定义数据类型，可以使设计程序便于阅读。用户自定义的数据类型可以通过两种途径来实现，其中一种方法是通过对预定义的数据类型作一些范围限定而形成的一种新的数据类型。这种定义数据类型的方法有如下几种格式：

TYPE 数据类型名称 IS 数据类型名 RANGE 数据范围;

例如：TYPE DATA IS INTEGER RANGER 0 TO 9 ;

定义 DATA 是 INTEGER 数据类型的子集，数据范围是 0 ~ 9。

SUBTYPE 数据类型名称 IS 数据类型名 RANGE 数据范围;

例如：SUBTYPE DB IS STD_ LOGIC_ VECTOR（7 DOWNTO 0）;

定义 DB 是 STD_ LOGIC_ VECTOR 数据类型的子集，位宽 8 位。

另一种方法是在数据类型定义中直接列出新的数据类型的所有取值，称为枚举数据类型。定义该种数据类型的格式为：

TYPE 数据类型名称 IS(取值 1,取值 2,…);

例如：TYPE BIT IS('0','1');

TYPE STATE_M IS（STAT0, STAT1, STAT2, STAT3）;

定义 BIT 数据类型，取值 0 和 1。定义 STATE_ M 是数据类型，表示状态变量 STAT0，STAT1，STAT2，STAT3。

在 VHDL 中，为了便于阅读程序，可以用符号名来代替具体的数值，前例中 STATE_ M 是状态变量，用符号 STAT0、STAT1、STAT2、STAT3 表示四种不同的状态取值是 00、01、10、11。例如，定义一个“WEEK”的数据类型用来表示一个星期的七天，定义格式为：

TYPE WEEK IS (SUN, MON, TUE, WED, THU, FRI, SAT);

5. 数组（ARRAY）的定义

数组是将相同类型的单个数据元素集合在一起所形成的一个新的数据类型。它可以是一维数组（一个下标）和多维数组（多个下标），下标的数据类型必须是整数。前面介绍的位向量（BIT_VECTOR）和标准逻辑位向量（STD_LOGIC_VECTOR）数据类型都属于一维数组类型。数组定义的格式为：

TYPE 数据类型名称 IS ARRAY 数组下标的范围 OF 数组元素的数据类型;

根据数组元素下标的范围是否指定，把数组分为非限定性数组和限定性数组两种类型。非限定性数组不具体指定数组元素下标的范围，而是用 NATURAL RANGER <> 表示，当用到该数组时，再定义具体的下标范围。如前面介绍的位向量（BIT_VECTOR）和标准逻辑位向量（STD_LOGIC_VECTOR）数据类型等在程序包中预定义的数组属于非限定性数组。

例如，在 IEEE 程序包中定义 STD_ LOGIC_ VECTOR 数据类型的语句是

TYPE std_logic_vector IS ARRAY (NATURAL RANGE <>) OF std_logic;

没有具体指出数组元素的下标范围，在程序中用信号说明语句指定。

例如：SIGNAL DAT : STD_LOGIC_VECTOR（3 DOWNTO 0）;

限定性数组的下标的范围用整数指定，数组元素的下标可以是由低到高，如 0 TO 3；也可以是由高到低，如 7 DOWNTO 0，表示数组元素的个数和在数组中的排列方式。

例如：TYPE D IS ARRAY（0 TO 3）OF STD_LOGIC;

TYPE A IS ARRAY（4 DOWNTO 1）OF BIT;

定义数组 D 是一维数组，由四个 STD_ LOGIC 型元素组成，数组元素的排列顺序是 D(0)、D(1)、D(2)、D(3)。A 数组是由四个元素组成的 BIT 数据类型，数组元素的排列顺序是 A(4)、A(3)、A(2)、A(1)。

6. 数据类型的转换

在 VHDL 语言中，数据类型的定义是相当严格的，不同类型的数据是不能进行运算和赋值的。为了实现不同类型的数据赋值，就要进行数据类型的变换。变换函数在 VHDL 语言程序包中定义。在程序包 STD_ LOGIC_ 1164、STD_ LOGIC_ ARITH 和 STD_ LOGIC_ UNSIGNED 中提供的数据类型变换函数如表 2-2-3 所示。例如，把 INTEGER 数据类型的信号转换为 STD_ LOGIC_ VECTOR 数据类型的方法是：

定义 A、B 为：　　SIGNAL A：INTEGER RANGER 0 TO 15；

　　　　　　　　SIGNAL B：STD_ LOGIC_ VECTOR（3 DOWNTO 0）；

需要调用 STD_ LOGIC_ ARITH 程序包中的函数 CONV_ STD_ LOGIC_ VECTOR。

调用的格式是：B <= CONV_ STD_ LOGIC_ VECTOR(A)；

表 2-2-3　数据类型变换函数

程序包名称	函数名称	功　能
STD_ LOGIC_ 1164	TO_ BIT TO_ BITVECTOR TO_ STDULOGIC TO_ STDULOGICVECTER	由 STD_ LOGIC 转换为 BIT 由 STD_ LOGIC_ VECTOR 转换为 BIT_ VECTOR 由 BIT 转换为 STD_ LOGIC 由 BIT_ VECTOR 转换为 STD_ LOGIC_ VECTOR
STD_ LOGIC_ ARITH	CONV_ INTEGER CONV_ UNSIGNED CONV_ STD_ LOGIC_ VECTOR	由 UNSIGNED，SIGNED 转换为 INTEGER 由 SIGNED，INTEGER 转换为 UNSIGNED 由 INTEGER，UNSDGNED，SIGNED 转换为 STD_ LOGIC_ VECTOR
STD_ LOGIC_ UNSIGNED	CONV_ INTEGER	由 STD_ LOGIC_ VECTOT 转换为 INTEGER

2.2.3　VHDL 的运算符

与高级语言一样，VHDL 语言的表达式也是由运算符和操作数组成的。VHDL 标准预定义了五种运算符，即逻辑运算符、算术运算符、关系运算符、移位运算符和连接运算符，并且定义了与运算符相应的操作数的数据类型。各种运算符之间是有优先级的，例如在所有运算符中，逻辑运算符 NOT 的优先级别最高。表 2-2-4 列出了所有运算符的优先级顺序。

1. 逻辑运算符

在 VHDL 语言中定义了七种基本的逻辑运算符，它们分别是：

AND（与）、OR（或）、NOT（非）、NAND（与非）、NOR（或非）、XOR（异或）和 NXOR（异或非）等。

由逻辑运算符和操作数组成了逻辑表达式。在 VHDL 语言中，逻辑表达式中的操作数的数据类型可以是 BIT 和 STD_ LOGIC 数据类型，也可以是一维数组类型 BIT_ VECTOR 和 STD_ LOGIC_ VECTOR，要求运算符两边的操作数的数据类型相同、位宽相同。逻辑运算是按位进行的，运算的结果的数据类型与操作数的数据类型相同。

表 2-2-4　VHDL 运算符列表

运算符类型	运 算 符	功 能	优 先 级
逻辑运算符	AND	逻辑与	最低
	OR	逻辑或	
	NAND	逻辑与非	
	NOR	逻辑或非	
	XOR	逻辑异或	
	NXOR	逻辑异或非	
关系运算符	=	等于	
	/=	不等于	
	<	小于	
	>	大于	
	<=	小于等于	
	>=	大于等于	
移位运算符	SLL	逻辑左移	
	SLA	算术左移	
	SRL	逻辑右移	
	SRA	算术右移	
	ROL	逻辑循环左移	
	ROR	逻辑循环右移	
符号运算符	+	正	
	−	负	
连接运算符	&	位合并	
算术运算符	+	加	
	−	减	
	*	乘	
	/	除	
	MOD	求模	
	REM	求余	
	**	乘方	
	ABS	求绝对值	
逻辑非运算符	NOT	逻辑非	最高

例如，用 VHDL 描述逻辑表达式是 $Y = AB$，$Z = A + B + C$ 的程序如下：

```
ENTITY loga IS
PORT(
    A, B, C:IN STD_LOGIC;
            Y, Z:OUT STD_LOGIC
    );
END loga;
ARCHITECTURE stra OF loga IS
    BEGIN
                Y <=  A AND B;
            Z  <=  A OR B OR C;
END stra;
```

例如，用 VHDL 描述两个位向量的逻辑运算的程序如下：

```
ENTITY logb IS
PORT (
```

```
        A, B:IN BIT_VECTOR(0 TO 3);
      Y:OUT BIT_VECTOR(0 TO 3)
      );
  END logb;
  ARCHITECTURE strb OF logb IS
      BEGIN
      Y <= A AND B;
  END strb;
```

如果 A=1011，B=1101，则程序仿真的结果是 Y=1001。

在一个逻辑表达式中有两个以上的运算符时，需要用括号对这些运算进行分组。例如，语句

```
X1 <= (A AND B ) OR (C AND B);
X2 <= ( A OR B) AND C;
```

是正确的。

如果一个逻辑表达式中只有 AND、OR 和 XOR 三种运算符中的一种运算符，那么改变运算顺序不会影响电路的逻辑关系，表达式中的括号是可以省略的。例如下列语句是正确的。

```
Y1 <= A AND B AND C;
Y2 <= A OR B OR D;
```

2. 算术运算符

VHDL 语言定义了五种常用的算术运算符，分别是

+	加或正，A+B，+A
-	减或负，A-B，-B
*	乘，A*B
/	除，A/B
**	指数，N**2

以及 MOD（求模）、REN（取余）、ABS（求绝对值）等算术运算符。在算术运算表达式中，两个操作数必须具有相同的数据类型，加法和减法的操作数的数据类型可以是整数、实数或物理量，乘除法的操作数可以是整数或实数。为了节约硬件资源，除法和乘法的操作数应该选用 INTEGER、STD_ LOGIC_ VECTOR 或 BIT_ VECTOR 等数据类型。

例如：

```
X <= A+B;
Y <= C*D;
Z <= A-C**2
```

3. 关系运算符

关系运算符是将两个相同类型的操作数进行数值比较或关系比较，关系运算的结果的数据类型是 TRUE 或 FALSE，即 BOOLEAN 类型。VHDL 语言中定义了六种关系运算符，分别是：

=	等于
/=	不等于
>	大于
<	小于

>= 大于或等于

<= 小于或等于

在 VHDL 中，关系运算符的数据类型根据不同的运算符有不同的要求。其中“=”（等于）和“/=”（不等于）操作数的数据类型可以是所有类型的数据，其他关系运算符可以使用整数类型、实数类型、枚举类型和数组。整数和实数的大小排序方法与数学中的比较大小方法相同。枚举型数据的大小排序方法与它们的定义顺序一致，例如，BIT 型数据 1 >0，BOOLEAN 型数据 TRUE > FALSE。

在利用关系运算符对位向量数据进行比较时，比较过程是从左到右的顺序按位进行比较的，操作数的位宽可以不同，但有时会产生错误的结果。

如果 A、B 是 STD_ LOGIC_ VECTOR 数据类型，A = “1110”，B = “10110”，关系表达式 A > B 的比较结果是 TRUE，也就是说 A > B。对于以上出现的错误可以利用 STD_ LOGIC_ ARITH 程序包中定义的数据类型 UNSIGNED 来解决，把要比较的操作数定义成 UNSIGNED 数据类型。

4. 移位运算符

VHDL93 标准中增加了六个移位运算符，分别是 SLL 逻辑左移，SRL 逻辑右移，SLA 算术左移，SRA 算术右移，ROL 逻辑循环左移，ROR 逻辑循环右移。移位运算符的格式是：

操作数名称 移位运算符 移位位数;

操作数的数据类型可以是 BIT_ VECTOR、STD_ LOGIC_ VECTOR 等一维数组，也可以是 INTEGER 型，移位位数必须是 INTEGER 型常数。

六条移位运算符所执行的操作如图 2-2-1 所示。

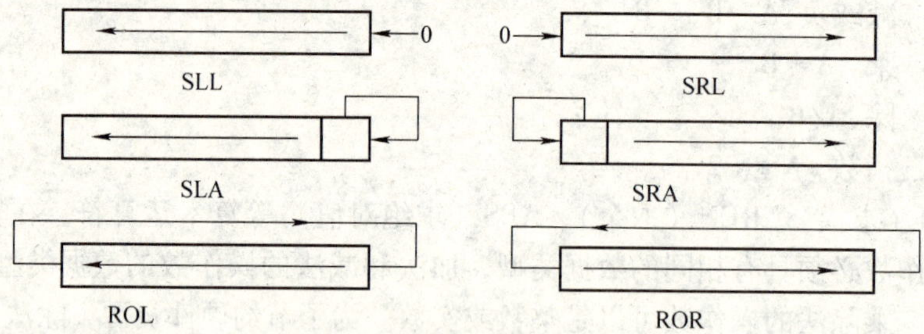

图 2-2-1 移位运算符操作示意图

其中 SLL 是将位向量左移，右边移空位补零。SLA 是将位向量左移，右边第一位的数值保持原值不变。SRL 是将位向量右移，左边移空位补零。SRA 是将位向量右移，左边第一位的数值保持原值不变。ROR 和 ROL 是自循环移位方式。

例如：A <= "0101"；

B <= a SLL 1；

仿真的结果是 B = 1010。

5. 连接运算符（&）

用连接运算符可以将多个数据对象合并成一个新的一维数组，也可以将两个一维数组中的元素分解合并成新的一维数组。连接两个操作符产生新的一维数组的位宽等于两个操作数的位宽之和，新的数组元素的顺序是由操作数的位置决定的，连接符“&”左边的操作数的元素在左，连接符“&”右边的操作数的元素在右。操作数可以是 BIT 或 STD_ LOGIC 数据类型。

如果　1011,0010 A :BIT_VECTOR(0 TO 7)

　　　0001,0110 b :BIT_VECTOR(0 TO 7)

　　　'C <= B(0 TO 3) & A(5 TO 7)&'1';

则　　C = 1011, 1101

2.2.4 VHDL 的数据对象

在算法语言中，定义了多种数据对象，如常数、变量和数组等，用来存放不同类型的数据，如整数、实数、复数、逻辑常数和逻辑变量等。在 VHDL 程序中，常用的数据对象分为三种类型，即常数、变量和信号。在使用过程中，这三种数据对象除了具有一定的数据功能外，还赋予了不同的物理意义，在应用时要特别注意。

1. 常数（CONSTANT）

常数被赋值后就保持某一固定的值不变。在 VHDL 中，常数通常用来表示计数器的模的大小、数组数据的位宽和循环计数次数等，也可以表示电源电压值的大小。常数的使用范围与其在设计程序中的位置有关，如果常数在结构体中赋值，则这个常数可供整个设计单元使用，属于全局量；如果常数在 PROCESS 语句或子程序中赋值，只能供进程或子程序使用，属于局部量。程序设计中，使用常数有利于提高程序的可读性和方便对程序进行修改。通常常数的赋值在程序开始前进行，其数据类型在常数说明语句中指明，赋值符号为“：=”。

常数定义语句的格式为：

CONSTANT 常数名称:数据类型 := 表达式

例如：

```
CONSTANT Vcc:REAL:= 5.0;
CONSTANT DALY :TIME:= 20 ns;
CONSTANT KN:INTEGER:= 60;
```

在上面的例子中，Vcc 的数据类型是实数，被赋值为 5.0，DALY 被赋值为时间常数 20ns，KN 被赋值为 60 的整数。

注意：常数所赋的值的数据类型必须与定义的数据类型一致，在程序中常数被赋值后不能再改变。

2. 变量（VARIABLE）

在 VHDL 程序中，变量只能在进程和子程序中定义和使用，不能在进程外部定义使用，变量属于局部量，在进程内部主要用来暂存数据。对变量操作有变量定义语句和变量赋值语句，变量在赋值前必须通过定义，可以在变量定义语句中赋初值，变量初值不是必需的，变量初值的赋值的符号是“：=”。

变量定义语句的格式为：

VARIABLE 变量名称:数据类型 := 初值 ;

例如：

```
VARIABLE S1 :INTEGER:= 0 ;
VARIABLE S2, S3 :INTEGER ;
```

```
VARIABLE CON1 :INTEGER RANGER 0 TO 20 ;
VARIABLE D1, D2 :STD_LOGIC ;
```

S1 是整数型变量，初值是 0；CON1 是整数型变量，其变化范围是 0 到 20；D1，D2 是一位标准逻辑位型变量。

变量赋值语句的格式为：

变量名称 := 表达式 ;

在对变量进行赋值时，要求表达式的数据类型必须与变量定义语句中的数据类型一致，表达式的数据对象可以是常数、变量和信号。变量赋值是立即发生的，没有任何时间延迟的，所以变量只有当前值，并且对同一个变量可以多次赋予新值。多个变量的赋值是根据赋值语句在程序中的书写位置，按照自上而下顺序进行的，所以变量赋值语句属于顺序执行语句。变量不能放在进程的敏感信号表中。

例如：

```
PROCESS (D, E)
VARIABLE AV, BV, CV : INTEGER := 0 ;
BEGIN
    AV := 1 ;
    BV := AV + D ;
    AV := E + 2 ;
    CV := AV * 2 ;
    A <= AV ;
    B <= BV ;
    C <= CV ;
END PROCESS ;
```

这是一个进程语句，定义 AV，BV，CV 是整数型变量。当敏感信号 D，E 中只要有一个发生变化时，放在进程中的语句就要全部执行一次，例如 D = 1，E 变化为 2，则这段程序的执行结果是：A = 4，B =2，C = 8。

3. 信号（SIGNAL）

在 VHDL 中，信号分为外部端口信号和内部信号，外部端口信号是设计单元电路的引脚，在程序实体中定义，外部端口信号对应四种 I/O 状态是 IN、OUT、INOUT、BUFFER 等，其作用是在设计单元电路之间起互连作用，外部端口信号可以供整个设计单元使用，属于全局量。例如，在结构体中，外部端口信号可以直接使用，不需要加以说明，可以通过信号赋值语句给外部输出信号赋值。

内部信号是用来描述设计单元内部的传输信号，它除了没有外部端口信号的流动方向之外，其他性质与外部端口信号一致。内部信号的使用范围（可见性）与其在设计程序中的位置有关，内部信号可以在包体、结构体和块语句中定义，如果信号在结构体中定义，则可以在供整个结构体中使用；如果在块语句中定义的信号，只能供块内使用，不能在进程和子程序中定义内部信号。信号在状态机中表示状态变量。

对内部信号操作有信号定义语句和信号赋值语句，内部信号在赋值前必须通过定义，可以在信号定义语句中赋初值，内部信号初值不是必需的，内部信号的定义格式与变量的定义格式基本相同，只要将变量定义中的保留字 VARIABLE 换成 SIGNAL 即可。

内部信号定义语句的格式为：

SIGNAL 信号名称:数据类型 := 初值;

例如:

```
SIGNAL S1 :STD_LOGIC := '0';
SIGNAL D1 :STD_LOGIC_VECTOR(3 DOWNTO 0):= "1001";
```

定义信号 S1 是标准逻辑位型，初值是逻辑 0；信号 D1 是标准逻辑位向量，初值是逻辑向量 1001。

信号赋值符号与变量赋值符号不同，信号赋值符号为“ <= ”。

信号赋值语句的格式为:

信号名称 <= 表达式;

在对信号进行赋值时，表达式的数据对象可以是常数、变量和信号，但是要求表达式的数据类型必须与信号定义语句中的数据类型一致。在结构体中信号的赋值可以在进程中也可以在进程外，但两者的赋值方式是不同的。在进程外，信号的赋值是并行执行的，所以被称为并行信号赋值语句。在进程内，信号的赋值方式具有特殊性。

信号不能在进程中定义，但可以在进程中赋值。在进程中，变量赋值是立即起作用的，信号只有在进程被激活（敏感信号发生变化）后，在进程结束时才能赋予新的值。信号具有时间特性，信号赋值不是立即发生的，需要经过固有的时间延迟，所以信号具有过去值和当前发生值，这与实际电路的特性是一致的。信号的赋值过程分为顺序处理和并行赋值两个阶段。顺序处理是按照自上而下的顺序，用信号原来的值对所有的表达式进行运算，运算结果不影响下一个表达式的运算，直到处理好进程中的最后一个表达式。并行赋值是把表达式的值并行同时赋给信号。整个过程是一个无限循环的过程，循环停止的条件是敏感信号保持不变，所以在进程中的信号赋值语句属于顺序执行语句。在进程之外的信号赋值语句属于并行同时语句。

在进程中，允许对同一个信号多次赋值，只有最后一次赋值是有效的。用下面两个进程来说明信号与变量的赋值过程是不同的。

```
PROCESS(A,B,C,D)
BEGIN
    D <= A;
    X <= B + D;
    D <= C;
    Y <= B + D;
END PROCESS;
```

执行的结果是:

```
    D <= C;
    X <= B + C;
    Y <= B + C;
PROCESS(A,B,C)
VARIABLE D :INTEGER;
BEGIN
    D := A;
    X <= B + D;
    D := C;
```

```
    Y <= B + D ;
END PROCESS ;
```

执行的结果是：

```
    X <= B + A ;
    Y <= B + C ;
```

［例 2-2-1］ 通过一位 BCD 码的加法器的程序，比较信号、常量、变量的赋值及使用方法。

```
ENTITY bcdadd IS
PORT(
    op1, op2    :IN INTEGER RANGE 0 TO 9 ;
    result      :OUT INTEGER RANGE 0 TO 31
    );
END bcdadder;
ARCHITECTURE a OF bcdadder IS
CONSTANT adj :INTEGER := 6 ;          --定义常数 adj = 6
        SIGNAL binadd :INTEGER RANGE 0 TO 18 ;
                                      --定义信号 binadd 的取值范围是 0 ~ 18
BEGIN
binadd <= op1 + op2;                  --求 op1 + op2 和运算
PROCESS (binadd)
    VARIABLE tmp : INTEGER: =0;       --定义变量 tmp 是整数型,初值是 0
BEGIN
    IF binadd > 9 THEN                --如果 binadd 大于 9,结果要调整
    tmp := adj ;                      --方法是和加 6,否则,结果加 0。
    ELSE
    tmp := 0 ;
    END IF ;
    result <= binadd + tmp;           --给外部信号赋值
END PROCESS;
END a;
```

2.3 VHDL 设计的基本语句

VHDL 常用语句可以分为两大类：并行语句和顺序语句，在数字系统的设计中，这些语句用来描述系统的内部硬件结构和动作行为，以及信号之间的基本逻辑关系。顺序语句必须放在进程中，因此，可以把顺序语句称为进程中的语句。顺序语句的执行方式类似于普通计算机语言的程序执行方式，都是按照语句的前后排列的方式顺序执行的，一次执行一条语句，并且从仿真的角度来看是顺序执行的。结构体中的并行语句总是处于进程的外部，所有并行语句都是一次同时执行的，与他们在程序中排列的先后次序无关。

常用的并行语句有：

1）并行信号赋值语句，用“ <= ”运算符。

2）条件赋值语句，WHEN－ELSE。

3）选择信号赋值语句，WITH－SELECT。

4）块语句，BLOCK。

常用的顺序语句有：

1）信号赋值语句和变量赋值语句。

2）IF－ ELSE 语句。

3）CASE－WHEN 语句。

4）FOR－LOOP 语句。

2.3.1　并行信号赋值语句

信号赋值语句的功能是将一个数据或一个表达式的运算结果传送给一个数据对象，这个数据对象可以是内部信号，也可以是预定义的端口信号。值得一提的是，在进程中的信号赋值语句属于顺序语句，而在结构体中进程外的信号赋值语句则属于并行语句。

［**例 2-3-1**］　用并行信号赋值语句描述逻辑表达式是 $Y=AB+C\oplus D$ 的电路。

```
ENTITY loga IS
    PORT(
            A,B,C,D:IN BIT;
        Y: OUT BIT
        );
END loga;
--定义 A,B,C,D 是输入端口信号,Y 是输出端口信号
ARCHITECTURE stra OF loga IS
SIGNAL E : BIT;                 --定义 E 是内部信号
BEGIN
    Y <= (A AND B) OR E;        --以下两条并行语句与顺序无关
    E <= C XOR D;
END stra;
```

2.3.2　条件赋值语句 WHEN－ELSE

语法格式为：

```
信号 Y <= 信号 A   WHEN 条件表达式 1   ELSE
          信号 B   WHEN 条件表达式 2   ELSE
             ...
          信号 N;
```

在执行 WHEN－ELSE 语句时，先判断条件表达式 1 是否为 TRUE，若为真，Y <= 信号 A；否则判断条件表达式 2 是否为 TRUE，若为 TRUE，Y <= 信号 B。依次类推，只有当所列的条件表达式都为假时，Y <= 信号 N。

［**例 2-3-2**］　用条件赋值语句 WHEN－ELSE 实现的四选一数据选择器。

```
LIBRARY IEEE;
USE IEEE. STD_LOGIC_1164. ALL;
USE IEEE. STD_LOGIC_UNSIGNED. ALL;
```

```
ENTITY mux4 IS
PORT(
        a0, a1, a2, a3 :IN STD_LOGIC;
            s          :IN STD_LOGIC_VECTOR (1 DOWNTO 0);
        y              :OUT STD_LOGIC
        );
END mux4;
ARCHITECTURE archmux OF mux4 IS
    BEGIN
    y <= a0 WHEN s = "00" else           --当 s=00 时,y=a0
         a1 WHEN s = "01" else           --当 s=01 时,y=a1
         a2 WHEN s = "10" else           --当 s=10 时,y=a2
         a3;                             --当 s 取其他值时,y=a3
END archmux;
```

2.3.3 选择信号赋值语句 WITH-SELECT

语法格式为：

WITH 选择信号X SELECT
信号Y<= 信号A WHEN 选择信号值1,
信号B WHEN 选择信号值2,
信号C WHEN 选择信号值3,
...
信号Z WHEN OTHERS;

WITH-SELECT 语句不能在进程中应用，通过选择信号 X 的值的变化来选择相应的操作。当选择信号 X 的值与选择信号值 1 相同时，执行 Y<= 信号 A；当选择信号 X 的值与选择信号值 2 相同时，执行 Y<= 信号 B；只有当选择信号 X 的值与所列的值都不同时，才执行 Y<= 信号 Z。

采用选择信号赋值语句 WITH-SELECT 实现的四选一数据选择器结构体：

```
ARCHITECTURE archmux OF mux4 IS
    BEGIN
    WITH s SELECT
        y <= a0 WHEN "00",
             a1 WHEN "01",
             a2 WHEN "10",
             a3 WHEN OTHERS;
    END archmux;
```

注意：WITH-SLECT 语句必须指明所有互斥条件，即“s”的所有取值组合，因为“s”的类型为“STD_ LOGIC_ VECTOR”，其取值组合除了 00、01、10、11 外，还有 0x、0z、x1……虽然这些取值组合在实际电路中不出现，但也应列出。为避免麻烦，可以用 OTHERS 代替其他各种组合。

2.3.4　块（BLOCK）语句

为了实现复杂数字电路的程序设计，常常采用层次化设计和功能模块化设计方法，在 VHDL 语句中，实现这些功能的语句有：块语句（BLOCK），元件（COMPONENT）定义语句和元件例化（PORT MAP）语句，子程序（过程和函数），以及包和库（LIBRARY）等。

块语句可以看作是结构体中的子模块，它把实现某一特定功能的一些并发语句组合在一起形成一个语句模块。利用多个块语句可以把一个复杂的结构体划分成多个不同功能的模块，使复杂的结构体结构分明，功能明确，提高了结构体的可读性，块与块语句之间的关系是并行执行的。这种结构体的划分方法仅仅只是形式上的，处于一个设计层次，块与块之间是不透明的，每个块都可以定义共块内使用的数据对象和数据类型，并且这种说明对其他块是无效的。另外，利用块语句中的保护表达式可以控制方块语句的执行。

块语句的格式为：

```
块标号:BLOCK
        说明语句
        BEGIN
        并行语句区
        END BLOCK 块标号;
```

在块语句说明部分中定义块内局部信号、数据类型、元件和子程序，在块内并行语句区可以使用 VHDL 中的所有并行语句。

[**例 2-3-3**]　设计一个电路，包含一个半加器和一个半减器（真值表见表 2-3-1），分别计算出 A + B 和 A − B 的结果。

表 2-3-1　半加器和半减器的真值表

输　入　值		半加器输出		半减法器输出	
A	B	SUM	Co	SUB	Bo
0	0	0	0	0	0
0	1	1	0	1	1
1	0	1	0	1	0
1	1	0	1	0	0

逻辑表达式：

半加器$SUM = A \oplus B$

$Co = AB$

半减器$SUB = A \oplus B$

$Bo = \overline{A}B$

把加法和减法分成两个功能模块，分别用两个 BLOCK 方块语句来表示，设计的程序如下所示：

```
LIBRARY IEEE;
USE IEEE. STD_LOGIC_1164. ALL;
USE IEEE. STD_LOGIC_ARITH. ALL;
USE IEEE. STD_LOGIC_UNSIGNED. ALL;
ENTITY adsu is
    PORT(
```

```
            a, b       : IN STD_LOGIC;
        co, sum, bo, sub   : OUT STD_LOGIC
        );
END adsu ;
ARCHITECTURE a OF adsu IS
BEGIN
    half_adder : BLOCK                -- half_adder
    BEGIN
        sum <= A XOR B;
        co  <= A AND B;
    END BLOCK half_adder;
    half_subtractor: BLOCK            -- half_subtractor
    Begin
        sub <= a XOR b;
        bo  <= NOT a AND b;
    END BLOCK half_subtractor;
END a;
```

2.3.5 IF-ELSE 语句

IF-ELSE 语句是最常用的顺序语句，其用法和语句格式与普通的计算机高级语言类似，在 VHDL 语言中，它只在进程中使用，根据一个或一组条件来选择某一特定的执行通道。其常用的格式为：

格式一

```
IF 条件表达式1 THEN
    语句方块A
ELSIF 条件表达式2 THEN
    语句方块B
ELSIF 条件表达式3 THEN
    语句方块C
    …
ELSE
    语句方块N
    END IF
```

格式二

```
IF 条件表达式 THEN
    语句方块A
END IF;
```

格式三

```
IF 条件表达式 THEN
    语句方块A
ELSE
    语句方块B
```

```
END IF
```

格式四

```
PROCESS (CLK)
                BEGIN
    IF CLK'event AND CLK ='1' THEN
                语句方块
  END IF;
END PROCESS;
```

语句格式一是 IF 语句的完整形式，格式二和格式三是 IF 语句的简化形式，格式四是 IF 语句的一种特例，它用于描述带有时钟信号 CLK 上升沿触发的时序逻辑电路。IF 语句可以嵌套使用。

IF 语句中至少应包含一个条件表达式，先判断条件表达式的结果是否为真，若为真，则执行 THEN 后面的语句方块的语句，执行完以后，就跳转到 END IF 之后的语句。若条件表达式的结果为假，则执行 ELSE 之后的语句方块。

采用 IF－ELSE 实现的四选一数据选择器结构体如下：

```
ARCHITECTURE archmux OF mux4 IS
BEGIN
    PROCESS(s, a0, a1, a2, a3)
BEGIN
IF s ="00" THEN
        y <= a0 ;
    ELSIF s ="01" THEN
        y <= a1 ;
    ELSIF s = "10" THEN
        y <= a2;
    ELSE
        y <= a3;
    END IF;
    END PROCESS;
END archmux;
```

每一个 IF 语句都必须有一个对应的 END IF 语句，IF 语句可以嵌套使用，即在一个 IF 语句中可以调用另一个 IF 语句。ELSIF 允许在 IF 语句中出现多次。

［**例 2-3-4**］ 用格式四描述一般的 D 触发器程序如下，D 触发器的电路符号如图 2-3-1 所示。

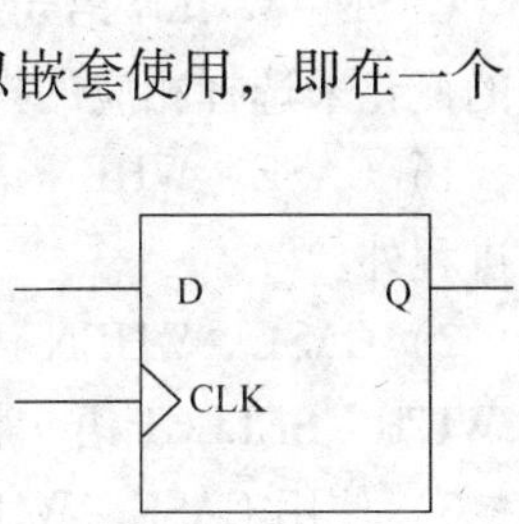

图 2-3-1　D 触发器

```
LIBRARY IEEE;
USE IEEE. STD_LOGIC_1164. ALL;
USE IEEE. STD_LOGIC_ARITH. ALL;
USE IEEE. STD_LOGIC_UNSIGNED. ALL;
ENTITY dff1 IS
    PORT(
        CLK, D : IN STD_LOGIC;
        Q : OUT STD_LOGIC
```

```
    );
    END dff1;
  ARCHITECTURE a OF dff1 IS
  BEGIN
    PROCESS (CLK)
    BEGIN
      IF CLK'EVENT AND CLK ='1'THEN
          Q <= D;
      END IF;
    END PROCESS;
  END a;
```

程序中，时钟信号（CLK）是敏感信号，用表达式 CLK'EVENT AND CLK ='1'判断 CLK 是否产生上升沿（由低电平变成高电平），若 CLK 产生上升沿，则执行 Q <= D，否则，Q 保持不变。

如果要判断时钟信号产生下降沿，可以用表达式 CLK’EVENT AND CLK ='0'。

2.3.6 CASE – WHEN 语句

CASE – WHEN 语句属于顺序语句，只能在进程中使用，常用来选择有明确描述的信号。

语法格式：

```
CASE  选择信号 X  IS
    WHEN  信号值 1 =>
        语句方块 1
    WHEN  信号值 2 =>
        语句方块 2
    WHEN  信号值 3 =>
          …
    WHEN  OTHERS =>
        语句方块 N
END CASE;
```

CASE – WHEN 语句的功能与 WITH – SELECT 语句的功能相似，都是通过选择信号 X 的值的变化来选择相应的操作。但两者之间不同的是：

1）CASE – WHEN 语句必须放在进程中，而 WITH – SELECT 语句是并行语句，必须放在进程外。

2）CASE – WHEN 语句根据选择信号的值，执行不同的语句方块，完成不同的功能。而 WITH – SELECT 语句根据选择信号的值只能执行一个操作。

3）使用 CASE – WHEN 语句时，WHEN 语句中的信号值必须在选择信号的取值范围内，如果 WHEN 语句中列举的信号值不能覆盖选择信号 S 的所有取值，就用关键字 OTHERS 表示未能列出的其他可能的取值。

例如，采用 CASE – WHEN 实现的四选一数据选择器结构体：

```
ARCHITECTURE archmux OF mux4 IS
    BEGIN
```

```
    PROCESS(S, A0, A1, A2, A3)
BEGIN
    CASE S IS
        WHEN "00" => y <= A0 ;
        WHEN "01" => y<= A1 ;
        WHEN "10" => y <= A2 ;
        WHEN OTHERS => y <= A3;
    END CASE;
    END PROCESS;
    END archmux;
```

该结构体的功能是：通过 PROCESS 对信号 S 进行感测，当 S = “00” 时，Y = A0；当 S = “01” 时，Y = A1；当 S = “10” 时，Y = A2；当 S = “11” 时，Y = A3，程序中用关键字 OTHERS 表示 S = “11”。

2.3.7　FOR – LOOP 语句

FOR – LOOP 语句是一种循环执行语句，它可以使包含的一组顺序语句被循环执行，其执行的次数可由设定的循环参数决定，只要设计到重复的动作需求时，就可以考虑使用循环语句。FOR – LOOP 语句分为递减方式和递增方式，两种语法格式为：

（1）递减方式

```
FOR I IN 起始值 DOWNTO 结束值 LOOP
    顺序语句
END LOOP;
```

（2）递增方式

```
FOR I IN 起始值 TO 结束值 LOOP
    顺序语句
END LOOP;
```

在循环语句中，I 是循环变量决定循环次数，循环变量的变化范围由起始值和结束值的大小确定，起始值和结束值都应该取整数。当采用 DOWNTO 递减方式时，取起始值大于结束值，I 从起始值开始，每执行一次循环后 I 递减 1，直到结束值为止；当采用 TO 递增方式时，取结束值大于起始值，I 也是从起始值开始执行，每次循环增加 1。

［例 2-3-5］ 用 FOR – LOOP 语句描述奇偶校验器中的奇校验。输入四位二进制数，当检测到数据中 1 的位数为奇数时，输出 Y = 1，否则，Y = 0。

```
LIBRARY IEEE;
USE IEEE. STD_LOGIC_1164. ALL;
USE IEEE. STD_LOGIC_ARITH. ALL;
USE IEEE. STD_LOGIC_UNSIGNED. ALL;
ENTITY loop1 IS
    PORT(
        D: IN STD_LOGIC_VECTOR(0 TO 7);      --输入 D 是八位二进制数
        Y: OUT STD_LOGIC
        );
```

```
END loop1;
ARCHITECTURE a OF loop1 IS
BEGIN
    PROCESS (D)
    VARIABLE tmp : STD_LOGIC;                    --定义临时变量 tmp
    BEGIN
        tmp := '0';
        FOR I IN 0 TO 7 LOOP
            tmp := tmp XOR D(I);                 --变量赋值语句是立即赋值,tmp = tmp⊕D(I)
        END LOOP;
            Y <= tmp ;
    END PROCESS;
END a;
```

2.4 VHDL 高级语句

前面详细地介绍了 VHDL 常用的并行语句和顺序语句，在此基础上进一步介绍 VHDL 中用于结构化和模块化的设计语句，包括进程语句（PROCESS）、元件和元件例化语句、生成语句、子程序和程序包等。

2.4.1 进程（PROCESS）语句

进程语句是在结构体中用来描述特定电路功能的程序模块。进程语句的内部主要是由一组顺序语句组成的。进程中的语句具有顺序处理和并行执行的特点。在一个结构体中，可以包含多个进程语句，多个进程语句之间的是并行同时执行的，所以进程语句本身属于并行语句。进程语句既可以用来描述组合逻辑电路，也可以描述时序逻辑电路。进程语句的语法结构格式为：

```
<进程名称> : PROCESS <敏感信号表>
        进程说明区:说明用于该进程的常数,变量和子程序。
        BEGIN
        变量和信号赋值语句
        顺序语句
        END PROCESS <进程名称>;
```

1）每个进程语句结构都可以取一个进程名称，但进程语句的名称是可以选用的。进程语句从 PROCESS 开始至 END PROCESS 结束。进程中的敏感信号表（sensitivity list）只能是进程中使用的一些信号，而不能是进程中的变量。当敏感信号表中的某个信号的值发生变化时，立即启动进程语句，将进程中的顺序语句按顺序循环执行，直到敏感信号表中的信号值稳定不变为止。也可以用 WAIT 语句来启动进程。

2）在进程说明部分能定义常数、变量和子程序等，但不能在进程内部定义信号，信号只能在结构体说明部分定义。

3）在进程中的语句是顺序语句，包括信号赋值语句、变量赋值语句、IF 语句、CASE 语句和 LOOP 语句等。

用 PROCESS 语句描述的计数器的程序如下：

```
PROCESS(CLK, Rd)                    --进程(敏感信号表)
BEGIN
IF (Rd='0') THEN
Q <= "0000";
ELSIF (CLK'EVENT AND CLK='1') THEN
IF(en='1') then
Q <= Q+1;
end if;
END IF;
END PROCESS;
```

在敏感信号表中，信号 Rd，CLK 被列为敏感信号，当此两个信号只要有一个发生变化时，此进程就被执行。注意 EN 并没有被列入敏感表，这是因为 EN 起作用必须发生在时钟的上升沿，这时 CLK 必定发生变化，引起进程的执行。同样，若为同步清零，敏感表中可无 Rd 信号，此时进程如下：

```
PROCESS (CLK)                        --进程(敏感信号表)
BEGIN
    IF (CLK'EVENT AND CLK='1') THEN
    IF (Rd='0') THEN
    Q <= "0000";
    ELSIF (EN='1') then
        Q <= Q+1;
        END IF;
    END IF;
END PROCESS;
```

2.4.2 元件（COMPONENT）定义语句和元件例化（PORT MAP）语句

在 VHDL 程序设计中，一个完整的 VHDL 设计程序包括实体和结构体。实体提供设计单元的端口信息，结构体描述设计单元的结构和功能，设计程序通过综合、仿真等一系列操作后，其最终的目的是得到一个具有特定功能的电路元件，因此，把这种设计好的程序定义为一个元件。这种元件可以是一个描述简单门电路的程序，也可以是一个描述一位全加器的程序，或者是其他复杂电路的描述。这些元件设计好后，保存在当前工作目录中，其他设计体可以通过元件例化的方法调用这些元件。

元件（COMPONENT）定义语句和元件例化（PORT MAP）语句就是用于在一个结构体中定义元件和实现元件调用的两条语句，两条语句分别放在一个结构体中的不同的位置，元件定义（COMPONENT）语句放在结构体的 ARCHITECTURE 和 BEGIN 之间，指出该结构体调用哪一个具体的元件，元件调用时必须要进行数据交换，元件例化语句中的 PORT MAP 是端口映射的意思，表示结构体与元件端口之间交换数据的方式。其语法结构格式为：

（1）元件定义（COMPONENT）语句的格式为：

```
COMPONENT 元件名称 IS
PORT 元件端口信息(同该元件源程序实体中的 PORT 部分)
END COMPONET;
```

（2）元件例化（PORT MAP）语句的格式为：

例化名：元件名称 PORT MAP 元件端口列表

［**例 2-4-1**］ 用元件定义（COMPONENT）和元件例化语句实现四位全加器的程序设计，调用的元件是一位全加器，元件名称是 fulladder，用 VHDL 描述的程序的文件名是 fulladder. VHD，四位全加器电路图如图 2-4-1 所示。

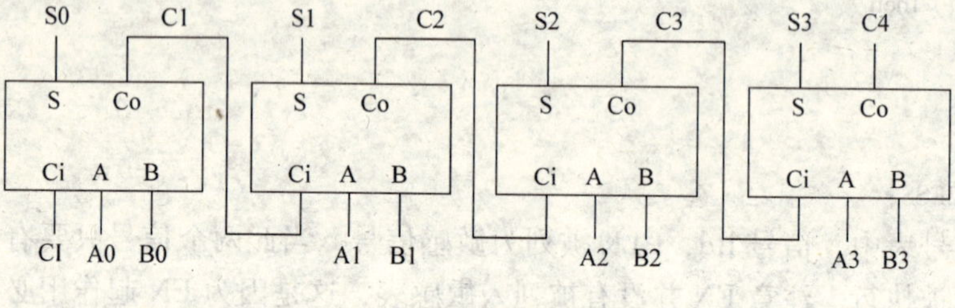

图 2-4-1 四位全加器电路图

四位全加器的程序文件名为 adder4. VHD，内容如下：

```
LIBRARY IEEE;
USE IEEE. STD_LOGIC_1164. ALL;
USE IEEE. STD_LOGIC_ARITH. ALL;
USE IEEE. STD_LOGIC_UNSIGNED. ALL;
ENTITY adder4 IS
    PORT (
            A, B      :IN Std_Logic_Vector(3 Downto 0);
            CI        :IN Std_Logic;
            S         :OUT Std_Logic_Vector(3 Downto 0);
            C         : BUFFER Std_Logic_Vector(4 Downto 1)
            );
    END adder4;
    ARCHITECTURE a OF adder4 IS
    COMPONENT fulladder              --元件定义,fulladder 是元件名称
    PORT (                           --端口名表
            A, B, Ci : IN STD_LOGIC;
            Co, S : OUT STD_LOGIC
            );
    END COMPONENT;
BEGIN
    U0: fulladder PORT MAP (A(0),B(0),CI,C(1),S(0));  --元件例化
    U1: fulladder PORT MAP (A(1),B(1),C(1),C(2),S(1));
    U2: fulladder PORT MAP (A(2),B(2),C(2),C(3),S(2));
    U3: fulladder PORT MAP (A(3),B(3),C(3),C(4),S(3));
END a;
```

在上面程序的元件定义（COMPONENT）语句中，COMPONENT 语句后面的元件名称是 fulladder，其在 PORT 中的端口信号信息与描述一位全加器的程序名 fulladder. VHD 在实体中 PORT 部分的端口信号信息必须相同，包括端口信号名称、端口信号的输入/输出状态和端

口信号的数据类型等。COMPONENT语句放在结构体的ARCHITECTURE和BEGIN之间。

在PORT MAP部分，元件名称fulladder必须与COMPONENT中的元件名称一致，U0、U1、U2、U3是四个元件例化名，表明在这个结构体中对fulladder单元的四次不同的调用。

PORT MAP中所列的端口信号列表表示当前设计单元与元件的端口连接方式，在VHDL设计中，有两种连接方式，一种是位置关联方式，如

```
U0: Fulladder PORT MAP (A(0),B(0),CI,C(1),S(0));
```

PORT MAP列出的端口信号名与COMPONET中的PORT端口信号名称在顺序、端口状态和数据类型上必须一致，各个端口信号的意义取决于它的位置而不是它的名称；另一种是端口信号名称关联方式，在这种关联方式下，用符号"=>"连接元件端口和设计电路的端口，如上例U1中，PORT MAP列出的端口信号名称是A（1）、B（1）、C（0）、C（1）和S（1），PORT MAP语句可以写成如下形式：

```
U1: Fulladder PORT MAP (A=>A(1), B=>B(1), Ci=>C(1), Co=>C(2), S=>S(1));
```

这时，各个端口的意义取决于端口的名称，与位置无关。

元件例化语句与BLOCK语句一样属于并行语句，但是元件和元件例化在设计项目中是分层次的，每个元件就是一个独立的设计实体，这样就可以把一个复杂的设计实体划分成多个简单的元件来设计。

2.4.3 生成（GENERATE）语句

生成语句是一种循环语句，具有复制电路的功能。当设计一个由多个相同单元模块组成的电路时，就可以用生成语句来描述。生成语句有FOR－GENERATE和IF－GENERATE两种形式，分别说明如下：

（1）FOR－GENERATE语句格式为：

```
标号:FOR 循环变量 IN 取值范围 GENERATE
        并行语句
    END GENERATE [标号];
```

FOR－GENERATE语句与FOR－LOOP语句不同，FOR－GENERATE中所列的语句是并行信号赋值语句、元件例化、块语句和子程序等并行语句。循环变量是一个局部变量，其取值范围可以选择递增和递减两种形式，如0 TO 5和3 DOWNTO 1等。生成语句所复制的单元模块是按照一定的顺序排列的，而单元模块之间的关系却是并行的，所以生成语句属于并行语句。

[例2-4-2] 用FOR－GENERATE语句实现四位全加器的程序设计如下：

```
LIBRARY IEEE;
USE IEEE.STD_LOGIC_1164.ALL;
USE IEEE.STD_LOGIC_ARITH.ALL;
USE IEEE.STD_LOGIC_UNSIGNED.ALL;
ENTITY adder4 IS
    PORT(
        A, B        : IN STD_LOGIC_VECTOR(3 DOWNTO 0);
        Ci          : IN STD_LOGIC;
        S           : OUT STD_LOGIC_VECTOR(3 DOWNTO 0);
        C           : BUFFER STD_LOGIC_VECTOR(4 DOWNTO 0)
```

```
);
END adder4;
ARCHITECTURE a OF adder4 IS
COMPONENT fulladder
PORT (          A, B, Ci          : INSTD_LOGIC;
                Co, S             : OUT STD_LOGIC);
END COMPONENT;
BEGIN
    C(0) <= Ci;
  gen1: FOR I IN 0 TO 3 GENERATE
  addx: fulladder PORT MAP (A(I),B(I),C(I),C(I+1),S(I)); --产生四位串行全加器
  END GENERATE ;
END a;
```

[例2-4-3] 用生成语句描述用四个D触发器组成一个四位移位寄存器，电路图如图2-4-2所示。D触发器用元件定义和元件例化语句调用。元件名称是dff1，用VHDL描述的D触发器的程序见例2-3-4，程序的文件名是dff1. VHD。

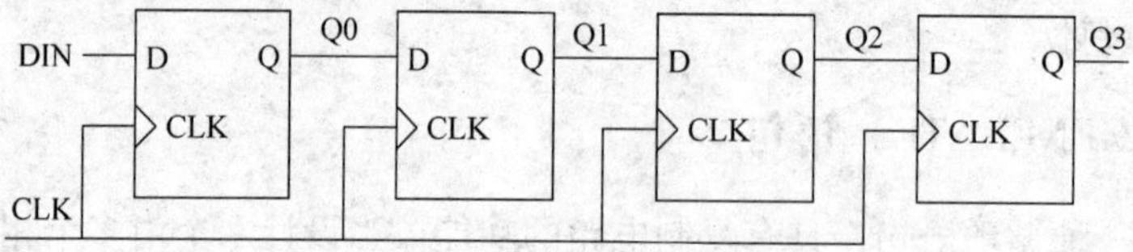

图2-4-2 四位移位寄存器

四位移位寄存器的文件名为shift. VHD，内容如下：

```
LIBRARY IEEE;
USE IEEE. STD_LOGIC_1164. ALL;
USE IEEE. STD_LOGIC_ARITH. ALL;
USE IEEE. STD_LOGIC_UNSIGNED. ALL;
ENTITY shift IS
PORT(
    DIN, CLK            : IN STD_LOGIC;
    DOUT                : OUT STD_LOGIC;
    Q                   : BUFFER STD_LOGIC_VECTOR(3 DOWNTO 0)
    );
  END shift;
  ARCHITECTURE B OF shift IS
  COMPONENT dff1
  PORT (D, CLK         : IN STD_LOGIC;
          Q            : OUT STD_LOGIC );
  END COMPONENT;
SIGNAL D : STD_LOGIC_VECTOR(0 TO 4);
BEGIN
    D(0) <= DIN;
```

```
gen2: FOR I IN 0 TO 3 GENERATE
fx: dff1 PORT MAP (D(I),CLK,D(I+1));
END GENERATE ;
    Q(0) <= D(1);
    Q(1) <= D(2);
    Q(2) <= D(3);
    Q(3) <= D(4);
    DOUT <= D(4);
  END B;
```

从上例可以看出，FOR－GENERATE 用来处理规则的单元模块，对于不规则的单元模块用 IF－GENERATE 格式。

（2）IF－GENERATE 语句带有条件选择项，其格式为：

```
标号:IF 条件 GENERATE
         并行语句
     END GENERATE [标号];
```

[例 2-4-4] 用 IF－GENERATE 语句描述的四位移位寄存器，其结构体部分程序如下：

```
ARCHITECTURE C OF shift IS
   COMPONENT DFF1
   PORT (
      DIN, CLK : INSTD_LOGIC;
         Q : OUT STD_LOGIC
      );
   END COMPONENT;
 SIGNAL D : STD_LOGIC_VECTOR(0 TO 4);
 BEGIN
 gen3:FOR I IN 0 TO 3 GENERATE
      IF I = 0 GENERATE
      fx: dff1 PORT MAP (DIN,CLK,D(I+1));
      END GENERATE ;
      IF I /= 0 GENERATE
      fx: dff1 PORT MAP (D(I),CLK, D(I+1));
      END GENERATE ;
 END GENERATE ;
      Q(0) <= D(1);
      Q(1) <= D(2);
      Q(2) <= D(3);
      Q(3) <= D(4);
 END B;
```

2.4.4 子程序（SUBPROGRAM）

子程序是一个 VHDL 程序模块，它是由一组顺序语句组成的。主程序调用子程序，子程序将处理结果返回给主程序，其含义与其他高级计算机语言中的子程序相同。子程序可以在程序包、结构体和进程中定义，子程序必须在被定义后才能被调用，主程序和子程序之间通过端口参数列表位置关联方式进行数据传送，子程序可以被多次调用完成重复性的任务。在VHDL中的子程序有两种类型：过程（Procedure）和函数（Function），它们在被调用后返回数据的方式不同。

1. 过程语句

过程语句的格式为：

```
PROCEDURE  过程名称 参数列表              --过程首
PROCEDURE  过程名称 参数列表 IS           --过程体
      说明部分
BEGIN
      顺序语句
END  过程名称;
```

调用过程语句的格式为：

```
过程名称 参数列表;
```

在VHDL中，过程定义由两部分组成，即过程首和过程体。在进程或结构体中，过程首可以省略，过程体放在结构体的说明部分。而在程序包中必须定义过程首，把过程首放在程序包的包首部分，而过程体放在包体部分。

在PROCEDURE结构中，参数列表中的参数可以是输入，也可以是输出，在参数表中可以对常数、变量和信号三类数据对象作出说明，用IN、OUT和INOUT定义这些参数的端口模式，在没有特别的指定时，端口模式IN的参数默认常数，端口模式OUT和INOUT看作变量。在子程序调用时，IN和INOUT的参数传送数据至子程序，子程序调用结束返回时，OUT和INOUT的参数返回数据。

[**例2-4-5**] 用一个过程语句来实现数据求和运算程序。

```
LIBRARY IEEE;
USE IEEE. STD_LOGIC_1164. ALL;
USE IEEE. STD_LOGIC_ARITH. ALL;
USE IEEE. STD_LOGIC_UNSIGNED. ALL;
ENTITY PADD IS
    PORT(
        A, B, C         : IN STD_LOGIC_VECTOR(3 DOWNTO 0);
        CLK, SET        :IN STD_LOGIC;
              D         ;OUT STD_LOGIC_VECTOR(3 DOWNTO 0) );
END PADD;
ARCHITECTURE a OF PADD IS
--定义过程体
PROCEDURE ADD1 (DATAA, DATAB, DATAC : IN STD_LOGIC_VECTOR;
              DATAOUT : OUT STD_LOGIC_VECTOR ) IS
        BEGIN
        DATAOUT := DATAA + DATAB + DATAC;
        END ADD1;
BEGIN
PROCESS (CLK)
  VARIABLE TMP :STD_LOGIC_VECTOR (3 DOWNTO 0);
```

```
BEGIN
    IF (CLK'EVENT AND CLK ='1') THEN
        IF(SET = '1') THEN
        TMP := "0000";
        ELSE
        ADD1 (A, B, C, TMP);        --过程调用
        END IF;
    END IF;
    D <= TMP;
    END PROCESS;
END a;
```

2. 函数语句

函数语句分为两个部分：函数首和函数体。

(1) 函数首的格式为：

```
FUNCTION  函数名称(参数列表)
    RETURN  数据类型名;
```

(2) 函数体的格式为：

```
FUNCTION  函数名称(参数列表)
    RETURN  数据类型名  IS
    说明部分
BEGIN
    顺序语句
    RETURN  返回变量
END  函数名称;
```

在进程或结构体中，函数首可以省略，而在程序包中，必须定义函数首，放在程序包的包首部分，而函数体放在包体部分。

函数语句中参数列表列出的参数都是输入参数，在参数表中可以对常数、变量和信号三类数据对象作出说明，默认的端口模式是 IN。在函数语句中，如果参数没有定义数据类型，就看作常数处理。调用函数语句的返回数据和返回数据的数据类型分别是由 RETURN 后的返回变量和返回变量的数据类型决定的。

调用函数语句的格式为：

```
Y <= 函数名称(参数列表);
```

[例 2-4-6] 用 FUNCTION 语句描述在两个数中找出最大值，并用函数调用方式求出最大值。这段程序放在一个程序包（PACKAGE）中。

(1) 在程序包名称为 BF1 的程序包中定义函数名称为 MAX1 的函数，程序包文件名为 bf1. VHD，放在当前的 WORK 库中。

```
LIBRARY IEEE;
USE IEEE. STD_LOGIC_1164. ALL;
PACKAGE BF1 IS              --定义程序包的包头,BF1 是程序包名称
FUNCTION MAX1(A : STD_LOGIC_VECTOR;       --定义函数首,函数名称是 MAX
            B:STD_LOGIC_VECTOR)
```

```
        RETURN STD_LOGIC_VECTOR;       --定义函数返回值的类型
END BF1;
PACKAGE BODY BF1 IS      --定义程序包体
    FUNCTION MAX1 (A:STD_LOGIC_VECTOR;   --定义函数体
                   B:STD_LOGIC_VECTOR)
        RETURN STD_LOGIC_VECTOR IS
VARIABLE TMP : STD_LOGIC_VECTOR (A'RANGE);
        --属性 A'RANGE 表示 A 的数组范围,该例中 A'RANGE =3 DOWNTO 0
        --MAX +PLUS2 不支持该种属性表示
BEGIN
    IF (A>B) THEN
        TMP := A;
    ELSE
        TMP := B;
    END IF;
        RETURN TMP;      --TMP 是函数返回变量
END MAX1;
END BF1;
```

(2) 调用函数 MAX1 的程序，文件名是 SMAX. VHD

```
LIBRARY IEEE;
USE IEEE.STD_LOGIC_1164.ALL;
LIBRARY WORK;      --用户当前工作库,可以不列出
USE WORK.BF1.ALL;
ENTITY SMAX IS
    PORT(
        D1, DA, DB   : IN STD_LOGIC_VECTOR(3 DOWNTO 0);
        CLK, SET     : IN STD_LOGIC;
        DO           :OUT STD_LOGIC_VECTOR(3 DOWNTO 0)
        );
END SMAX;
ARCHITECTURE a OF SMAX IS
BEGIN
    PROCESS (CLK)
    BEGIN
        IF (CLK'EVENT AND CLK ='1') THEN
            IF(SET ='1') THEN                   --SET =1,同步置数
                DO <= D1;
            ELSE
                DO <= MAX1(DA, DB);        --调用 MAX1 函数
                END IF;
        END IF;
    END PROCESS;
END a;
```

仿真的结果如图 2-4-3 所示。

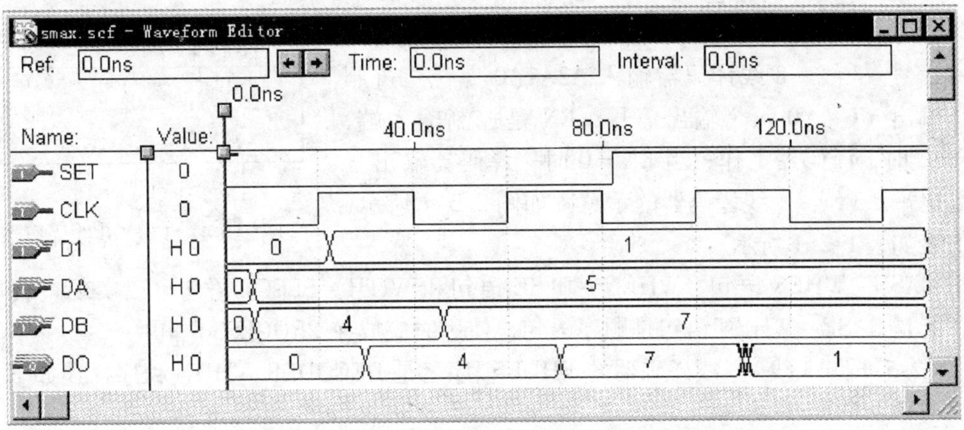

图 2-4-3 求两个数中最大值的程序仿真波形图

2.4.5 程序包的设计

在 VHDL 中，为了使已定义的数据类型、子程序和元件等被其他设计程序所利用，用户可以自己设计一个程序包，将它们收集在程序包中。程序包分为两个部分，即包首和包体两个部分，结构为：

（1）包首部分

```
PACKAGE  程序包名称  IS
    包首说明
END  程序包名称;
```

（2）包体部分

```
PACKAGE  BODY  程序包名称  IS
    包体说明语句
END  程序包名称;
```

包首说明部分定义数据类型、元件和子程序等。包体说明语句部分具体描述元件和子程序的内容。在程序包结构中，程序包体不是必需的，因为在程序包首也可以具体定义元件和子程序的内容。

在例 2-4-6 中，定义一个 MAX 函数在程序包文件 bf1. VHD 中，在 smax. VHD 程序中用函数调用的方式直接调用包中的内容。

2.5 VHDL 设计实例

前面详细介绍了 VHDL 的基本语法、基本语句和 VHDL 程序的组成结构。本节重点介绍用 VHDL 设计常用的组合逻辑电路、时序逻辑电路和有限状态机。

2.5.1 常见的组合逻辑电路设计

根据逻辑功能的不同特点，可以把数字电路分成组合逻辑电路和时序逻辑电路。常用的组合逻辑电路有 3 线 –8 线译码器、8 线 –3 线编码器、七段显示译码器、数据选择器、数据分配器、加法器和数值比较器等。

1. 3 线 –8 线译码器

译码器的功能是将输入的二进制代码翻译成对应的高低电平信号。3 线 –8 线译码器输入 A2A1A0 三位二进制代码，输出 Y7 ~ Y0 八个输出信号，EN 是控制输入端，当 EN =1 时，译码器工作；当 EN =0 时，译码器输出全部是高电平。3 线 –8 线译码器的示意图如图 2-5-1 所示，其真值表如表 1-2-1 所示。

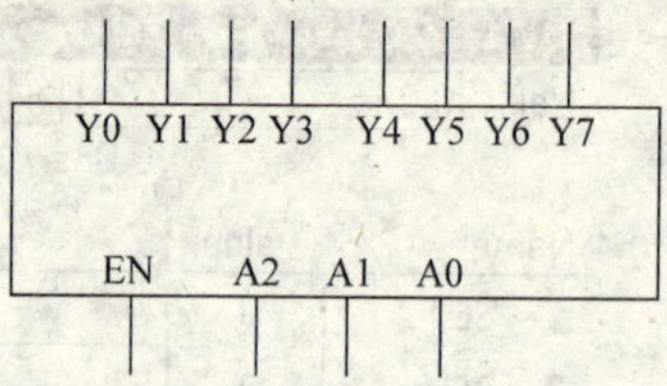

图 2-5-1 3 线 –8 线译码器

用 CASE – WHEN 语句、WHEN – ELSE 语句和 WITH – SLECT 语句可以实现查表功能，应注意的是 CASE – WHEN 语句是顺序语句，使用时应放在 PROCESS 语句中。

[**例 2-5-1**] 3 线 –8 线译码器的 VHDL 程序名是 DECODER. VHD，程序描述如下：

```
LIBRARY IEEE ;
USE IEEE. STD_LOGIC_1164. ALL ;
ENTITY DECODER IS

  PORT (
       A   : IN STD_LOGIC_VECTOR( 2 DOWNTO 0) ;
       EN  : IN STD_LOGIC ;
       Y   : OUT STD_LOGIC_VECTOR( 7 DOWNTO 0)
       ) ;
END DECODER ;

ARCHITECTURE A OF DECODER IS
SIGNAL SEL : STD_LOGIC_VECTOR( 3 DOWNTO 0) ;
BEGIN
     SEL(0) <= EN ;
     SEL(1) <= A(0) ;
     SEL(2) <= A(1) ;
     SEL(3) <= A(2) ;
     WITH SEL SELECT
       Y <= "00000001" WHEN "0001",
            "00000010" WHEN "0011",
            "00000100" WHEN "0101",
            "00001000" WHEN "0111",
            "00010000" WHEN "1001",
            "00100000" WHEN "1011",
            "01000000" WHEN "1101",
            "10000000" WHEN "1111",
            "00000000" WHEN OTHERS ;
END A ;
```

2. 8 线 –3 线编码器

编码器的功能是将输入的一组高低电平信号翻译成对应的二进制代码。8 线 –3 线编码器输入 I7～I0 八路信号，输出是 Y2Y1Y0 三位二进制代码。S 是控制输入端，当 S=1 时，编码器工作；当 S=0 时，编码器输出“000”。8 线－3 线编码器的示意图如图 2-5-2 所示，其真值表如表 2-5-1 所示。

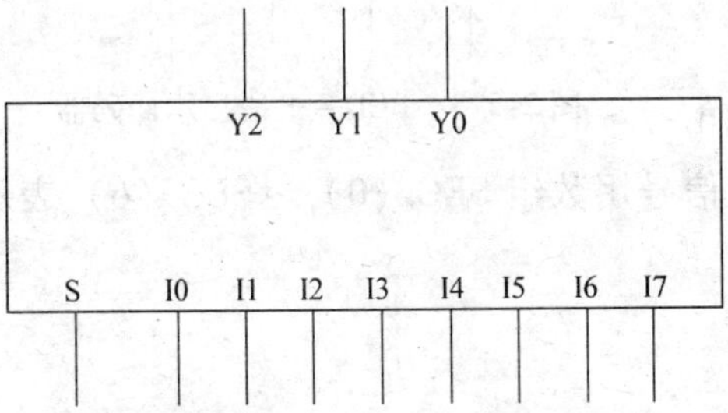

图 2-5-2 8 线－3 线编码器

表 2-5-1 8 线－3 线编码器真值表

输入信号									输出信号		
S	I0	I1	I2	I3	I4	I5	I6	I7	Y2	Y1	Y0
1	1	0	0	0	0	0	0	0	0	0	0
1	0	1	0	0	0	0	0	0	0	0	1
1	0	0	1	0	0	0	0	0	0	1	0
1	0	0	0	1	0	0	0	0	0	1	1
1	0	0	0	0	1	0	0	0	1	0	0
1	0	0	0	0	0	1	0	0	1	0	1
1	0	0	0	0	0	0	1	0	1	1	0
1	0	0	0	0	0	0	0	1	1	1	1
0	0	0	0	0	0	0	0	0	0	0	0

［**例 2-5-2**］ 8 线－3 线编码器的 VHDL 程序名是 CODER. VHD，程序描述如下：

```
LIBRARY IEEE ;
USE IEEE. STD_LOGIC_1164. ALL;
ENTITY CODER IS
    PORT (
        I:IN STD_LOGIC_VECTOR(7 DOWNTO 0) ;
        S:IN STD_LOGIC ;
        Y:OUT STD_LOGIC_VECTOR( 2 DOWNTO 0)
        );
END CODER ;
ARCHITECTURE B OF CODER IS
    SIGNAL SEL : STD_LOGIC_VECTOR( 8 DOWNTO 0) ;
BEGIN
    SEL <= S & I ;      --S 和 I 合成 9 位标准逻辑位向量
    WITH SEL SELECT
    Y <= "000" WHEN "100000001" ,
         "001" WHEN "100000010",
         "010" WHEN "100000100" ,
         "011" WHEN "100001000" ,
         "100" WHEN "100010000" ,
         "101" WHEN "100100000" ,
         "110" WHEN "101000000" ,
         "111" WHEN "110000000" ,
         "000" WHEN OTHERS ;
END B ;
```

3. BCD－七段显示译码器

BCD－七段显示译码器的功能是将用四位二进制代码所表示的十进制数翻译成对应的七段显示码。译码器输入信号是 D3D2D1D0 四位 BCD 码，输出是 ABCDEFG 七个高低电平信号，用输出的信号去驱动七段显示器中的七只发光二极管。七段显示器有共阴极和共阳极两种类型，选用不同的七段显示器对应的七段显示译码器的真值表不同，表 1-4-1 列出的真值表中的七段显示码是共阴极型的。BCD－七段显示译码器的示意图如图 2-5-3 所示。

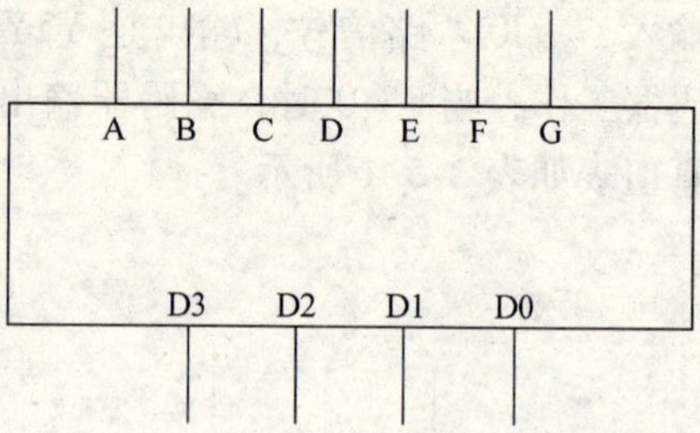

图 2-5-3 BCD－七段显示译码器

[例 2-5-3] BCD－七段显示译码器的 VHDL 程序名是 DECODER47. VHD，ABCDEFG 七个输出信号用数组 SEG（0）～SEG（6）表示，程序描述如下：

```
LIBRARY IEEE;
USE IEEE. STD_LOGIC_1164. ALL;
USE IEEE. STD_LOGIC_UNSIGNED. ALL;
ENTITY DECODER47 IS
    PORT (
        D     : IN STD_LOGIC_VECTOR(3 DOWNTO 0 );
        SEG   : OUT STD_LOGIC_VECTOR(6 DOWNTO 0)
        );
END DECODER47;
ARCHITECTURE STR OF DECODER47 IS
BEGIN
SEG <= "0111111" WHEN D =0 ELSE
    "0000110" WHEN D =1 ELSE
    "1011011" WHEN D =2 ELSE
    "1001111" WHEN D =3 ELSE
    "1100110" WHEN D =4 ELSE
    "1101101" WHEN D =5 ELSE
    "1111101" WHEN D =6 ELSE
    "0000111" WHEN D =7 ELSE
    "1111111" WHEN D =8 ELSE
    "1101111" WHEN D =9 ELSE
    "0000000";
END STR;
```

4. 四选一数据选择器

四选一数据选择器的工作原理是从四路输入数据中选择一路数据输出。输入信号是四路数据 D0、D1、D2、D3 和两个地址输入端 A1、A0，输出一路数据 Y，数据可以是一位二进制数，也可以是多位二进制数。四选一数据选择器的逻辑表达式是：

$$Y = D0\ (\overline{A1}\ \overline{A0}) + D1\ (\overline{A1}A0) + D2\ (A1\ \overline{A0}) + D3\ (A1A0)$$

四选一数据选择器的真值表如表 2-5-2 所示。

[例 2-5-4] 四选一数据选择器的 VHDL 程序名是 MUX44. VHD，程序描述如下：

表 2-5-2 四选一数据选择器的真值表

地址输入端		数据输出端
A1	A0	Y
0	0	D0
0	1	D1
1	0	D2
1	1	D3

```
LIBRARY IEEE ;
USE IEEE. STD_LOGIC_1164. ALL ;
USE IEEE. STD_LOGIC_ARITH. ALL ;
USE IEEE. STD_LOGIC_UNSIGNED. ALL ;
ENTITY MUX44 IS
  PORT (
        D3, D2,D1, D0   : IN STD_LOGIC_VECTOR( 3 DOWNTO 0) ;
                A       : IN STD_LOGIC_VECTOR( 1 DOWNTO 0) ;
                Y       : OUT STD_LOGIC_VECTOR( 3 DOWNTO 0 )
        );
END MUX44 ;
ARCHITECTURE A OF MUX44 IS
BEGIN
      Y <= D0 WHEN A = "00" ELSE
           D1 WHEN A = "01" ELSE
           D2 WHEN A = "10" ELSE
           D3 WHEN A = "11" ELSE
           "0000" ;
END A ;
```

仿真的结果如图 2-5-4 所示。

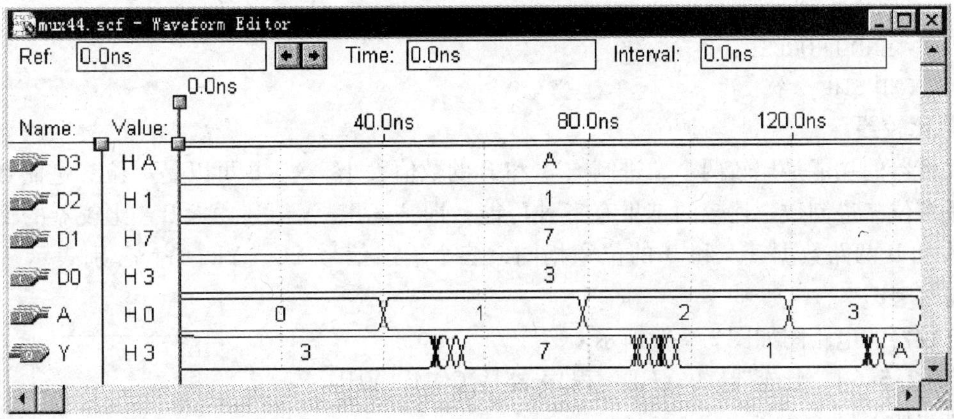

图 2-5-4 四选一数据选择器的仿真波形

5. 数据分配器

数据分配器的功能是将一路输入数据从多个输出通道中选择一个通道输出。输入信号是一路数据 D 和两个地址输入端 A1、A0；输出信号是四路数据 Y0、Y1、Y2、Y3。数据可以是一位二进制数，也可以是多位二进制数。

数据分配器的真值表如表 2-5-3 所示。

表 2-5-3 数据分配器的真值表

地址输入端		数据输出端			
A1	A0	Y0	Y1	Y2	Y3
0	0	D	0	0	0
0	1	0	D	0	0
1	0	0	0	D	0
1	1	0	0	0	D

[**例 2-5-5**] 数据分配器的 VHDL 程序名是 DEMUX. VHD，程序描述如下：

```
LIBRARY IEEE;
USE IEEE. STD_LOGIC_1164. ALL ;
USE IEEE. STD_LOGIC_ARITH. ALL ;
USE IEEE. STD_LOGIC_UNSIGNED. ALL ;
ENTITY DEMUX IS
  PORT (
         D   : IN STD_LOGIC_VECTOR( 3 DOWNTO 0) ;
         A   : IN STD_LOGIC_VECTOR( 1 DOWNTO 0) ;
         Y0, Y1, Y2, Y3 : OUT STD_LOGIC_VECTOR( 3 DOWNTO 0 )
         );
END DEMUX ;
ARCHITECTURE STR OF DEMUX IS
BEGIN
  PROCESS (D, A)
  BEGIN
    Y0 <= "0000" ; Y1 <= "0000"; Y2 <= "0000" ; Y3 <= "0000" ;
    CASE A IS
         WHEN "00" => Y0 <= D ;
         WHEN "01" => Y1 <= D ;
         WHEN "10" => Y2 <= D ;
         WHEN OTHERS => Y3 <= D ;
    END CASE ;
  END PROCESS ;
END STR ;
```

6. 比较器

比较器的功能是比较两个二进制数 A 和 B 的数值大小。A、B 可以是一位二进制数，也可以是多位二进制数。比较的结果有三种可能，即 A > B，A = B，A < B。比较器的输入信号是 A 和 B 两路数据，A 和 B 的位宽相同，三个输出信号 YG，YE，YL 分别表示 A > B，A = B，A < B。

比较器的电路图如图 2-5-5 所示。

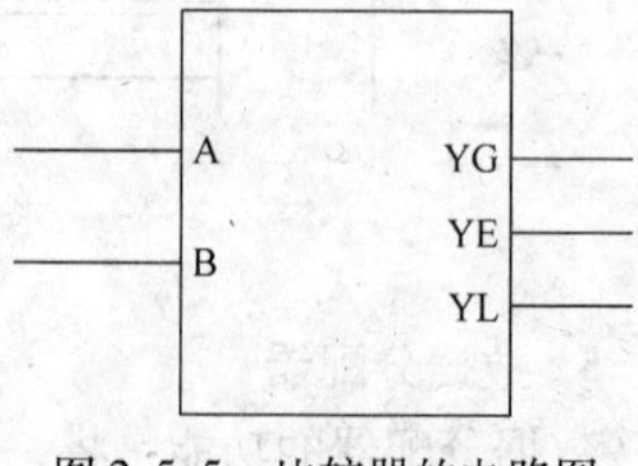

图 2-5-5 比较器的电路图

[**例 2-5-6**] 比较器的 VHDL 程序名是 COMP. VHD，程序描述如下：

```
LIBRARY IEEE;
USE IEEE. STD_LOGIC_1164. ALL;
ENTITY COMP IS
PORT (
   A, B          : IN STD_LOGIC_VECTOR(3 DOWNTO 0);
   YG,YE,YL      : OUT STD_LOGIC
   );
END COMP;
```

```
ARCHITECTURE STR OF COMP IS
BEGIN
    PROCESS (A,B)
    BEGIN
        IF A > B THEN
            YG <= '1'; YE <= '0'; YL <= '0';
        ELSIF A = B THEN
            YG <= '0'; YE <= '1'; YL <= '0';
        ELSE
            YG <= '0'; YE <= '0'; YL <= '1';
        END IF;
    END PROCESS;
END STR;
```

7. 三态输出门

三态输出门有三种可能的输出状态：高电平、低电平和高阻态。在 VHDL 语言预定义 STD_ LOGIC 数据类型中，用大写字母“Z”表示高阻态。三态输出门简称为三态门，主要用于总线结构中。三态门的电路图如图 2-5-6 所示，有一个输入端 A、一个输出端 Y 和一个控制端 EN。当 EN =“1”时，Y = A；当 EN =“0”时，Y =“Z”。

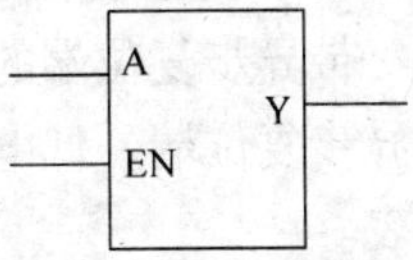

图 2-5-6　三态门

[例 2-5-7]　三态门的 VHDL 程序名称是 TSG. VHD，程序描述如下：

```
LIBRARY IEEE;
USE IEEE. STD_LOGIC_1164. ALL;
ENTITY TSG IS
PORT (
      A, EN   : IN STD_LOGIC;
      Y       : OUT STD_LOGIC
      );
END TSG;
ARCHITECTURE STR OF TSG IS
BEGIN
    Y <='Z' WHEN EN ='1' ELSE A ;
END STR ;
```

也可以用 IF – ELSE 语句来描述三态门，结构体程序如下：

```
ARCHITECTURE STR OF TSG IS
BEGIN
    PROCESS (A,EN )
    BEGIN
        IF EN ='1'    THEN
                          Y <= A ;
          ELSE
                          Y <= 'Z';
          END IF;
```

```
    END PROCESS;
END STR ;
```

2.5.2 常见的时序逻辑电路设计

在时序逻辑电路中，任意时刻的输出信号不仅取决于当时的输入信号，而且还取决于电路的原来状态。组成时序电路的基本单元是各种触发器，如D触发器、T触发器、RS触发器和JK触发器等。触发器具有存储记忆功能，能够保存电路的初始状态数据和当前状态数据。

时序逻辑电路分为同步时序电路和异步时序电路。在同步时序电路中，所有触发器的时钟信号共用一个时钟信号，触发器的状态变化是同时发生的，如寄存器、移位寄存器和同步计数器等。而在异步时序逻辑电路中，各个触发器的时钟信号不是共用的，因此，各个触发器的状态变化不是同时发生的。异步计数器是一种常用的异步时序逻辑电路。

1. 带异步复位端的D触发器

带异步复位端的D触发器的电路符号如图2-5-7所示。时钟信号CP上升沿触发，Rd是异步复位端，低电平有效，D是数据输入端，Q是数据输出端。表2-5-4是D触发器的特性表。

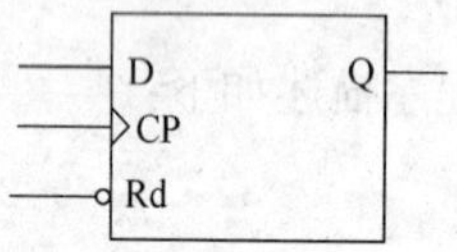

图2-5-7 带异步复位端的D触发器

表2-5-4 D触发器的特性表

输入端		输出端
Rd	CP	Q^{n+1}
0	×	0
1	上升沿	D

[**例2-5-8**] 用VHDL语言描述的D触发器的程序如下，程序名称是DFF1. VHD。

```
LIBRARY IEEE;
USE IEEE. STD_LOGIC_1164. ALL;
USE IEEE. STD_LOGIC_ARITH. ALL;
USE IEEE. STD_LOGIC_UNSIGNED. ALL;
ENTITY dff1 IS
    PORT(
        CP, D, Rd   : IN STD_LOGIC;
        Q           : OUT STD_LOGIC
        );
END dff1;
ARCHITECTURE a OF dff1 IS
BEGIN
    PROCESS (CP, Rd)
    BEGIN
    IF (Rd ='0') THEN
    Q <= '0';
    ELSIF (CP'EVENT AND CP ='1') THEN
    Q <= D;
```

```
    END IF;
    END PROCESS;
END a;
```

2. T 触发器

T 触发器的电路符号如图 2-5-8 所示。时钟信号 CP 上升沿触发，T 是控制输入端，Q 是数据输出端。表 2-5-5 是 T 触发器的特性表。

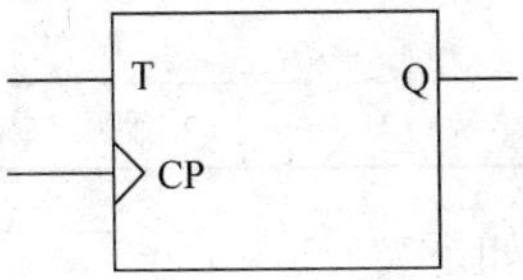

图 2-5-8　T 触发器

表 2-5-5　T 触发器的特性表

输入端		输出端
CP	T	Q^{n+1}
×	0	保持
上升沿	1	翻转

［例 2-5-9］　用 VHDL 语言描述的 T 触发器的程序如下，程序名称是 TFF1. VHD。

```
LIBRARY IEEE;
USE IEEE. STD_LOGIC_1164. ALL;
USE IEEE. STD_LOGIC_ARITH. ALL;
USE IEEE. STD_LOGIC_UNSIGNED. ALL;
ENTITY TFF1 is
    PORT(
      CP, T : IN STD_LOGIC;
        Q   : BUFFER STD_LOGIC
      );
END TFF1;
ARCHITECTURE a OF TFF1 IS
BEGIN
    PROCESS(CP)
    BEGIN
    IF (CP'EVENT AND CP ='1') THEN
        IF (T ='1') THEN
            Q <= NOT Q;
        END IF;
        END IF;
    END PROCESS;
END a;
```

3. JK 触发器

带有异步复位和置位功能的 JK 触发器的电路符号如图 2-5-9 所示。JK 触发器的输入端有异步置位输入端 SD，低电平有效，异步复位输入端 Rd，低电平有效，输入时钟信号 CP，上升沿触发，Q 和 QB 是触发器的两个信号输出端，Q 和 QB 状态相反。表 2-5-6 是 JK 触发器的特性表。

表 2-5-6 JK 触发器的特性表

输入端					输出端	
CP	SD	Rd	J	K	Q	QB
×	0	1	×	×	1	0
×	1	0	×	×	0	1
上升沿	1	1	0	0	保持	
上升沿	1	1	0	1	0	1
上升沿	1	1	1	0	1	0
上升沿	1	1	1	1	翻转	

［例 2-5-10］ 用 VHDL 语言描述的 JK 触发器的程序如下，程序名称是 JKFF1. VHD。JK 触发器的电路符号如图 2-5-9 所示。

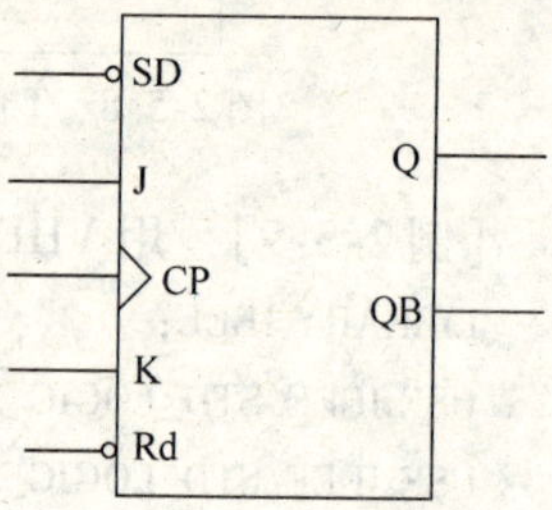

图 2-5-9 JK 触发器

```
LIBRARY IEEE;
USE IEEE.STD_LOGIC_1164.ALL;
USE IEEE.STD_LOGIC_ARITH.ALL;
USE IEEE.STD_LOGIC_UNSIGNED.ALL;
ENTITY JKFF1 IS
    PORT(
        CP, SD, Rd, J, K : IN STD_LOGIC;
           Q,QB          : OUT STD_LOGIC
        );
END JKFF1;
ARCHITECTURE a OF JKFF1 IS
    SIGNAL QN, QBN : STD_LOGIC;
BEGIN
    PROCESS(CP, SD, Rd, J, K)
    BEGIN
    IF (SD='0') AND (Rd='1') THEN
        QN <= '1';
        QBN <= '0';
    ELSIF (SD='1') AND (Rd='0') THEN
        QN <= '0';
        QBN <= '1';
ELSIF (CP'EVENT AND CP='1') THEN
    IF (J='0') AND (K='1') THEN
            QN <= '0';
            QBN <= '1';
    ELSIF (J='1') AND (K='0') THEN
        QN <= '1';
        QBN <= '0';
    ELSIF (J='1') AND (K='1') THEN
```

```
            QN  <= NOT QN;
            QBN  <= NOT QBN;
        END IF;
        END IF;
        END PROCESS;
        Q  <=  QN;
        QB <=  QBN;
END a;
```

仿真的结果如图 2-5-10 所示。

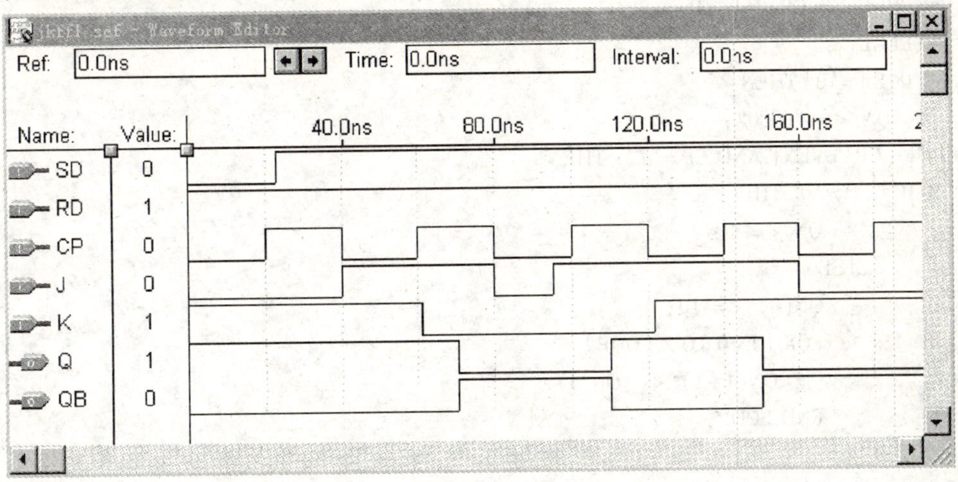

图 2-5-10　JK 触发器的仿真波形

4. 移位寄存器

如图 2-5-11 所示的电路是带有串行输入、串行输出、并行输入和并行输出的移位寄存器。其中 DI 是串行数据输入端，DO 是串行数据输出端，CP 是时钟输入端。Rd 是异步清零输入端，低电平有效，LD 是同步置数控制端，低电平有效。D0、D1、D2、D3 是并行数据输入端，Q0、Q1、Q2、Q3 是并行数据输出端。当 Rd = 0 时，电路的输出端输出低电平，当 Rd = 1，LD = 0 时，电路工作在预置数状态。当 Rd = 1，LD = 1 时，电路工作在移位状态。移位寄存器的功能如表 2-5-7 所示。

表 2-5-7　移位寄存器的功能表

控制端			工作状态
CP	Rd	LD	
×	0	×	异步清零
上升沿	1	0	并行输入
上升沿	1	1	串行右移

[例 2-5-11]　用 VHDL 语言描述的移位寄存器的程序如下，程序名称是 SHIFT1. VHD。

```
LIBRARY IEEE;
USE IEEE. STD_LOGIC_1164. ALL;
USE IEEE. STD_LOGIC_ARITH. ALL;
USE IEEE. STD_LOGIC_UNSIGNED. ALL;
ENTITY SHIFT1 is
        PORT(
```

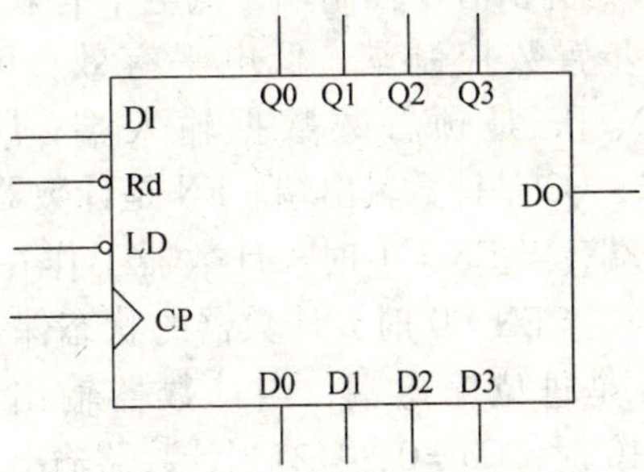

图 2-5-11　移位寄存器

```
            CP, Rd, LD, DI   : IN STD_LOGIC;
              D               : IN STD_LOGIC_VECTOR(0 TO 3);
             DO               : OUT STD_LOGIC;
              Q               : OUT STD_LOGIC_VECTOR(0 TO 3 )
        );
END SHIFT1;
ARCHITECTURE a OF SHIFT1 IS
SIGNAL QN : STD_LOGIC_VECTOR(0 TO3 );
BEGIN
    PROCESS(CP, Rd, LD)
    BEGIN
    IF Rd ='0' THEN
      QN  <= "0000";
ELSIF (CP'EVENT AND CP ='1') THEN
    IF  LD ='0' THEN
            QN  <= D;
        ELSE
            QN(0)  <= DI;
            FOR I IN 0 TO 2 LOOP
                QN(I+1)  <= QN(I);
            END LOOP;
    END IF;
    END IF;
    END PROCESS;
    DO  <= QN(3);
    Q  <= QN;
END A;
```

5. 同步计数器

同步计数器分为加法计数器和减法计数器，也可以按照计数容量分类，分为十进制计数器、十六进制计数器和六十进制计数器等。同步十六进制加法计数器见例 2－1－2。

（1）带预置数的同步加法计数器　带预置数的同步加法计数器的电路符号如图 2-5-12 所示。CP 是时钟输入端，上升沿有效；Rd 是异步清零控制端，低电平有效；LD 是同步置数控制端，低电平有效；D0、D1、D2、D3 是预置数数据输入端；Q0、Q1、Q2、Q3 是计数输出端。EN 是计数器状态控制端，当 EN =1 时，计数器工作在计数状态；当 EN =0 时，计数器的状态保持不变。Co 是进位输出端，当计数器输出 0000 ~ 1110 时，Co =0，只有当计数器输出 1111 时，Co =1。表 2-5-8 是带预置数的同步加法计数器功能表。

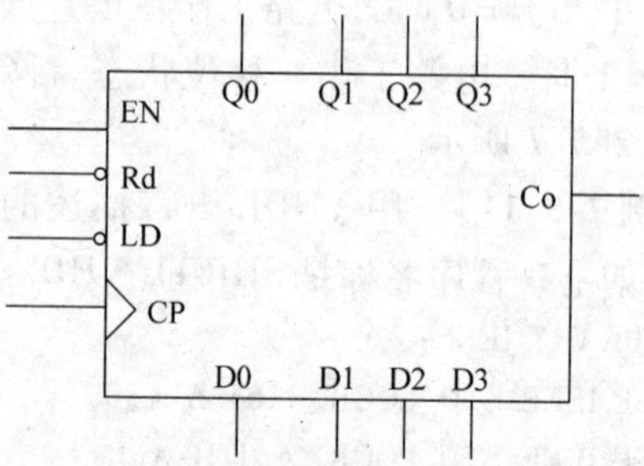

图 2-5-12　带预置数的同步加法计数器

[例 2-5-12] 用 VHDL 语言描述的同步十六进制加法计数器的程序名称是 CNT16. VHD，程序描述如下：

表 2-5-8 带预置数的同步加法计数器功能表

控制端				工作状态
CP	Rd	LD	EN	
×	0	×	×	异步清零
上升沿	1	0	×	同步置数
上升沿	1	1	1	计数

```
LIBRARY IEEE;
USE IEEE. STD_LOGIC_1164. ALL;
USE IEEE. STD_LOGIC_UNSIGNED. ALL;
ENTITY CNT16 IS
PORT(
        CP, EN, Rd, LD   :IN STD_LOGIC;
                D        :IN STD_LOGIC_VECTOR(3 DOWNTO 0);
                Co       :OUT STD_LOGIC;
                Q        :OUT STD_LOGIC_VECTOR(3 DOWNTO 0)
      );
END CNT16;
ARCHITECTURE STR OF CNT16 IS
SIGNAL QN : STD_LOGIC_VECTOR(3 DOWNTO 0 ) ;
BEGIN
Co <= '1' WHEN (QN = "1111" AND EN ='1') ELSE '0';
PROCESS (CP, RD)
    BEGIN
    IF (Rd ='0') THEN
   QN <= "0000";
   ELSIF (CP'EVENT AND CP ='1') THEN
       IF (LD ='0') THEN
       QN  <= D;
       ELSIF (EN ='1') THEN
       QN  <= QN +1;
       END IF;
       END IF;
 END PROCESS;
    Q  <= QN;
 END STR ;
```

(2) 同步可逆计数器　同步可逆计数器可以用加法计数方式，也可以用减法计数方式。如图 2-5-13 所示的计数器是用一个控制信号 UD 来控制计数器的计数方式的，当 UD =1 时，计数器是加法计数；当 UD =0 时，计数器是减法计数。Rd 是异步清零控制端，低电平有效。表 2-5-9 是同步可逆计数器功能表。

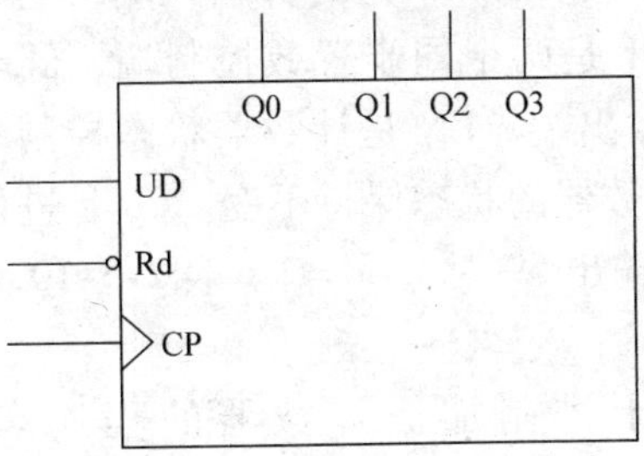

图 2-5-13　同步可逆计数器

表 2-5-9　同步可逆计数器功能表

控制端			工作状态
CP	Rd	UD	
×	0	×	异步清零
上升沿	1	1	加法计数
上升沿	1	0	减法计数

[**例 2-5-13**] 用 VHDL 语言描述的同步可逆计数器的程序名称是 UDCNT. VHD，程序描述如下：

```
LIBRARY IEEE;
USE IEEE. STD_LOGIC_1164. ALL;
USE IEEE. STD_LOGIC_ARITH. ALL;
USE IEEE. STD_LOGIC_UNSIGNED. ALL;
ENTITY UDCNT IS
PORT(
    CP, UD, Rd : IN STD_LOGIC;
          Q    : OUT STD_LOGIC_VECTOR(3 DOWNTO 0)
    );
END UDCNT;
ARCHITECTURE a OF UDCNT IS
    SIGNAL   QN: STD_LOGIC_VECTOR(3 DOWNTO 0);
BEGIN
    PROCESS (CP, Rd)
    BEGIN
    IF (Rd ='0') THEN
    QN <= "0000";
ELSIF (CP'EVENT AND CP ='1') THEN
    IF UD ='1'THEN
          QN <= QN + 1;
          ELSE
          QN <= QN - 1;
          END IF;
    END IF;
    END PROCESS;
    Q <= QN ;
END a;
```

(3) 同步六十进制加法计数器 在数字系统中，常常用 BCD 码来表示十进制数，即用四位二进制码表示一位十进制数，用八位二进制码来表示两位十进制数。如在时间计数电路中，用十二进制、二十四进制和六十进制计数器。同步六十进制加法计数器的电路符号如图 2-5-14 所示。

同步六十进制加法计数器的电路符号如图 2-5-14 所示。CP 是时钟输入端，上升沿有效。Rd 是异步清零控制端，低电平有效。LD0 和 LD1 是两个同步置数控制端，低电平有效。D0 ~ D7 是预置数数据输入端。Q0 ~ Q7 是计数输出端。EN 是计数器状态控制端，当 EN =1 时，计数器工作在计数状态；当 EN =0 时，计数器的状态保持不变。Co 是进位输出端，当计数器输出 00 ~58 时，Co =0；只有当计数器输出 59 时，Co =1。表 2-5-10 是同步六十进制加法计数器功能表。

[**例 2-5-14**] 用 VHDL 语言描述的同步六十进制加法计数器的程序名称是 CNT60. VHD，程序如下：

表 2-5-10　同步六十进制加法计数器功能表

控制端					工作状态
CP	Rd	LD0	LD1	EN	
×	0	×	×	×	异步清零
上升沿	1	0	1	×	Q3 ~ Q0 = D3 ~ D0
	1	1	0	×	Q7 ~ Q4 = D7 ~ D4
	1	1	1	1	计数

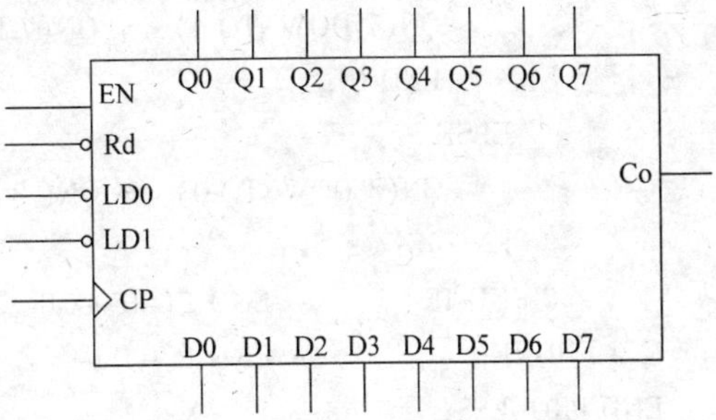

图 2-5-14　同步六十进制加法计数器

```
LIBRARY IEEE;
USE IEEE. STD_LOGIC_1164. ALL;
USE IEEE. STD_LOGIC_ARITH. ALL;
USE IEEE. STD_LOGIC_UNSIGNED. ALL;
ENTITY CNT60 IS
PORT( CP,EN,Rd   :IN STD_LOGIC;
             D   :IN STD_LOGIC_VECTOR(7 DOWNTO 0);
             LD  :IN STD_LOGIC_VECTOR(1 DOWNTO 0);
             Co  :OUT STD_LOGIC;
             Q   :OUT STD_LOGIC_VECTOR(7 DOWNTO 0) );
END CNT60;
ARCHITECTURE STR OF CNT60 IS
SIGNAL QN : STD_LOGIC_VECTOR(7 DOWNTO 0 ) ;
BEGIN
Co <= '1' WHEN (QN = X"59"  AND EN = '1') ELSE
     '0';          --X"59" 是 BCD 码
PROCESS (CP, Rd)
   BEGIN
IF (Rd ='0') THEN
QN <= X"00";
ELSIF (CP'EVENT AND CP = '1') THEN
        IF (LD(0) = '0' AND LD(1) = '0') THEN
        QN  <= D;
        ELSIF (LD(0) ='0') THEN
        QN (3 DOWNTO 0) <= D(3 DOWNTO 0);
        ELSIF (LD(1) ='0') THEN
        QN (7 DOWNTO 4) <= D(7 DOWNTO 4);
        ELSIF (EN = '1') THEN
            IF QN(3 DOWNTO 0 ) =9 THEN
              QN(3 DOWNTO 0) <= "0000";
              IF QN(7 DOWNTO 4) =5 THEN
              QN(7 DOWNTO 4) <= "0000";
              ELSE
```

```
            QN(7 DOWNTO 4) <= QN(7 DOWNTO 4) +1;
            END IF;
        ELSE
            QN(3 DOWNTO 0) <= QN( 3 DOWNTO 0) +1;
        END IF;
      END IF;       -- END ELSIF - CP
    END IF;         -- END IF - Rd
END PROCESS;
Q <= QN;
END STR ;
```

仿真的结果如图 2-5-15 所示。

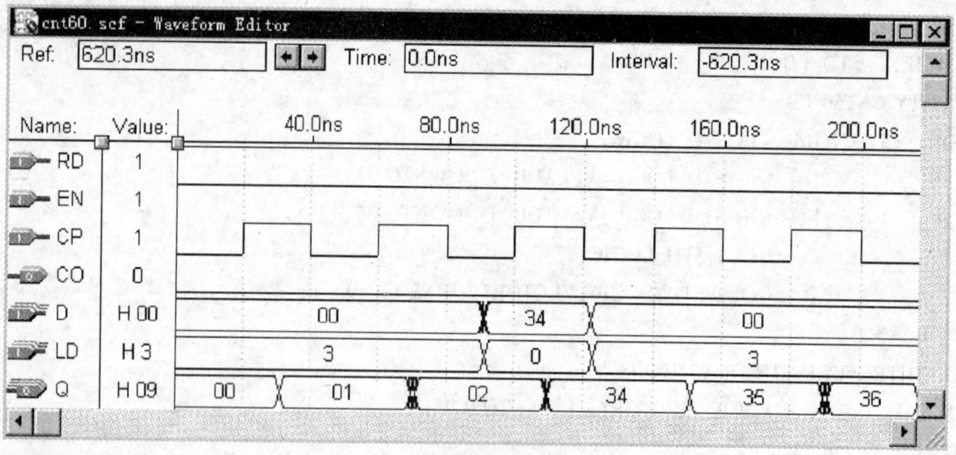

图 2-5-15 同步六十进制加法计数器的仿真波形图

6. 异步计数器

在同步计数器中，所有触发器的状态的变化都是在同一个时钟信号 CP 的作用下同时发生的。而在异步计数器中，各个触发器的时钟信号是各自独立的。因此，各个触发器的状态变化不是同时发生的。异步计数器与同步计数器的不同之处就在于时钟信号提供的方式不同，它也可以组成各种计数器。用 T'触发器组成的异步二进制加法计数器如图 2-5-16 所示，T'触发器是用 D 触发器组成的，Q 和 QB 是 D 触发器的两个输出端，Q 和 QB 状态相反。CP 是计数脉冲的输入端，时钟信号 CP0 与 CP 连接，时钟信号 CP1 与 QB0 连接，Q0 和 Q1 是异步计数器的输出端。

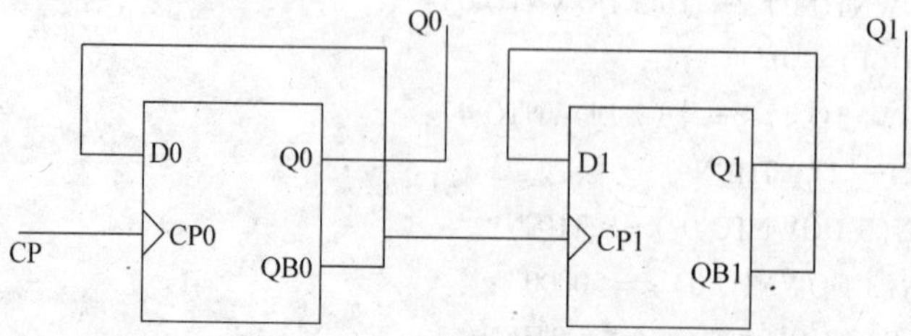

图 2-5-16 异步二进制加法计数器

［例 2-5-15］ 用 VHDL 语言描述的异步计数器的程序名称是 ACNT4. VHD，程序描述

如下：

```
LIBRARY IEEE;
USE IEEE.STD_LOGIC_1164.ALL;
USE IEEE.STD_LOGIC_ARITH.ALL;
USE IEEE.STD_LOGIC_UNSIGNED.ALL;
ENTITY ACNT4 IS
    PORT (
            CP     :IN STD_LOGIC;
            Q0,Q1:OUT STD_LOGIC
            );
END ACNT4;
ARCHITECTURE a OF ACNT4 IS
SIGNAL QN0, QN1   :STD_LOGIC;
SIGNAL QBN0, QBN1   :STD_LOGIC;
    SIGNAL D0, D1   : STD_LOGIC;
BEGIN
    Q0 <= QN0;
    Q1 <= QN1;
    D0 <= QBN0;
    D1 <= QBN1;
    PROCESS (CP,QBN0)
    BEGIN
    IF CP'event AND CP ='1' THEN
            QN0 <= D0;
            QBN0 <= NOT D0;
        END IF;
        IF QBN0'event AND QBN0 ='1' THEN
            QN1 <= D1;
            QBN1 <= NOT D1;
        END IF;
    END PROCESS;
END a;
```

2.5.3 状态机设计

1. 有限状态机（Finite State Machine）

有限状态机是由状态寄存器和组合逻辑电路构成的，能够根据控制信号按照预先设定的状态进行状态间转移，是协调相关信号动作、完成特定操作的控制中心，属于一种同步时序逻辑电路。状态机分为 Moore 型和 Mealy 型。在 Moore 型状态机中，状态机的输出信号只是当前状态的函数，与输入信号无关。Moore 型状态机的内部结构图如图 2-5-17 所示。而在 Mealy 状态机中，状态机的输出信号是当前状态和输入信号的函数，Mealy 型状态机的内部结构图如图 2-5-18 所示。

常用的状态机由三个部分组成，即当前状态寄存器（Current State，CS），下一状态组合

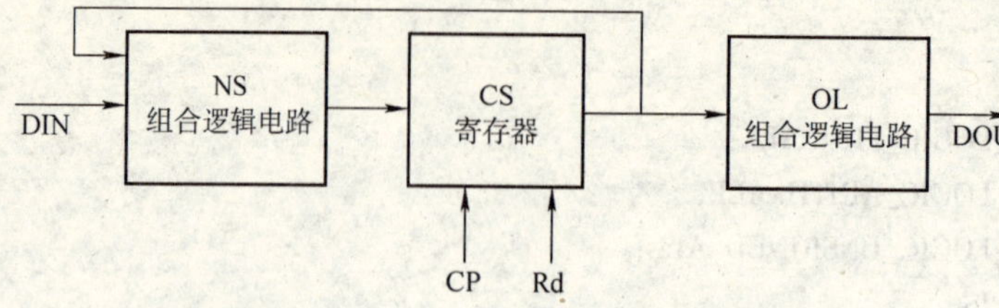

图 2-5-17 Moore 型状态机的内部结构图

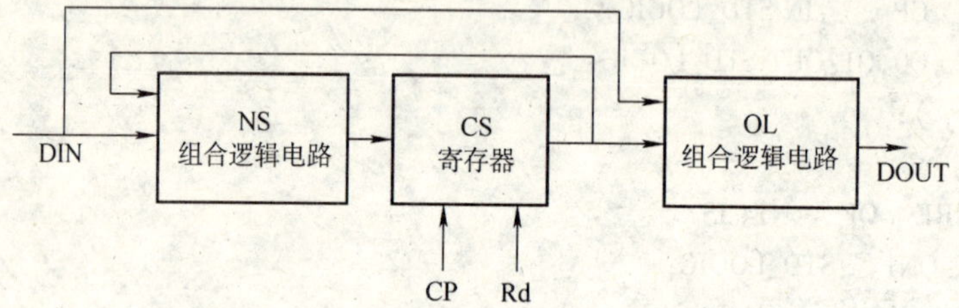

图 2-5-18 Mealy 型状态机的内部结构图

逻辑（Next State，NS）和输出组合逻辑（Output Logic，OL）。

当前状态寄存器的任务是保存当前状态 Current_ state。当前状态的实现是在状态时钟信号 CP 发生有效变化时，通过对状态寄存器进行赋值，其输入信号是 NS 组合逻辑电路的输出信号（Next_ state），输出将作为输出组合逻辑和 NS 组合逻辑电路的输入。Rd 是异步复位端，低电平有效。

NS 组合逻辑电路的作用是根据状态机的输入信号 DIN 和当前状态 Current_ state 确定下一个状态 Next_ state 的取值。

输出组合逻辑电路的任务是确定状态机的对外输出信号 DOUT。在 Moore 型状态机中，输出组合逻辑电路的输入信号是状态机的当前状态，因此，在 CP 发生有效变化时，输出信号变化。而在 Mealy 型状态机中，输出组合逻辑电路的输入信号是状态机的当前状态和状态机的输入信号 DIN。因此，当 CP 发生有效变化和输入信号改变时，输出信号都可能改变。

用 VHDL 描述状态机常用的方法有：三个 PROCESS 语句描述和两个 PROCESS 语句描述。三个 PROCESS 语句描述在带有反馈的状态机部分讨论。用两个 PROCESS 语句描述的方法是把 NS 组合逻辑电路和输出组合逻辑电路在一个 PROCESS 语句中描述，用另一个 PROCESS 语句描述当前状态寄存器。用枚举型数据类型定义一个状态变量数据类型，状态变量的元素用符号表示。

例如：TYPE STATE_ M IS (S0，S1，S2，S3)；

定义 STATE_ M 是一个新的数据类型，名称是“STATE_ M”。定义数据类型的元素是 S0、S1、S2、S3。

［**例 2-5-16**］ 用 VHDL 描述状态机的状态转换图如图 2-5-19 所示。该状态机属于 MOORE 型，状态机有四种状态，分别是 S0、S1、S2、S3。有一个状态输入信号 DIN 和一个状态输出信号 DOUT。程序如下：

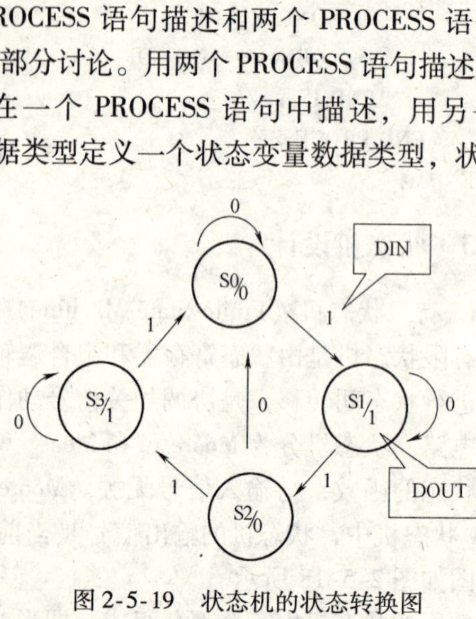

图 2-5-19 状态机的状态转换图

```
LIBRARY IEEE;
USE IEEE. STD_ LOGIC_ 1164. ALL;
USE IEEE. STD_ LOGIC_ ARITH. ALL;
USE IEEE. STD_ LOGIC_ UNSIGNED. ALL;
ENTITY MOORE1 IS
PORT (
    CP, Rd      : IN STD_ LOGIC;        -- CLOCK
    DIN         : IN STD_ LOGIC;        -- Input Signal
      DOUT      : OUT STD_ LOGIC        -- Output Signal
    );
END MOORE1;
ARCHITECTURE a OF MOORE1 IS
    TYPE STATE_ M IS (S0, S1, S2, S3);              --State Type Declare
    SIGNAL State : STATE_ M;                        -- Current State
    SIGNAL NextState : STATE_ M;                    -- Next State
BEGIN
REG1 : PROCESS (Rd, CP)
BEGIN
    IF Rd = '0' THEN
        CurrentState <= S0;
    ELSIF CP'EVENT AND CP = '1' THEN
        CurrentState <= NextState;
    END IF;
END PROCESS REG1;
COM1 : PROCESS (DIN, CurrentState)
BEGIN
    CASE CurrentState IS
        WHEN S0 =>                  --STATE S0
            IF DIN = '0' THEN       --INPUT =0
                NextState <= S0;
            ELSE
                NextState <= S1;
            END IF;
            DOUT <= '0';
        WHEN S1 =>
            IF DIN = '0' THEN
                NextState <= S1;
            ELSE
                NextState <= S2;
            END IF;
            DOUT <= '1';
        WHEN S2 =>
            IF DIN = '0' THEN
```

```
                NextState <= S0;
            ELSE
                NextState <= S3;
            END IF;
                DOUT <= '0';
        WHEN S3 =>
            IF DIN = '1' THEN
                NextState <= S0;
            ELSE
                NextState <= S3;
            END IF;
            DOUT <= '1';
    END CASE;
    END PROCESS COM1;
END a;
```

2. 带有反馈的状态机

图 2-5-20 所示的电路是一个带有反馈的 Mealy 状态机，是由一个寄存器和两个组合逻辑电路组成的。用三个进程语句描述如下：

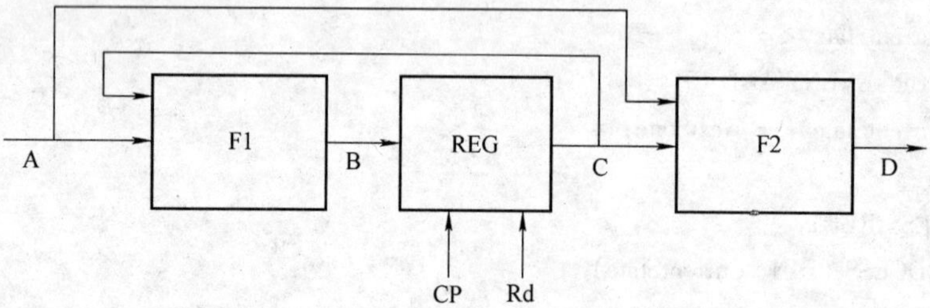

图 2-5-20 带有反馈的 Mealy 状态机

```
ENTITY Mealy IS
PORT (
        CP  :IN STD_LOGIC;
         A  :IN STD_LOGIC;
         D  :OUT STD_LOGIC
);
END Mealy;
ARCHITECTURE a OF Mealy IS
    SIGNAL B   : STD_LOGIC;
    SIGNAL C   : STD_LOGIC;
BEGIN
REG1 : PROCESS (CP)
    BEGIN
    IF CP'EVENT AND CP = '1' THEN
        C <= B;
    END IF;
```

```
    END PROCESS REG1;
TRANS1 : PROCESS (A, C)
    BEGIN
        B <= F1 (A,C);
    END PROCESS;
OUTPUT1 : PROCESS (A, C)
    BEGIN
        D <= F2 (A,C);
    END PROCESS;
END a;
```

该电路包含组合逻辑电路和时序逻辑电路，既有输入信号，也有输出信号，具有一般数字电路的结构特点。因此，对于复杂电路的描述可以参照此例，即把一个复杂电路分成几个功能模块，分别用进程语句加以描述。

第3章 Verilog HDL 硬件描述语言

3.1 Verilog HDL 概述

3.1.1 Verilog HDL 的特点

Verilog HDL 和 VHDL 一样，是目前大规模集成电路设计中最具代表性、使用最广泛的硬件描述语言之一。Verilog HDL 具有如下特点：

1）能够在不同的抽象层次上，如系统级、行为级、RTL（Register Transfer Level）级、门级和开关级，对设计系统进行精确而简练的描述。

2）能够在每个抽象层次的描述上对设计进行仿真验证，及时发现可能存在的设计错误，缩短设计周期，并保证整个设计过程的正确性。

3）由于代码描述与具体工艺实现无关，便于设计标准化，提高设计的可重用性。如果有 C 语言的编程经验，只需很短的时间内就能学会和掌握 Verilog HDL，因此，Verilog HDL 可以作为学习 HDL 设计方法的入门和基础。

3.1.2 Verilog HDL 的基本结构

Verilog HDL 将一个数字系统描述为一组模块（Module），每个模块代表硬件电路中的一个逻辑单元。因此，每个模块都有自己独立的结构和功能，以及用于与其他模块之间相互通信的端口。例如，一个模块可以代表一个简单的门电路，或者一个计数器，甚至是计算机系统。

[例 3-1-1] 用 verilog 语言描述一位加法器。

```
/****************************************************************/
// MODULE: adder
// FILE NAME: adder.v
// VERSION: v1.0
// DATE: May 5th, 2003
// AUTHOR: Peter
// CODE TYPE: RTL
// DESCRIPTION: An adder with two inputs (1 bit), one output (2 bits).
/****************************************************************/
module adder (in1, in2, sum);
  input in1,in2;
  output [1:0] sum;
  wire in1,in2;
  reg [1:0] sum;
  always @ (in1 or in2)
```

```
    begin
        sum = in1 + in2;
    end
endmodule
```

从这个例子中可以看出，一段完整的代码主要由以下几部分组成：

第一部分是代码的注释部分，简要介绍设计的各种基本信息，如代码中加法器的主要功能、设计工程师、完成的日期及版本等。

例 3-1-1 中，一位加法器的 Verilog HDL 文件名称是 adder. v，其中，v 是 Verilog HDL 文件扩展名。模块名称是 adder，有两个输入端口 in1、in2 和一个输出端口 sum。其中，输入信号是一位的，其数据类型声明为线型（wire）；输出信号是两位的寄存器类型（reg）。这些信息都可以在注释中注明。这一部分内容为可选项，建议在设计中采用，以提高代码的可维护性。

第二部分是模块定义行，定义模块名称和模块的输入/输出端口列表（对应集成电路的引脚）。模块定义的格式是：

module 模块名称（端口 1，端口 2，…，端口 N）；

模块名称必须与文件名称相同，模块的端口列表必须全部列出放在括号内。例 3-1-1 中，adder 是模块名，in1、in2 是模块的输入端口，sum 是模块的输出端口。

第三部分是模块的端口状态、端口位宽和数据类型的说明部分，说明端口是输入端口（input）、输出端口（output）还是双向端口（inout），同时定义端口的数据类型是线型（wire）还是寄存器型（reg），以及其他参数的定义等等。其定义格式如下：

input 端口 1，端口 2，端口 3；

output 端口 4，端口 5，端口 6；

inout 端口 7，端口 8，端口 9；

例 3-1-1 中，in1 和 in2 输入端口被定义为 wire 型，sum［1：0］输出端口被定义为 reg 型。模块中没有说明的变量，默认为 wire 型，有关 wire 型和 reg 型变量的内容将在后面章节作详细介绍。

这些定义和描述可以出现在模块中的任何位置，但是变量、寄存器、线网和参数的使用必须出现在相应的描述说明部分之后。为了使模块描述清晰和具有良好的可读性，建议将所有的说明部分放在设计描述之前。

第四部分是描述的主体部分，对设计的模块进行逻辑功能描述，实现设计要求。例 3-1-1中，模块由“always 语句”和“begin - end 串行块”构成，它一直监测输入信号，其中任意一个发生变化时，两个输入的值相加，并将结果赋值给输出信号。

第五部分是结束行，就是用关键词 endmodule 表示模块的结束。模块中除了结束行以外，所有语句都需要以分号结束。

3.2 Verilog HDL 语言要素

3.2.1 基本语法定义

Verilog HDL 源代码是由大量的基本语法元素构成，其中包括空白部分（White space）、注释（Comment）、运算符（Operator）、数值（Number）、字符串（String）、标识符（Identifier）和关键字（Keyword）。

1. 空白部分（White space）

空白符包括空格、TAB 键、换行符以及换页符等。

Verilog HDL 的语句书写自由，在多行完成的语句可以写到一行上，甚至于在一行内完成一个模块的描述也是可能的。从软件工程角度看，为提高可读性，力求代码错落有致。

2. 注释（Comment）

在代码中添加注释行可以提高代码的可读性和可维护性。Verilog HDL 中注释行的定义与 C 语言完全一致，分为两类：

第一类是单行注释，以"//"开始到本行行末结束，不允许续行。

第二类是多行注释，以"/*"开始，以"*/"结束。可以跨越多行，但是中间不允许嵌套。

3. 标识符（Identifier）

Verilog HDL 标识符与 C 语言等一样。一般说来，Verilog HDL 中的标识符有普通标识符和转义标识符。

普通标识符的命名规则是：

1）必须由字母（a ~ z，A ~ Z）或者下划线开头，字母区分大小写。

2）后续部分可以是字母、数字、下划线或$。

3）总长度要小于 1024 个字符的长度。

合法的普通标识符举例如下：

```
sdfj_kiu        // 允许在标识符内部包含下划线
_sdfji          // 允许以下划线开头
```

转义标识符指以反斜杠"\"开头，以空白符结尾的任意字符串序列。空白符可以是一个空格、一个 Tab 键、一个制表符或者一个换行符等。转义标识符本身没有意义。

例如：

```
\n    \t    \\    \"
\sfji       //  与"sfji"等价
\23kie      //  可以以任意可打印的字符开头
```

标识符的第一个字符不能是"$"，因为在 Verilog HDL 中，"$"专门用来代表系统命令（如系统任务和系统函数）。

4. 关键词（Keyword）

与其他计算机语言一样，Verilog HDL 有自己的关键字。Veriog HDL 中的关键词是使用小写字母定义的，用户命名时避免使用。Veriog HDL 中的关键词如表 3-2-1 所示。

表 3-2-1 Veriog HDL 中的关键词

always	and	assign	automatic	begin	buf
bufif0	bufif1	case	casex	casez	cell
cmos	config	deassign	default	defparam	design
disable	edge	else	end	endcase	endconfig
endfunction	endgenerate	endmodule	endprimitive	endspecify	endtable

（续）

endtask	event	for	force	forever	fork
function	generate	genvar	highz0	highz1	if
ifnone	incdir	include	initial	inout	input
instance	integer	join	large	liblist	library
localparam	macromodule	medium	module	nand	negedge
nmos	nor	noshowcancelled	not	notif0	notif1
or	output	parameter	pmos	posedge	primitive
pull0	pull1	pulldown	pullup	pulsestyle_ onevent	pulsestyle_ ondetect
rcmos	real	realtime	reg	release	repeat
rnmos	rpmos	rtran	rtranif0	rtranif1	scalared
showcancelled	signed	small	specify	specparam	strong0
strong1	supply0	supply1	table	task	time
tran	tranif0	tranif1	tri	tri0	tri1
triand	trior	trireg	unsigned	use	vectored
wait	wand	weak0	weak1	while	wire
wor	xnor	xor			

3.2.2 数据类型

Verilog HDL 的数据类型（Data types）分为常量和变量，在程序运行过程中常量的值是保持不变的，Verilog HDL 有整型、实型和字符型三种常量。Verilog HDL 的变量分为线型和寄存器型两种，两者在驱动方式、保持方式和对应的硬件实现都不相同。这两种变量在定义时要设置位宽，默认为一位。

本节主要介绍几种常用的数据类型：常量、参数常量、线型变量和寄存器型变量，以及存储器的定义方式。其他数据类型可以参考 Verilog HDL 语法手册。

1. 数值（Number）

Verilog HDL 的数值集合由表 3-2-2 所示四个基本的值组成。

表 3-2-2 Verilog HDL 的数值

0	逻辑 0、逻辑假、低电平
1	逻辑 1、逻辑真、高电平
x 或 X	不确定态
z 或 Z	高阻态

X：代表一个未被预置初始状态的变量或是由于两个或更多个驱动装置试图将之设定为不同的值而引起的冲突型线型变量。

Z：代表高阻状态或浮空量。也可以用？表示 Z。

2. 常量（Constants）

Verilog HDL 中有三类数值常量：

整数：8 ’h2a

实数：3.5，2.4e6

字符串：“hellow”

（1）整数（Integers） Verilog HDL 的整数可以是十进制、十六进制、八进制或二进制。

整数定义的格式为：

<位宽>’<基数><数值>

位宽:指所要表示的整数用二进制展开时所需要的二进制位的位数。

基数:用 b(B)、o(O)、d(D)、h(H)分别表示二进制、八进制、十进制和十六进制。基数默认为十进制数。位宽与基数之间用单引号“’”分隔。例如 8 ’b1100_0001，8’h3F 等。

数值:是由基数所决定的。

如果基数定义为 b 或 B,数值可以是 0、1、x(X)、z(Z)。对于基数是 d 或 D 的情况,数值可以是从 0 到 9 的任何十进制数,但不可以是 X 或 Z。举例如下：

```
15          （十进制 15）
'h15        （十进制 21,十六进制 15）
5'b10011    （十进制 19,二进制 10011）
12'h01F     （十进制 31,十六进制 01F）
'b01x       （无十进制值,二进制 01x）
```

需要注意如下内容：

1）数值常量中的下划线“_”是为了增加可读性，可以忽略，如“8’b1100_0001”是 8 位二进制数。

2）数值常量中的“?”表示高阻状态，如“2’B1?”表示两位二进制数，其中的一位是高阻状态。

（2）实数（Reals） Verilog HDL 中实数用双精度浮点型数据来描述。实数既可以用小数（如 12.79）也可以用科学计数法的方式（如 23E7，表示 23 乘以 10 的 7 次方）来表达。带小数点的实数在小数点两侧都必须至少有一位数字。例如：

```
0.5
128.78329
1.7e8(指数符号可以是 e 或 E)
123.3232_234_32(下划线忽略)
```

下面的几个例子是无效的格式：

```
.25
3.
3.E3
.8e-1
```

实数可以根据四舍五入的原则转化为整数，将实数赋值给一个整数时，这种转化会自行发生。例如，在转化成整数时，实数 25.5 和 25.8 都变成 26，而 25.2 则变成 25。

（3）字符串（Strings） 在 Verilog HDL 中引入字符串的主要目的是配合仿真工具，显示一些按照指定格式输出的相关信息。字符串必须写在双引号内。字符串不能分成多行书写。

在表达式和赋值语句中，若用字符串作为操作数，其数据类型转换成无符号整型常量，取值对应字符的 ASCII 码（一个字符用 8 位二进制数表示）。例如：

字符串“ab”等价于16’h6162。

“yes”等价于24’h796573。

如果输出特定格式特殊字符，需要一些特殊字符配合。特殊字符如表3-2-3所示。

表3-2-3 特殊字符

特殊字符	含义
\ n	换行
\ t	Tab 键
\ \	反斜杠 \
\ ”	引号”
\ 101	用八进制数（101）表示 ASCII 码（41H）
%%	%

［例3-2-1］ 字符串。

```
module string_test;
reg [8*14:1] stringvar;
initial
begin
stringvar = "Hello world";
$display("%s is stored as %h", stringvar,stringvar);
stringvar = {stringvar,"!!!"};
$display("%s is stored as %h", stringvar,stringvar);
end
endmodule
```

输出结果是：

```
Hello world is stored as 00000048656c6c6f20776f726c64
Hello world!!! is stored as 48656c6c6f20776f726c64212121
```

在 Verilog HDL 中，字符串赋值过程中，如果字符串的位数超出字符串变量的位数，截掉字符串的高位部分，低位对齐；反之，如果字符串的位数少于字符串变量的位数，高位部分用0补齐。例3-2-1中，stringvar 的位宽是8×14位，即112位，而“Hello world”是8×11位，所以，输出结果的第一行出现三个空格；同理，输出数据的前六位用0代替。

3. 参数（Parameters）

参数是常量的一种，经常用来定义延时、线宽、寄存器位数等物理量，可以增加代码的可读性和可维护性。

参数定义的格式为：

parameter 参数名1=表达式1,参数名2=表达式2,参数名3=表达式3,…;

［例3-2-2］ 参数定义。

```
// Parameter example
module example_for_parameters (reg_a, bus_addr,…);
    parameter msb =7, lsb =0, delay =10, bus_width =32;
    reg [msb:lsb]      reg_a;
```

```
    reg [bus_width_1:0] bus_addr;
    and #delay (out,and1, and2);
    ...
endmodule
```

说明:

例 3-2-2 中用文字参数 delay 代替延时常数 10，用 bus_ width 代替总线宽度常数 32，用 msb 和 lsb 分别代替最高有效位 7 和最低有效位 0，增加了代码的可读性，并方便修改设计；可以在一条语句中定义多个参数，中间用逗号隔开。

对于含有参数的模块通常称为参数化模块。参数化模块的设计，体现出可重用设计的思想，在仿真中也有很大的作用。

4. 线型变量（Nets）

线型变量通常表示硬件电路中元器件间的物理连接。它的值由驱动元件的值决定，并具有实时更新性。

变量的每一位可以是 0、1、x 或 z，其中 x 代表一个未被预置初始状态的变量，或是由于两个或更多个驱动装置试图将之设定为不同的值而引起的冲突型变量；z 代表高阻状态或悬空状态。

Verilog HDL 提供了多种线型变量，与电路中各种类型的连线相对应，具体如表 3-2-4 所示。线型变量不具备电荷保持作用（trireg 型除外），因此没有存储数据的能力，其逻辑值由驱动源提供和保持。各种线型变量在没有驱动源的情况下呈现高阻态（trireg 保持在不定态）。

表 3-2-4　常用线型变量及说明

线型变量	功能说明
wire，tri	标准连线
wor，trior	多重驱动时，具有线或特性的连线
wand，triand	多重驱动时，具有线与特性的连线
tri1，tri0	上拉电阻、下拉电阻
supply1，supply0	电源线、地线
trireg	具有电荷保持特性的连线

wire 型变量是常用的线型变量，线型变量定义的格式为：

```
wire in1, in2;
wire [7:0] local_bus;
```

第一种格式中将 in1、in2 定义为 1 位宽的线型变量，第二种格式中将 local_ bus 定义为 8 位宽的线型变量。线型变量主要通过 assign 语句赋值，3.3 节中将进一步讲述其赋值方式。

5. 寄存器型变量（Registers）

寄存器型变量表示一个数据存储单元，它并不特指寄存器，而是所有具有存储能力的硬件电路的通称，如触发器、锁存器等。

寄存器型变量还包括测试文件中的激励信号。虽然这些激励信号并不是电路元件，仅是虚拟驱动源，但由于有保持数值的特性，仍然属于寄存器变量。

寄存器型变量只能在 always 语句和 initial 语句中被赋值，并且在下一次赋值前保持原值不变。寄存器型变量的默认值是不定值 x。

寄存器型变量与线型变量的显著区别是寄存器型数据在接受下一次赋值之前，始终保持原值不变，而线型变量需要有持续的驱动。

寄存器型变量的主要分类如表 3-2-5 所示，其中，integer、real 和 time 主要用于纯数学的抽象描述，不对应任何具体的硬件电路。

表 3-2-5　常用寄存器型变量及说明

寄存器型变量	功能说明
reg	常用的寄存器型变量
integer	32 位带符号整数型变量
real	64 位带符号实数型变量
time	无符号时间变量

reg 型变量是常用的寄存器型变量。寄存器型变量的定义方式为：

```
reg in3, in4;
reg [7:0] local_bus;      //local_bus 为 8 位宽的寄存器型变量
```

第一种格式中将 in3、in4 定义为 1 位宽的寄存器型变量，第二种格式中将 local_ bus 定义为 8 位宽的寄存器型变量。寄存器型变量主要通过过程赋值语句赋值，3.3 节中将进一步讲述其赋值方式。

6. 存储器（Memories）

在数字系统设计中，经常有存储指令或存储数据等操作，因此，需要掌握对存储器的定义和描述方式。

存储器定义的格式为：

```
    reg [wordsize -1:0] memory_name[memsize -1:0];
```

例如：

```
parameter wordsize =16, memsize =1024;
    reg [wordsize -1:0] mem_ram [memsize -1:0];
```

定义了一个由 1024 个 16 位寄存器构成的存储器，即存储器的字长为 16 位，容量为 1K。

3.2.3　运算符

Verilog HDL 语言参考了 C 语言中大多数运算符（Operators）的语义和句法，两者的运算符也十分类似。在 Verilog HDL 语言中，按运算符所带操作数的个数运算符可分为三种：

1）单目运算符（Unary operator）：可以带一个操作数，操作数放在运算符的右边；

2）双目运算符（Binary operator）：可以带两个操作数，操作数放在运算符的两边；

3）三目运算符（Ternary operator）：可以带三个操作数，这三个操作数用三目运算符。

其中，单目运算符包括按位取反运算符（~）、逻辑非（!）以及全部缩位运算符（&，~&，|，~|，^，^~或~^），三目运算符只有条件运算符一个（?:），其余的均为双目运算符。

例如：

```
clock = ~clock;      // ~是一个单目取反运算符,clock 是操作数。
c = a|b ;            // |是一个双目按位或运算符,a 和 b 是操作数。
r = s ? t:u ;        // ? : 是一个三目条件运算符,s、t、u 是三个操作数
```

Verilog HDL 中运算符可以分为以下九类，如表 3-2-6 所示。

表 3-2-6 Verilog HDL 的运算符

运算符分类	所含运算符
1 算术运算符	+, -, *, /, %
2 逻辑运算符	!, &&, ||
3 位运算符	~, &, |, ^, ^~或~^
4 缩位运算符	&, ~&, |, ~|, ^, ^~/或~^
5 关系运算符	<, >, <=, >=
6 相等与全等运算符	==, !=, ===, !==
7 逻辑移位运算符	<<, >>
8 连接运算符	{ } 例 {exp1, exp2, …, expN}
9 条件运算符	? : 例 cond_ exp ? exp1 : exp2

Verilog HDL 也规定了运算符的优先级，如表 3-2-7 所示。

当不同优先级的运算符出现在同一个表达式时，需要遵从优先级的顺序，因此，可以通过添加括号的方式，使运算次序清晰，提高代码的可读性。

表 3-2-7 运算符的优先级顺序表

运算符		优先级
+ -	正、负	
! ~	单目	
& ~& ^ ~^ | ~|	缩位运算符	最高
* / % + -	算术运算符	↓
<< >>	逻辑移位运算符	↓
< <= > >=	关系运算符	↓
== != === !==	相等与全等运算符	↓
& ^ ~^ |	位运算符	最低
&& ||	逻辑运算符	
? :	条件运算符	

1. 算术运算符（Arithmetic operators）

在 Verilog HDL 语言中，算术运算符又称为二进制运算符，共有下面几种；

1） +加法运算符，或正值运算符，如 rea + reb，+3；

2） -减法运算符，或负值运算符，如 rea - 3，-3；

3） *乘法运算符，如 rea * 3；

4）/除法运算符，如 5/3；

5）% 模运算符，又称为求余，要求% 两边均为整型数据，如 7%3 的值为 1，

2. 逻辑（整体）运算符（Logical operators）

在 Verilog 语言中有三种逻辑运算符：

1）&&　　逻辑与

2）‖　　逻辑或

3）！　　逻辑非

&& 和 ‖ 是双目运算符，要求有两个操作数，例如：

```
a && b      //表示 a 和 b 相与
b || c      // 表示 a 和 b 相或
```

！是单目运算符只有一个操作数，例如：

```
! a         // 表示 a 的非
```

在逻辑运算符的运算中，若操作数是一位的，逻辑运算的真值表如表 3-2-8 所示，它表示当 a 和 b 的值为不同的组合时各种逻辑运算所得到的结果。

表 3-2-8　逻辑（整体）运算真值表

a	b	! a	! b	a&&b	a ‖ b
0	0	1	1	0	0
0	1	1	0	0	1
1	0	0	1	0	1
1	1	0	0	1	1

在逻辑运算符的运算中，若操作数是不止一位的话，则应将操作数作为一个整体来对待，即如果操作数的各位全是 0，则相当于逻辑 0，但只要某一位是 1，则操作数整体看作逻辑 1。逻辑运算符的运算结果是一位的。例如：

a 的数值是 4'b0010；

b 的数值是 4'b0000；

则! a = 0，! b = 1，a&&b = 0，a | | b = 1

3. 位逻辑运算符（Bit – wise operators）

在电路中信号进行与、或、非运算时，反映在 Verilog HDL 中则是相应的操作数的位运算。Verilog HDL 有五种位逻辑运算符：

1）~　按位取反（非运算）

2）&　按位与

3）|　按位或

4）^　按位异或

5）^~ 或 ~^　按位同或（异或非）

逻辑运算符说明：位运算符中除了 ~ 是单目运算符以外，均为双目运算符，即要求运算符两侧各有一个操作数。位运算符对两个操作数按位依次进行逻辑运算。

（1）按位非运算（~）　~ 是一个单目运算符，对一个操作数进行按位取反运算。其真值表如表 3-2-9 所示。

表 3-2-9 按位非运算（~）真值表

~	结果
1	0
0	1
x	x

例如：

```
ra = 4'b1010;      // ra 的初值为 4'b1010
rb = ~ra;          // rb = 4'b0101
```

（2）按位与运算符（&） 按位与运算就是将两个操作数的相应位进行与运算。其真值表如表 3-2-10 所示。

表 3-2-10 按位与运算符（&）真值表

&	0	1	x
0	0	0	0
1	0	1	x
x	0	x	x

（3）按位或运算符（|） 按位或运算就是将两个操作数的相应位进行或运算。其真值表如表 3-2-11 所示。

表 3-2-11 按位或运算符（|）真值表

|	0	1	x
0	0	1	x
1	1	1	1
x	x	1	x

（4）按位异或运算符（^） 按位异或运算就是将两个操作数的相应位进行异或运算。其真值表如表 3-2-12 所示。

表 3-2-12 按位异或运算符（^）真值表

^	0	1	x
0	0	1	x
1	1	0	x
x	x	x	x

（5）按位同或运算符（^~） 按位同或（异或非）运算就是将两个操作数的相应位进行同或运算。其真值表如表 3-2-13 所示。

表 3-2-13 按位同或运算符（^~）真值表

^~	0	1	x
0	1	0	x
1	0	1	x
x	x	x	x

两个长度不同的数据进行位运算时，系统会自动地将两者按右端对齐。位数少的操作数会在相应的高位用0填满，以使两个操作数按位进行操作。

4. 缩位运算符（Reduction operators）

1）&　　　与

2）~&　　　与非

3）|　　　或

4）~|　　　或非

5）^　　　异或

6）^~或~^　同或

缩位运算符是单目运算符，对单个操作数的各位进行与、或、非等操作。操作符放在操作数的前面，运算的结果是一位逻辑值。

缩位运算的具体运算过程是这样的：第一步先将操作数的第一位与第二位进行逻辑运算，第二步将运算结果与第三位进行逻辑运算，依次类推，直至最后一位。

例如，&a 等效于((a[0]&a[1])&a[2])&a[3]。

若 a=5'b10011，b=4'b1111，则有：

&a 的数值等于0；

&b 的数值等于1。

5. 关系运算符（Relational operators）

关系运算符有以下四种：

1）>　　大于

2）>=　　大于等于

3）<　　小于

4）<=　　小于等于

其中“<=”操作符也用于表示信号过程赋值语句。

在进行关系运算时，如果操作数之间的关系成立，返回值为1；反之关系不成立，则返回值为0。若某一个操作数的值不定，则关系是模糊的，返回值是不定值x。

6. 等式运算符（Equality operators）

等式运算符有四种：

1）==　　　相等

2）!=　　　不相等

3）===　　　全等

4）!==　　　不全等

等式运算符是双目远算符，得到的结果是一位逻辑值。

这四个运算符的比较是按位进行的，不同之处在于不定态或高阻态的运算。在相等运算中，如果任何一个操作数中存在x或z，结果为x；不含x和z时，与普通比较相同。而在全等运算中，将含有x和z的位也进行比较，两个操作数必须完全一致，其结果为1，否则，结果为0。相等与全等运算符如表3-2-14所示。

表 3-2-14 相等与全等运算符

a = = = b	按位比较，含 x 或 z 的位参与比较，a 与 b 完全相等，结果为 1
a! = = b	按位比较，含 x 或 z 的位参与比较，a 与 b 不相等，结果为 1
a = = b	a 和 b 中含有 x 或 z，结果是 x； a 和 b 中不含 x 和 z，完全相等，结果为 1
a! = b	a 和 b 中含有 x 或 z，结果是 x； a 和 b 中不含 x 和 z，不相等，结果为 1

例如：dataa = 4' 10x1；
datab = 4' 10x1；
datac = 4' 1010；
datad = 4' 1010；
则 dataa = = datab 结果为 x；
dataa = = = datab 结果为 1；
datac = = datad 结果为 1；
datac = = = datad 结果为 1；

7. 逻辑移位运算符（Shift operators）

1） << 左移
2） >> 右移

移位运算符是完成数据的左移和右移功能，移出的空位用 0 填补。其用法为：

a >> n ；//a 右移 n 位
b << n ；//a 左移 n 位

例如：

```
a = 4'b1101;
b = 4'b0110;
a >> 1 则 a=4'b0110
b << 2 则 b=4'b1000
```

8. 位连接运算符（Concatenations）

位连接运算符是将两个或多个信号的某些位拼接起来。

符号：{ }

格式：**{exp1，exp2，…，expN}**

{a [1：0],b[3:2]}　　等于{a[1],a[0], b[3], b[2]}

9. 条件运算符（Conditional operator）

符号：? ：

条件运算符是唯一的一个三目运算符。

格式：**cond_ expr ? expr1 ：expr2**

<条件表达式>？ <条件为真时的表达式>： <条件为假时的表达式>

如对于二选一的 MUX 可以采用如下描述：

```
out1 = select ? input1 : input2;
```

即 select = 1 时，输出为 input1，否则为 input2。

3.2.4 Verilog HDL 编译向导

Verilog HDL 中编译向导的功能和 C 语言中编译预处理的功能非常接近，在编译时首先对这些编译向导进行“预处理”，然后保持其结果，将其与源代码一起进行编译。

编译向导的标志是在某些标识符前添加撇号“`”，且结束时没有分号。在 Verilog HDL 中，完整的编译向导集合如下：

```
`define               `timescale           `include
`celldefine           `default_nettype     `else
`endcelldefine        `endif               `ifdef
`undef                `resetall
`nounconnected_drive  `unconnected_drive
```

本书主要介绍常用的编译向导，其他编译向导的使用可以参考 Verilog HDL 语法手册。

1. 宏定义`define

宏定义`define 的作用是用于文本定义，和 C 语言的#define 类似，即在编译时通知编译器，用宏定义中的文本直接替换代码中出现的宏名。

宏定义的格式为：

`define <宏名> <宏定义的文本内容>

宏定义语句可以用于模块的任意位置，通常写在模块的外面，有效范围是从宏定义开始到源代码描述结束。此外，建议采用大写字母表示宏名，以便于与变量名相区别。每条宏定义语句只可以定义一个宏替换，且结束时没有分号；否则，分号也将作为宏定义内容。在调用宏定义时，也需要用撇号“`”作开头，后面跟随宏定义的宏名。

通过下面的示例可知，采用宏定义能够提高代码的可读性和可移植性。

```
`define WORDSIZE 8
reg [ 1 : `WORDSIZE ] data;
//define sum
`define sum ina + inb + inc
    …
assign out = `sum + ind
```

parameter 也能进行文本替换，但是二者的不同之处在于，parameter 只能对常数进行参数定义；而`define 则能够对任意内容进行替换。使用宏替换的作用是仅仅局限在替换能够提高程序的可读性上。

2. 仿真时间尺度`timescale

仿真时间尺度定义仿真器的时间单位和时间精度。

在仿真时间尺度中，时间单位用来定义模块内部仿真时间和延迟时间的基准单位；时间精度用来声明该模块仿真时间的精确程度。

格式为：

`timescale <时间单位> / <时间精度>

时间单位和时间精度都是由整数和计时单位组成的。合法的整数有 1、10、100；合法的计时单位为 s、ms（10^{-3}s）、μs（10^{-6}s）、ns（10^{-9}s）、ps（10^{-12}s）和 fs（10^{-15}s）。

例如：`timescale 1 ns/100 ps

指以 1ns 作为仿真的时间单位，以 100ps 的计算精度对仿真过程中涉及到的延时量进行计算。

时间精度和时间单位的差别最好不要太大。因为在仿真过程中，仿真时间是以时间精度累计的，两者差异越大，仿真花费的时间就越长。另外，时间精度值至少要和时间单位一样精确，时间精度值不能大于时间单位值。如果一个设计中存在多个`timescale，则采用最小的时间单位。

几种常用延时模型的表示方法：

（1）门延时

```
and #10 gatea(out,a1,b1);
// 门延时是指从门的输入端发生变化到输出发生变化的延迟时间
```

（2）assign 赋值延时

```
assign # 10 y = c|d;
//等号右端变量发生变化到等号左端发生相应变化的延迟时间
```

（3）寄存器变量的仿真延时

```
initial
begin
    #10  y = 0; // 从仿真开始 在10ns 时刻执行该语句
    #20  y = 1; // 从仿真开始 在30ns 时刻执行该语句
    …
end
```

3. 文件包含`include

编译向导中，文件包含`include 的作用是在文件编译过程中，将语句中指定的源代码全部包含到另外一个文件中。格式如下：

`include "文件名"

例如：`include "global. v"

`include "c: /library/mux. v"

其中，文件名中可以指定包含文件的路径，既可以是相对路径名，也可以是完整的路径名。每条文件包含语句只能够用于一个文件的包含，但是，包含文件允许嵌套包含，即包含的文件中允许再去包含另外一个文件。

［**例 3-2-3**］ 文件包含`include 的应用。

```
`include "adder. v"
module adder16(cout,sum,a,b,cin);
output cout;
parameter my_size = 16;
output [my_size -1:0] sum;
input [my_size -1:0] a,b;
input cin;
adder my_adder(cout,sum,a,b,cin);
endmodule
```

```
module adder(cout,sum,a,b,cin);
parameter size = 16;
output cout;
output[size - 1:0] sum;
input cin;
input[size - 1:0] a,b;
assign {cout,sum} = a + b + cin;
endmodule
```

3.2.5 系统任务与系统函数

前面介绍标识符时提到，标识符的第一个字符不能是“$”，因为在 Verilog HDL 中，“$”专门用来代表系统命令（如系统任务和系统函数），下面主要介绍在设计和仿真过程中常用的系统任务与系统函数功能。

1. 系统任务$ display 与$ write

系统任务$ display 与$ write 属显示类系统任务（Display system tasks），主要用于仿真过程中，将一些基本信息或仿真的结果按照需要的格式输出。

$ display 和$ write 调用的格式为：

$ display（“格式控制字符串”，输出变量名表项）；

$ write （“格式控制字符串”，输出变量名表项）；

［例 3-2-4］ 系统任务调用。

```
module disp;
reg [31:0] rval;
initial
  begin
     rval = 101;
     $ display("rval = %h hex %d decimal",rval,rval);
     $ display("rval = %o octal\nrval = %b bin",rval,rval);     // line 7
     $ display("rval has %c ascii character value",rval);
     $ display("current scope is %m");
     $ display("%s is ascii value for 101\n",101);
     $ write("rval = %h hex %d decimal",rval,rval);
     $ write("rval = %o octal\nrval = %b bin",rval,rval);
     $ write("rval has %c ascii character value\n",rval);
     $ write("current scope is %m");
     $ write("%s is ascii value for 101\n",101);
  end
endmodule
```

显示结果为：

```
rval = 00000065 hex     101 decimal
rval = 00000000145 octal
rval = 00000000000000000000000001100101 bin
```

```
rval has e ascii character value
current scope is disp
e is ascii value for 101
rval = 00000065 hex      101 decimalrval = 00000000145 octal
rval = 00000000000000000000000001100101 binrval has e ascii character value
current scope is disp e is ascii value for 101
```

通过对例3-2-4中两组显示结果的分析，可以了解到这两种系统任务唯一的区别是：$display在输出结束后会自动换行，而$write则只有在加入相应的换行符“\n”时才会产生换行。

调用系统任务$display和$write时，需要注意：

1）格式控制字符串的内容包括两部分：一部分为与输出变量在输出时需要一并显示的普通字符，如例3-2-4第7行中的“rval =”；另一部分为对输出的格式进行格式控制的格式说明符，如第7行中的“%o”、“\n”。“\n”主要用于换行，“%o”是格式说明符，格式说明符以“%”开头，后面是控制字符，将输出的数据转换成指定的格式输出，具体如表3-2-15所示。

2）输出变量名表项指要输出的变量名。如果有多个变量需要输出，各个变量名之间可以用逗号隔开。

3）在输出变量表项缺省时，将直接输出引号中的字符串。这些字符串不仅可以是普通的字符串，而且可以是字符串变量。

表3-2-15　格式说明符定义

格式说明符	输出格式
%h或%H	以十六进制数的形式输出
%d或%D	以十进制数的形式输出
%o或%O	以八进制数的形式输出
%b或%B	以二进制数的形式输出
%c或%C	以ASCII码字符的形式输出
%s或%S	以字符串的形式输出
%v或%V	输出线型数据的驱动强度
%m或%M	输出模块的名称

2. 系统任务$ monitor

系统任务$ monitor也属于显示类系统任务，同样用于仿真过程中，基本信息或仿真的结果的输出。

$ monitor调用的格式为：

$ **monitor（“格式控制字符串”，输出变量名表项）；**

$ monitor具有监控功能，当系统任务被调用后，就相当于启动了一个后台进程，随时对敏感变量进行监控，如果发现其中的任意一个变量发生变化，整个参数列表中变量或表达式的值都将输出显示。

3. 系统任务$ readmem

系统任务$ readmem属文本读写类系统任务（File input - output system tasks），用于从文

本文件中读取数据到存储器中。$ readmem 可以在仿真的任何时刻被执行。

系统任务调用的格式为：

$ readmemb("<数据文件名称>",<存储器名称>);

$ readmemb("<数据文件名称>",<存储器名称>,<起始地址>);

$ readmemb("<数据文件名称>",<存储器名称>,<起始地址>,<结束地址>);

$ readmemh("<数据文件名称>",<存储器名称>);

$ readmemh("<数据文件名称>",<存储器名称>,<起始地址>);

$ readmemh("<数据文件名称>",<存储器名称>,<起始地址>,<结束地址>);

系统任务$ readmem 中，被读取的数据文件内容只能够包含空白符、注释行、二进制或十六进制的数字，同样也可以存在不定态 x、高阻态 z 和下划线_ 。其中，数字不能够包含位宽和格式说明。调用$ readmemb 时，每个数字必须是二进制，$ readmemh 中必须是十六进制数字。

此外，数据文件中地址（在本节专指存储器中的地址指针）的表示格式为："@"后面加上十六进制数字。同一个数据文件中可以出现多个地址。当系统任务遇到一个地址时，立刻将该地址后面的数据存放到存储器中相应的地址单元中。

[例3-2-5] 8 位 MCU 测试代码以及数据文件的部分内容。

```
// RAM 的定义
    reg     [7:0]  ram[0:65535];                  // RAM
    wire    [7:0]  data_in;                       // 输入数据
    reg     [7:0]  data_out;                      // 输出数据
    // 输出数据的设计
    always @ (posedge CLK)
    begin
        if (RW)  data_out = #4 ram[ADDRESS];      // 输出的数据
        else     data_out = #4 8'hzz;
end
// 输入数据的设计
always @ (negedge CLK)
begin
    if( ~RW) #4 ram[ADDRESS] = data_in;
end
// 测试矢量库的调入
initial
begin
 $ readmemh("c:/SimFile/00_test_all. txt",ram);
// $ readmemh("c:/SimFile/01_test_lda. txt",ram);
// $ readmemh("c:/SimFile/02_test_ldxldy. txt",ram);
…
end
```

数据文件"c:/SimFile/00_ test_ all. txt"的内容为：

```
@0000
23
```

```
23
23
45
65
67
…
@ fff0
23
34
54
67
```

此例中调用的系统任务是$ readmemh，因此数据文件中采用十六进制数据。此外，RAM的存放过程是按照定义中指定的顺序变化的，即从 0 开始到 65535 结束。

4. 系统任务$ stop 与$ finish

$ stop 与$ finish 属仿真控制类系统任务（Simulation control system tasks），主要用于仿真过程中对仿真器的控制作用。

$ stop 具有暂停功能，这时，设计人员可以输入相应的命令，实现人机对话。通常执行完$ stop 后，会出现系统提示，如“Break at time. v line 13”。

$ finish 的作用是结束仿真进程，输出信息包括系统结束时间、模块名称等，如：

```
* * Note: $ finish : time. v(13)
Time: 300 ns Iteration: 0 Instance: /test
```

5. 系统函数$ time

$ time 属于仿真时间类系统函数（Simulation time system functions），通常与显示类系统任务配合，以 64 位整数的形式显示仿真过程中某一时刻的时间。

[**例 3-2-6**]　$ time 与$ monitor 应用示例。

```
`timescale 10 ns / 1 ns
module test;
reg set;
parameter delay = 3;
initial
begin
$ monitor( $ time," set = ", set);
#delay set = 0;
#delay set = 1;
end
endmodule
```

显示结果为：

```
0 set = x
3 set = 0
6 set = 1
```

3.3 Verilog HDL基本语句

Verilog HDL可以用于仿真、综合的语句只是HDL语言的一个子集。不同的仿真器、综合器支持的HDL语句集不同。Verilog HDL的语句包括：

（1）赋值语句（Assignments）

连续赋值语句（Continuous assignments）

过程赋值语句（Procedural assignments）

（2）条件语句（Conditional statement）

if－else，case

（3）循环语句

for，repeat，while，forever

（4）语句块语句（Block statements）

串行块（begin-end）

并行块（fork-join）

（5）结构化语句（Structured procedures）

initial语句

always语句

（6）task任务和function函数

3.3.1 赋值语句

赋值语句是Verilog HDL中对线型和寄存器型变量赋值，分为连续赋值语句和过程赋值语句。两者的主要区别是：

（1）赋值对象不同 连续赋值语句用于对线型变量的赋值；过程赋值语句完成对寄存器变量的赋值，具体内容如表3-3-1所示。

表3-3-1 赋值语句的赋值对象

赋值语句	赋值对象
连续赋值语句 assign	线型变量 线型变量中的某一位 线型变量中的某几位
过程赋值语句 =，<=	寄存器型变量 寄存器变量中的某一位 寄存器变量中的某几位 存储器

（2）赋值过程实现方式不同 线型变量一旦被连续赋值语句赋值后，赋值语句右端表达式中信号的任何变化，都将实时地反映到左端的线型变量中；过程赋值语句只有在语句被执行到时，赋值过程才能够进行一次，而且赋值过程的具体执行时间还受到各种因素的

影响。

（3）语句出现的位置不同　连续赋值语句不能出现在任何一个过程块中；过程赋值语句只能出现在过程块中。

（4）语句结构不同　连续赋值语句以关键词 assign 为先导；过程赋值语句不需要任何先导的关键词，但是，过程赋值语句的赋值分为阻塞型和非阻塞型。

下面将分别介绍两种赋值语句的具体应用。

1. assign 连续赋值语句（Continuous assignments）

assign 为连续赋值语句，用于对 wire 型变量进行赋值。其基本的描述语法为：

assign #［delay］<线型变量> = <表达式>；// delay 是赋值延时时间

［例 3-3-1］　四位加法器的 verilog 的描述。

```
module adder (sum_out, carry_out, carry_in, ina, inb);
output [3:0] sum_out;
output carry_out;
input [3:0] ina, inb;
input carry_in;
wire carry_out, carry_in;
wire [3:0] sum_out, ina, inb;
assign {carry_out, sum_out} = ina + inb + carry_in;
endmodule
```

例 3-3-1 是一个四位加法器的描述，其中，通过连续赋值语句对进位位和运算结果统一赋值，这种组合赋值过程在设计中会经常用到。

［例 3-3-2］　使用带赋值延时的 assign 语句。

```
`timescale 1ns/1ns
module MagnitudeComparator(A,B,AgtB,AeqB,AltB);
//parameters first
  parameter BUS = 8;
  parameter EQ_DELAY = 5, LT_DELAY = 8, GT_DELAY = 8;
  input [BUS-1:0] A,B;
  output AgtB,AeqB,AltB ;
  wire [BUS-1:0] A,B;
  assign    #EQ_DELAY    AeqB = A == B;
  assign    #GT_DELAY    AgtB = A > B;
  assign    #LT_DELAY    AltB = A < B;
endmodule
```

2. 过程赋值语句（Procedural assignments）

过程赋值语句用于对寄存器型变量赋值，没有任何先导的关键词，而且只能够在 always 语句或 initial 语句的过程块中赋值。过程赋值语句有两种赋值形式：阻塞型过程赋值和非阻塞性过程赋值。**其基本的描述语法为：**

1）<寄存器型变量>=<表达式>； //阻塞型过程赋值

2）<寄存器型变量><=<表达式>； //非阻塞性过程赋值

采用阻塞型过程赋值方式的描述：

```
// 过程赋值语句
always @ ( in1 or in2 )
out2 = in1 & in2;
```

3. 阻塞型赋值语句与非阻塞型赋值语句的比较（Blocking & nonblocking procedural assignment）

Verilog HDL 按照过程赋值语句被有效执行的顺序，将过程赋值语句分为阻塞型赋值语句与非阻塞型赋值语句，设计者可以根据这两种描述语句的特性，合理选择，以便于得到理想的设计。

[**例 3-3-3**] 阻塞型赋值语句与非阻塞型赋值语句的比较。

```
module block_nonblock (
          dataout_a, dataout_b,dataout_c,dataout_d,
          data_in,clock );
input     data_in,clock;
output    dataout_a,dataout_b;
output    dataout_c,dataout_d;
reg       dataout_a,dataout_b;
reg       dataout_c,dataout_d;
always @(posedge clock)                 // block assignment
begin
dataout_a = data_in;
dataout_b = dataout_a;
end
always @(posedge clock)                 // nonblock assignment
begin
dataout_c <= data_in;
dataout_d <= dataout_c;
end
endmodule
```

[**例 3-3-4**] 例 3-3-3 的测试程序。

```
module test_blk_nonblk;
reg data_in,clock;
wire dataout_a,dataout_b;
wire dataout_c,dataout_d;
block_nonblock blk_nonblk (
     dataout_a, dataout_b,dataout_c,dataout_d,
```

```
        data_in,clock);

initial
begin
clock =0;   data_in =0;
#40         data_in  =1;
end

always   #50    clock  =  ~clock;
always   #100   data_in  =  ~data_in ;

initial
begin
#1000       $ stop;
#20         $ finish;
end

endmodule
```

例 3-3-3 中，分别通过阻塞型赋值语句对 dataout_ a、dataout_ b 赋值；非阻塞型赋值语句对 dataout_ c、dataout_ d 赋值。从图 3-3-1 中可以看到，dataout_ a、dataout_ b 和 dataout_ c 的波形图完全一致，但是 dataout_ d 比 dataout_ c 晚了一个时钟周期。

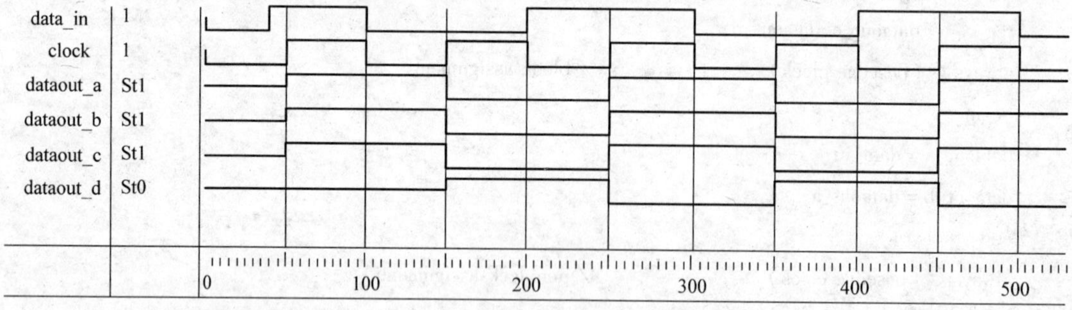

图 3-3-1 例 3-3-3 的仿真波形图

由此可以得到阻塞与非阻塞型赋值语句的基本区别是，阻塞型赋值语句的执行受到前后顺序的影响，只有在第一条语句执行完之后才可以执行第二条语句，而在非阻塞型赋值语句中，则是在某一规定时刻同时完成，不受先后顺序的影响。从某个角度讲，非阻塞型赋值语句的执行顺序与并行块的执行十分相像，这些在后面还会讲到。例 3-3-3 两种赋值语句的综合结果如图 3-3-2、图 3-3-3 所示。

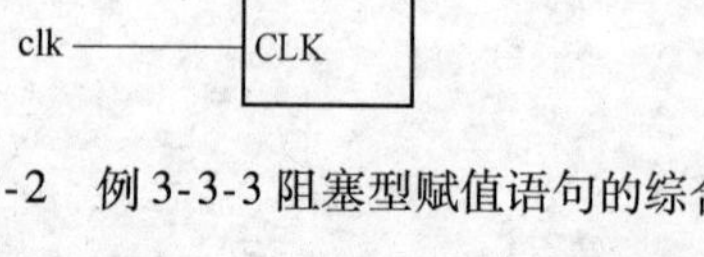

图 3-3-2 例 3-3-3 阻塞型赋值语句的综合结果

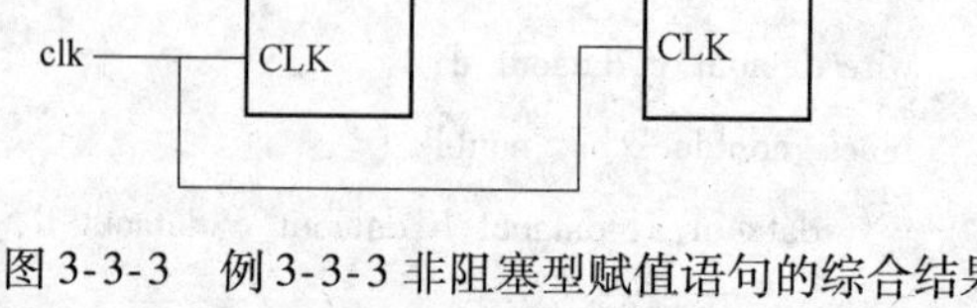

图 3-3-3 例 3-3-3 非阻塞型赋值语句的综合结果

3.3.2 条件语句

1. if－else 语句

if－else 语句是用来判断所给的条件是否满足，根据判定的结果（真或假）决定执行给出的两种操作之一。Verilog HDL 语言共提供了三种形式的 if－else 语句。

```
1)    if(表达式)  块语句1;
2)    if(表达式)  块语句1;
      else    块语句2;
3)    if  (表达式1)  块语句1;
      else  if(表达式2)  块语句2;
      else  if(表达式3)  块语句3;
                ……
      else  if(表达式n)  块语句n;
      else               块语句n+1;
```

第一种情况下，如果条件表达式成立（即表达式的值为1时），执行后面的块语句1；当条件表达式不成立（即表达式的值为0，x，z）时，停止执行块语句1，此时会形成锁存器，保存块语句1的执行结果。

第二种情况下，如果条件表达式不成立，执行块语句2。这样，在硬件电路上通常会形成多路选择器。

第三种情况下，如果条件表达式1成立，执行块语句1，if－else 语句结束；

如果条件表达式1不成立，判断表达式2是否成立，如果条件表达式2成立，执行块语句2，if－else 语句结束；

如果条件表达式2不成立，判断表达式3是否成立，如果条件表达式3成立，执行块语句3，if－else 语句结束……

最后，如果条件表达式n成立，执行块语句n，if－else 语句结束；如果条件表达式n不成立，执行块语句n+1，if－else 语句结束；

第三种情况等价为：

```
if(表达式1)  块语句1;
else
    if(表达式2) 块语句2;
    else
        if(表达式3) 块语句3;
        else
            ……
                    if(表达式n) 块语句n;
                    else
                    块语句n+1;
```

该语句依次检查表达式是否成立，根据表达式的值判断执行的块语句。由于 if－else 的嵌套，需要注意 if 与 else 的配对关系，以免设计错误。

［**例3-3-5**］ 同步60进制计数器的设计。

```
module count60(qout, cout, data, load, cin, reset, clk);
```

```
output[7:0] qout;
output cout;
input[7:0] data;
input load, cin, clk, reset;
reg[7:0] qout;
always @ (posedge clk)
begin
if (reset) qout <=0;
  else if(load) qout <= data;
  else if(cin)
    begin
    if(qout[3:0] ==9)
    begin
      qout[3:0] <=0;
      if (qout[7:4] ==5)
            qout[7:4] <=0 ;
      else
            qout[7:4] <= qout[7:4] +1;
      end
     else
    qout[3:0] <= qout[3:0] +1;
    end
  end
assign cout = ((qout ==8 'h59)&cin) ? 1:0;
endmodule
```

例3-3-6是一个考试成绩统计器的设计，其中使用了大量的if-else嵌套。例3-3-7是其仿真代码，最后是显示的输出结果。

[**例3-3-6**] 成绩统计器的Verilog HDL描述。

```
module score_grade(reset,Sum,Grade,Total_A,Total_B,Total_C,Total_D);
input reset;
input[7:0]Sum;
output[3:0] Grade;
output[3:0] Total_A,Total_B,Total_C,Total_D;
reg[3:0] Grade;
reg[3:0] Total_A,Total_B,Total_C,Total_D;
wire[7:0] Sum ;
always @ (Sum or reset)
if ( ~reset)
 begin
    Grade =0;
    Total_D =0;
    Total_C =0;Total_B =0;Total_A =0;
```

```
    end
else
    begin
      if (Sum < 8 ' d60)
        begin
          Grade = 4 ' hd;
          Total_D = Total_D + 1;
        end
      else if (Sum < 8 ' d75)
        begin
          Grade = 4 ' hc;
          Total_C = Total_C + 1;
        end
      else if(Sum < 8 ' d85)
        begin
          Grade = 4 ' hb;
          Total_B = Total_B + 1;
        end
      else
        begin
          Grade = 4 ' ha;
          Total_A = Total_A + 1;
        end
    end
endmodule
```

[例 3-3-7] 测试程序。

```
module test_score;
reg reset;
reg[7:0] Sum;
wire[3:0] Grade;
wire[3:0] Total_A,Total_B,Total_C,Total_D;
score_grade score (reset,Sum,Grade,Total_A,Total_B,Total_C,Total_D);
initial
begin
reset = 0;
Sum = 8 ' d50;
#10 reset = 1;
#100 Sum = 8 ' d100;
#100 Sum = 8 ' d80;
#100 Sum = 8 ' d90;
#100 Sum = 8 ' d60;
#100 Sum = 8 ' d100;
#100 Sum = 8 ' d80;
```

```
#100 Sum = 8'd100;
#100 Sum = 8'd80;
#100 Sum = 8'd90;
#100 Sum = 8'd60;
#100 Sum = 8'd100;
#100 Sum = 8'd80;
$display("Total_A = ",Total_A);
$display("Total_B = ",Total_B);
$display("Total_C = ",Total_C);
$display("Total_D = ",Total_D);
end
endmodule
```

最终显示结果为:

```
Total_A = 6
Total_B = 3
Total_C = 2
Total_D = 1
```

2. case 语句

case 语句构成了一个多路条件分支的结构，用于逻辑电路的真值表描述，如译码器、数据选择器、状态机等。case 语句有三种形式。

```
(1) case(敏感表达式)
    值1:  块语句1;
    值2:  块语句2;
    ……
    值n:  块语句n;
    default:  块语句n+1;
    endcase
```

[例 3-3-8] case 语句的使用示例一。

```
module decode4_7(dout, ind);
output[6:0] dout;
input[3:0] ind;
reg[6:0] dout;
always @ ( ind )
  begin
  case (ind)
      4'd0 : dout = 7'b1111110;
      4'd1 : dout = 7'b0110000;
      4'd2 : dout = 7'b1101101;
      4'd3 : dout = 7'b1111001;
      4'd4 : dout = 7'b0110011;
      4'd5 : dout = 7'b1011011;
      4'd6 : dout = 7'b1011111;
```

```
        4'd7 : dout = 7'b1110000;
        4'd8 : dout = 7'b1111111;
        4'd9 : dout = 7'b1111011;
        default : dout = 7'bx;
    endcase
    end
endmodule
```

（2）casez（敏感表达式）

```
    值1:    块语句1;
    值2:    块语句2;
    ......
    值n:    块语句n;
    default: 块语句n+1;
    endcase
```

（3）casex（敏感表达式）

```
    值1:块语句1;
    值2:块语句2;
    ......
    值n: 块语句n;
    default: 块语句n+1;
    endcase
```

这三种语句描述方式唯一的区别就是对敏感表达式的判断，其中：

第一种（case）要求敏感表达式的值与给定的值1、值2、…、值n中的一个全等时，执行后面相应的块语句；如果均不等时，执行default语句。

第二种（casez）则认为，如果给定的值中有某一位（或某几位）是高阻态（z），则认为该位为“真”，敏感表达式与其比较时不予判断，只需比较其他位。

第三种（casex）则扩充为，如果给定的值中有某一位（或某几位）是高阻态（z）或不定态（x），同样认为该位为“真”，不予判断，只需比较其他位。

［例3-3-9］ case语句的使用示例二。

```
//example for casez
casez (encoder)
4'b1??? : high_d = 3;
4'b01??: high_d = 2;
4'b001? : high_d = 1;
4'b0001 : high_d = 0;
default : high_d = 0;
endcase
// example for casex
casex (encoder)
4'b1xxx : high_d = 3;
4'b01xx : high_d = 2;
4'b001x: high_d = 1;
```

```
4'b0001 : high_d = 0;
default : high_d = 0;
endcase
```

3.3.3 循环语句

Verilog HDL 中存在四种类型的循环语句，可以控制语句的执行次数。分别是：

for 语句

repeat 语句

while 语句

forever 语句

1. for 语句

与 C 语言完全相同，for 语句的描述格式为：

for(循环变量赋初值;循环条件;循环变量增值)

块语句;

例如：for (i = 0; i <= 6; i = i + 1)

即在第一次循环开始前，对循环变量赋初值；循环开始后，判断初值是否符合循环条件，如果符合，执行块语句，然后给循环变量增值；再次判断是否符合循环条件，如果不符合循环条件，循环过程终止。

[**例 3-3-10**]　采用 for 语句描述的七人投票器。

```
module vote(pass , vote);
input[6:0] vote;
output pass;
reg pass;
reg[2:0] sum;
integer i;
always @ (vote)
begin
sum = 0;
for (i = 0; i <= 6; i = i + 1)
if (vote[i] ) sum = sum + 1;
if (sum[2])pass = 1;
else        pass = 0;
end
endmodule
```

2. repeat 语句

repeat 语句可以连续执行一条语句若干次，描述格式为：

repeat (循环次数表达式)

块语句;

例如，repeat 语句的应用

```
……
if(rotate == 1)
```

```
repeat(8)
    begin
    temp = data[15];
    data = {data << 1,temp};
    end
```

经过 8 次重复，实现了 16 位数据前 8 位与后 8 位的数据交换。

[例 3-3-11]　采用 repeat 语句实现两个 8 位二进制数乘法。

```
module mult_repeat(outcome,a,b);
parameter size = 8;
input[size:1] a,b;
output[2 * size:1] outcome;
reg[2 * size:1] temp_a,outcome;
reg[size:1] temp_b;
always @ (a or b)
begin
  outcome = 0;
  temp_a = a;
  temp_b = b;
  repeat ( size )
begin
if (temp_b[1]) outcome = outcome + temp_a;
temp_a = temp_a << 1 ;
temp_b = temp_b >> 1 ;
end
end
endmodule
```

3. while 语句

while 语句是不停地执行某一条语句，直至循环条件不满足时退出。描述格式为：

while(循环执行条件表达式)

块语句;

while 语句在执行时，首先判断循环执行表达式是否为真，如果为真，执行后面的块语句，然后再返回判断循环执行条件表达式是否为真，依据判断结果确定是否需要继续执行。

while 语句与 for 语句十分类似，都需要判断循环执行条件是否为真，以此确定是否需要继续执行块语句。

[例 3-3-12]　通过调用 while 语句实现从 0 到 100 的计数过程。

```
initial
begin
count = 0;
while (count < 101)
begin
$ display("Count = % d",count);
count = count + 1;
```

```
end
end
```

4. forever 语句

forever语句可以无条件地连续执行语句，多用在“initial”块中，生成周期性输入波形，通常为不可综合语句。

描述格式为：

forever 块语句;

［例 3-3-13］ 通过forever语句生成一个5MHz的时钟信号。

```
`timescale 1 ns/100 ps
initial
begin
clock =0;
forever #100 clock = ~clock;
end
```

3.3.4 块语句

块语句用来将两条或多条语句组合在一起，使其在格式上更像一条语句。块语句有两种：

1）begin - end语句，通常用来标识按照给定顺序执行的串行块（Sequential block）。

2）fork - join语句，用来标识并行执行的并行块（Parallel block）。

1. 串行块（begin - end）

串行块具有如下特点：

1）串行块中的每条语句都是依据块中的排列次序顺序执行。

2）串行块中每条语句的延时都是相对于前一条语句执行结束的相对时间。

3）串行块的起始执行时间是块中第一条语句开始执行的时间，结束时间是最后一条语句执行结束的时间。

［例 3-3-14］ 使用串行块定义仿真的延迟时间。

```
`timescale 1 ns/100 ps
    initial
    begin
              clock =0;
              data_in =0;
    #40       data_in =1;
    #15       data_in =0;
end
```

2. 并行块（fork - join）

并行块具有如下特点：

1）并行块中的每条语句都是同时并行执行的，与排列次序无关。

2）并行块中每条语句的延时都是相对于整个并行块开始执行的绝对时间。

3）并行块的起始执行时间是流程控制转入并行块的时间，结束时间是并行块中按执行时间排序，最后执行的那条语句结束的时间。

[例 3-3-15] 串行块与并行块。

```
`timescale 1 ns/100 ps
module sequential_parallel;
parameter d = 50 ; // d declared as a parameter and
reg[7:0] seq, para ; // seq and para are declared as 8 - bit registers
initial
begin
#d seq = 8'h35;
#d seq = 8'hE2;
#d seq = 8'h00;
#d seq = 8'hF7;
end
initial
fork
#50    para = 8'h35;
#100   para = 8'hE2;
#150   para = 8'h00;
#200   para = 8'hF7;
join
initial
begin
#400   $stop;
#30    $finish;
end
endmodule
```

例 3-3-15 的仿真波形如图 3-3-4 所示。

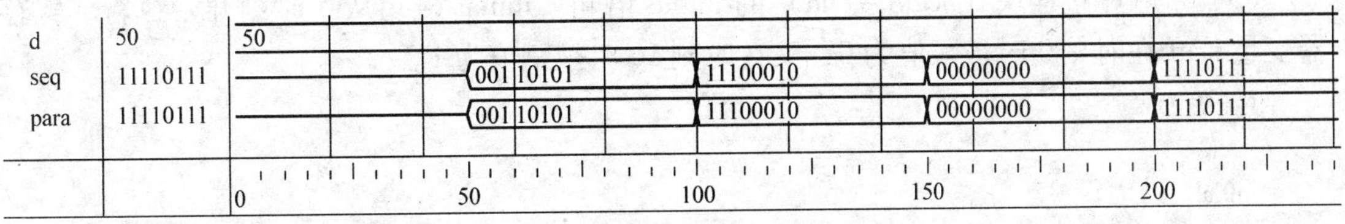

图 3-3-4 例 3-3-15 的仿真波形图

3.3.5 结构化语句

Verilog HDL 中，所有的描述都是通过下面四种结构中的一种实现的：

1）initial 语句；

2）always 语句；

3）task 任务；

4）function 函数。

在一个模块内部可以有任意多个 initial 语句和 always 语句，两者都是从仿真的起始时刻开始执行的。

initial 语句后面的块语句只执行一次，而 always 语句则循环地重复执行后面的块语句，直到仿真结束。

1. initial 语句

initial 语句的格式为：

```
initial
begin
语句1;
语句2;
…
语句n;
end
```

（1）无时延控制的 initial 语句　initial 语句从 0 时刻开始执行，在下面的例子中，寄存器变量 a 在 0 时刻被赋值为 4。

```
reg a;
…
initial
a = 4;
…
```

（2）带时延控制的 initial 语句　initial 语句从 0 时刻开始执行，寄存器变量 b 在时刻 5 时被赋值为 3。

```
reg b;
…
initial
#5 b = 3;
…
```

（3）带顺序过程块（begin－end）的 initial 语句　initial 语句从 0 时刻开始执行，寄存器变量 start 在时刻 0 时被赋值为 0，又在时刻 10 时被赋值为 1。

```
reg start;
…
initial
begin
    start =0;
#10 start =1;
end
```

2. always 语句

always 语句在仿真过程中是不断重复执行的，描述格式为：

always <时序控制> <进程语句>;

（1）不带时序控制的 always 语句　由于没有时延控制，而 always 语句是重复执行的，因此下面的 always 语句将在 0 时刻无限循环。

```
always clock = ~ clock ;
```

（2）带时延控制的always语句　产生一个5MHz的时钟。

```
always
#100 clock = ~ clock;
```

（3）带事件控制的always语句

```
always @ (a )
data = data_in;
always @ (a or b )
data = data_in;
```

（4）带事件控制的always语句

```
always @ (posedge clock ) //在时钟上升沿,对数据赋值
data = data_in;
always @ (negedge clock ) //在时钟下降沿,对数据赋值
data = data_in;
always @ (negedge clock or posedge reset)
begin //在时钟下降沿或者在reset上升沿,对数据赋值
…
end
```

3.3.6 任务与函数

Verilog HDL中的任务和函数，是在模块内部将一些重复描述或功能比较单一的部分，作为一个相对独立模块进行描述，在设计中可以多次调用。

通常在描述设计的开始阶段，设计者更多关注总体功能的实现，之后再分阶段对各个模块的局部进行细化实现，用任务和函数能够实现这种结构化的设计思路。

1. task任务

任务可以在源代码中的不同位置执行共同的代码段，这些代码段已经用任务定义，因此，能够从源代码的不同位置调用任务。

任务的定义与调用都在一个模块内部完成，任务内部可以包含时序控制，即时延控制，并且任务也能调用任何任务（包括其本身）和函数。

任务定义的格式为：

```
task 任务名称;
<端口及数据类型定义语句>
<语句1>
<语句2>
……
<语句n>
endtask
```

任务调用语句可以在initial和always语句中使用，调用任务的格式是：

任务名称(端口1,端口2,…);

其中，任务名称与被调用的任务名称相同，端口列表的位置顺序必须与任务定义中的端口定义的顺序一一对应，对应的端口名称可以不相同。任务调用中接收数据的端口的数据类型必须是寄存器类型。

[例 3-3-16] 用 task 实现 alu 的代码。

```
module alutask(code,a,b,c);
input[1:0] code;
input[3:0] a,b;
output[4:0] c;
reg[4:0] c;
task my_and;
input[3:0] a,b; //a,b 是输入端口
output[4:0] out; //out 是输出端口
integer i;
begin
for(i=3;i>=0;i=i-1)
out[i]=a[i]&b[i];
end
endtask
 always@(code or a or b)
    begin
    case(code)
    2'b00:my_and(a,b,c); //a,b 是输入端口;c 是输出端口
    2'b01: c=a|b;
    2'b10: c=a-b;
    2'b11: c=a+b;
    endcase
  end
endmodule
```

2. function 函数

函数与 task 任务一样，也可以在模块中的不同位置执行同一段代码；不同之处是函数只能返回一个数值，它不能包含任何时间控制语句。在函数定义中，必须至少带有一个输入端口，没有输出端口和双向端口。函数可以调用其他函数，但是不能调用任务。

函数的定义格式：

```
function <位宽说明> 函数名称;
    <输入端口与类型说明>
    <局部变量说明>
    begin
    <语句1>
    <语句2>
    ……
    <语句n>
    end
endfunction
```

函数调用的结果是一个数值，函数的调用是将函数作为表达式中的操作数来实现的。其调用格式为：

函数名称（<表达式 1>, <表达式 2>,…）

其中，函数名称与要调用的函数名称相同，表达式 1、表达式 2、…、表达式 n 的值是按顺序传递给在函数定义中的输入端口。

［例 3-3-17］　通过函数的调用实现阶乘的运算过程。

```
module tryfact;
function[31:0] factorial; // define the function
input[3:0] operand;
reg[3:0] i;
begin
factorial = 1;
for (i = 2; i <= operand; i = i + 1)
factorial = i * factorial;
end
endfunction
integer result, n; // test the function
initial
begin
for (n = 0; n <= 7; n = n+1)
begin
result = factorial(n);
$ display("%0d factorial = %0d", n, result);
end
end
endmodule // tryfact
```

显示结果为：

```
0 factorial = 1
1 factorial = 1
2 factorial = 2
3 factorial = 6
4 factorial = 24
5 factorial = 120
6 factorial = 720
7 factorial = 5040
```

3. 任务与函数的区别

1）函数需要在一个仿真时间单位内完成，而任务定义中可以包含任意类型的定时控制部分及 wait 语句等。

2）函数不能调用任务，而任务可以调用任何任务和函数。

3）函数只允许有输入变量且至少有一个，不能够有输出端口和输入输出端口；任务可以没有任何端口，也可以包括各种类型的端口。

4）启动任务需要用一条完整的语句，而启动函数则只需要将函数名包含在表达式中即可，函数通过函数名返回一个值，并且只返回一个结果。

例如：

```
task1 (output,input1,input2);          //调用任务 task1
```

```
assign y = function1(x);            //调用函数 function1
```

3.4 Verilog HDL 门元件和结构描述

Verilog HDL 可以在系统级、行为级、RTL 级、门级和开关级等多层次对数字系统描述，前三种属于高层次的描述方式，是常用的描述方式，而门级和开关级都属于低层次的结构描述方式，接近实际的门电路和三极管电路，常用于描述结构简单的逻辑电路。

Verilog HDL 定义了 12 个基本门元件，分为多输入门、多输出门和三态门。

3.4.1 门元件

1. 多输入门

多输入门有一个或多个输入端口，只有一个输出端口。Verilog HDL 有六个多输入门，分别是：与门（and）、与非门（nand）、或门（or）、或非门（nor）、异或门（xor）和同或门（nxor）

多输入门的表示方式为：

门名　单元名(输出端口，输入端口列表)

例如：

```
or A1(out,int1,int2);
```

表示该门类型为或门，单元名为 A1，一个输出端口，两个输入端口。门名是以上六种多输入门之一。多输入门的共同点：

1）只有一个输出端口，有一个或多个输入端口。

2）第一个端口是输出，其他端口是输入。

单元名可以省略，例如 xor（y，a1，a2）；一条语句可以有多个相同类型的单元。

例如：

```
and a1(m1,a,b), a2(m2,b,cin), a3(m3,a,cin);
```

多输入门的真值表如表 3-4-1 ~ 表 3-4-6 所示。

表 3-4-1　and 真值表

and	0	1	x	z
0	0	0	0	0
1	0	1	x	x
x	0	x	x	x
z	0	x	x	x

表 3-4-2　nand 真值表

nand	0	1	x	z
0	1	1	1	1
1	1	0	x	x
x	1	x	x	x
z	1	x	x	x

表 3-4-3　or 真值表

or	0	1	x	z
0	0	1	x	x
1	1	1	1	1
x	x	1	x	x
z	x	1	x	x

表 3-4-4　nor 真值表

nor	0	1	x	z
0	1	0	x	x
1	0	0	0	0
x	x	0	x	x
z	x	0	x	x

表 3-4-5 xor 真值表

xor	0	1	x	z
0	0	1	x	x
1	1	0	x	x
x	x	x	x	x
z	x	x	x	x

表 3-4-6 xnor 真值表

xnor	0	1	x	z
0	1	0	x	x
1	0	1	x	x
x	x	x	x	x
z	x	x	x	x

真值表的第一行和第一列的各项分别表示两个不同输入端的输入，其他项为输出端的输出；在输入端的 z 和 x 的处理相同；多输入门的输出不可能是 z。

2. 多输出门

多输出门有一个或多个输出端口，只有一个输入端口。Verilog HDL 有缓冲器（buf）和非门（not）两个多输出门。

多输出门的表示方式为：

```
门名  单元名(输出端口列表,输入端口);
```

例如：

```
not B1 (out1,out2,int);
```

它表示该门类型为非门，单元名为 B1，有两个输出端口，一个输入端口。门名是 buf \ not 之一。这两种多输出门的共同特点是：

1）只有一个输入端口，但有一个或多个输出端口。

2）最后一个端口是输入端口，其他端口是输出端口。

多输出门的真值表如表 3-4-7 和表 3-4-8 所示。

表 3-4-7 buf 真值表

输入	0	1	x	z
输出	0	1	x	x

表 3-4-8 not 真值表

输入	0	1	x	z
输出	1	0	x	x

3. 三态门

三态门有一个输入端口、一个输出端口和一个使能控制端口。Verilog HDL 有四个三态门，分别是：低电平使能的缓冲器（bufif0）、高电平使能的缓冲器（bufif1）、低电平使能的非门（notif0）、高电平使能的非门（notif1）。

三态门的表示方式为：

```
门名  单元名(输出端口,输入端口,使能控制端口);
```

例如：

```
bufif0 C1 (out,int1,en);
```

它表示该门类型为低电平使能的缓冲器，单元名为 C1，int1 是一个输入端口，out 是一个输出端口，en 是一个使能控制端口。三态门的真值表如表 3-4-9 ~ 表 3-4-12 所示。

4. 门延时

信号从门的输入端传输到输出端引起的延时叫做门延时。Verilog HDL 在使用门元件的同时，进行门延时的定义。

门延时的定义方式：

门名 延时 单元名(输入、输出端口列表);

表 3-4-9 bufif0 真值表

输入＼控制端	0	1	x	z
0	0	z	z	z
1	1	z	z	z
x	x	z	x	x
z	x	z	x	x

表 3-4-10 bufif1 真值表

输入＼控制端	0	1	x	z
0	z	0	z	z
1	z	1	z	z
x	z	x	x	x
z	z	x	x	x

表 3-4-11 notif0 真值表

输入＼控制端	0	1	x	z
0	1	z	z	z
1	0	z	z	z
x	x	z	x	x
z	x	z	x	x

表 3-4-12 notif1 真值表

输入＼控制端	0	1	x	z
0	z	1	z	z
1	z	0	z	z
x	z	x	x	x
z	z	x	x	x

门延时由上升延时、下降延时和截止（高阻态）延时组成，因此延时的基本定义形式为

#(d1,d2,d3)

其中，d1 表示上升延时，d2 表示下降延时，d3 表示截止延时。各种具体的门延时取值如表 3-4-13 所示。

表 3-4-13 各种具体的门延时取值表

延时定义	无延时	#（d）	#（d1，d2）	#（d1，d2，d3）
上升延时	0	d	d1	d1
下降延时	0	d	d2	d2
转换到 x	0	d	min（d1，d2）	min（d1，d2，d3）
截止延时	0	d	min（d1，d2）	d3

所有延时以单位时间来表示，而单位时间和实际时间的关系则通过`timescale 编译器指令来实现。如果没有延时，则门延时默认值为 0。上升延时表示输出状态转换到 1 的延时，下降延时表示输出状态转换到 0 的延时，截止延时表示输出状态转换到 z 的延时，它通常针对有使能控制的三态门。

3.4.2 门级结构描述举例

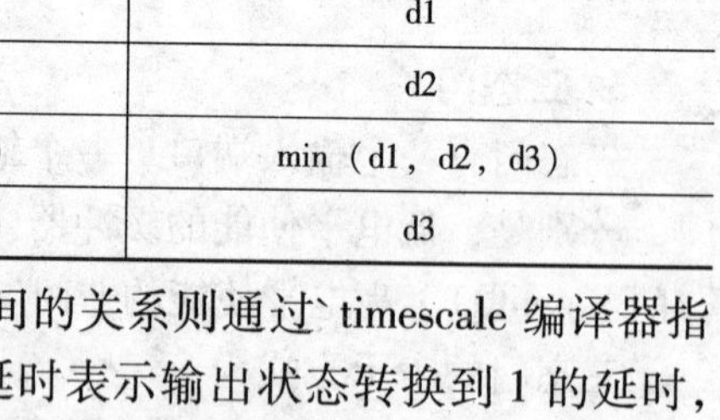

图 3-4-1 例 3-4-1 的电路图

［例 3-4-1］ 简单组合电路（见图 3-4-1）门级结构描述。

```
module ZNAND(in1,in2,in3,in4,out);
    input in1,in2,in3,in4;
    output out;
```

```
    wire out1,out2 ;
    and #10
        u1 (out1,in1,in2),u2 (out2,in3,in4);
    or #20 u3 (out,out1,out2);
endmodule
```

[例 3-4-2] 四选一数据选择电路（见图 3-4-2）的门级描述。

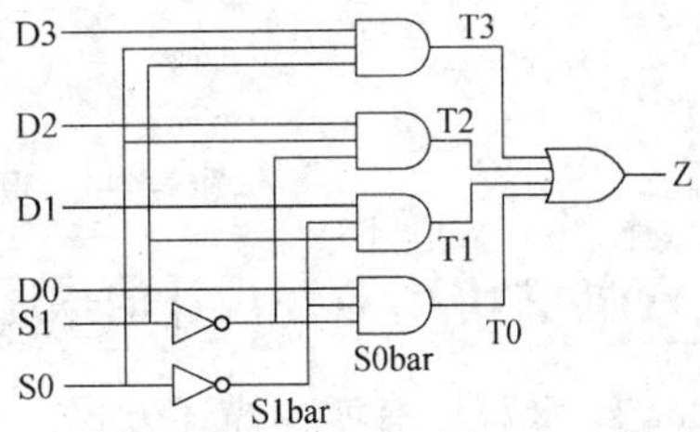

图 3-4-2 四选一数据选择电路的门级描述电路图

```
module NUX4_1 (Z,D0,D1,D2,D3,S0,S1);
    output Z;
    input  D0,D1,D2,D3,S0,S1;
    and   (T0,D0,S0bar,S1bar),
          (T1,D1,S0bar,S1),
          (T2,D2,S0,S1bar),
          (T3,D0,S0,S1);
    not   (S0bar,S0),
          (S1bar,S1);
    or (Z,T0,T1,T2,T3);
endmodule
```

[例 3-4-3] 2－4 译码器（见图 3-4-3）的门级描述。

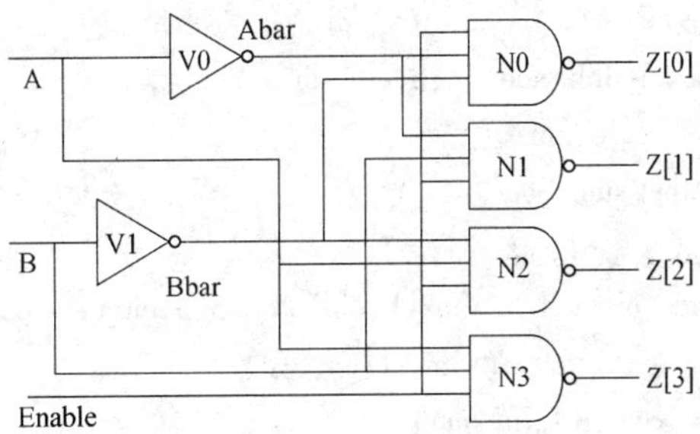

图 3-4-3 2－4 译码器的门级描述电路图

```
module dec2_4 (a,b,enable,z);
    input a,a,enable;
    output[0:3] z ;
    wire abar,bbar;
    not # (1,2)
      v0 (abar,a),
      v1 (abar,b);
    nand # (4,3)
      N0 (Z[3],enable,a,b),
      N1 (Z[0],enable,abar,bbar),
      N2 (Z[1],enable,abar,b),
      N3 (Z[2],enable,a,bbar);
Endmodule
```

[例 3-4-4] 三态门（见图 3-4-4）的描述及读写操作。

```
module sram (data_out, data_in, r_enable, w_enable);
    output data_out;
    input data_in, r_enable, w_enable;
    tri net1,net2;
    bufif1 gate1(net1, data_in , w_enable);
    notif1 gate4(data_out , net2 , r_enable);
    not (pull0, pull1) gate2(net2, net1), gate3(net1, net2);
endmodule
```

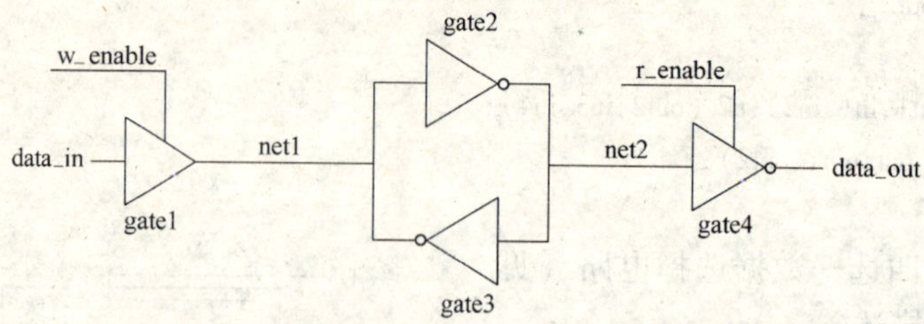

图 3-4-4　例 3-4-4 的门级描述电路图

3.4.3　Verilog HDL 程序设计的描述方式

Verilog HDL 程序有四种描述方式：

1）结构描述方式；

2）数据流描述方式；

3）行为描述方式；

4）混合设计描述方式。

本节以全加器为例说明描述方式的应用。

1. 结构描述方式

[例 3-4-5]　一位全加器的结构描述。

```
module full_add1(a,b,cin,sum,cout);
input a,b,cin;
output sum,cout;
wire s1,m1,m2,m3;
and (m1,a,b), (m2,b,cin), (m3,a,cin);
xor (s1,a,b), (sum,s1,cin);
or (cout,m1,m2,m3);
endmodule
```

2. 数据流描述方式

数据流的描述方式：用连续赋值语句对线型变量赋值。

基本语法：

assign #[delay] assign - statement

[例 3-4-6]　一位全加器的数据流描述。

```
module full_add2(a,b,cin,sum,cout);
input a,b,cin;
output sum,cout;
assign sum = a ^ b ^ cin;
assign cout = (a & b)|(b & cin)|(cin & a);
endmodule
```

3. 行为描述方式

使用过程语句进行行为描述：

1）initial 语句：在整个仿真过程中，此语句只执行一次。

2）always 语句：在整个仿真过程中，此语句多次执行。

[例3-4-7] 一位全加器的行为描述。

```
module full_add3(a,b,cin,sum,cout);
input a,b,cin;
output sum,cout;
reg sum,cout;
reg m1,m2,m3;
always @ (a or b or cin)
begin
sum = (a ^ b) ^ cin;
m1 = a & b;
m2 = b & cin;
m3 = a & cin;
cout = (m1|m2)|m3;
end
endmodule
```

4. 混合设计描述方式

模块中包含门元件、连续赋值语句以及 always 语句和 initial 语句的混合。

来自 always 语句和 initial 语句（寄存器类型由过程赋值语句驱动）的值能够驱动门或开关，而来自于门或连续赋值语句（用来驱动线网）的值能够反过来用于触发 always 语句和 initial 语句。

[例3-4-8] 一位全加器的混合描述。

```
module full_add (a,b,cin,sum,cout);
input a,b,cin;
output sum,cout;
reg cout,m1,m2,m3;                //在 always 块中被赋值
wire s1;
always @ (a or b or cin)          //always 块语句
        begin
        m1 = a & b;
        m2 = b & cin;
        m3 = a & cin;
        cout = (m1| m2) | m3;
        end
xor x1(s1,a,b);                   //调用门元件
assign sum = s1 ^ cin;            //数据流描述
endmodule
```

5. 四位全加器的三种描述方法

[例3-4-9] 四位全加器的结构描述。

```
`include "full_add1.v"
module add4_1(sum,cout,a,b,cin);
output[3:0] sum;
output cout;
```

```
input[3:0] a,b;
input cin;
full_add1 f0 (a[0],b[0],cin,sum[0],cin1);
full_add1 f1 (a[1],b[1],cin1,sum[1],cin2);
full_add1 f2 (a[2],b[2],cin2,sum[2],cin3);
full_add1 f3 (a[3],b[3],cin3,sum[3],cout);
endmodule
```

[例3-4-10] 四位全加器的数据流描述。

```
module add4_2(cout,sum,a,b,cin);
output[3:0] sum;
output cout;
input[3:0] a,b;
input cin;
assign {cout,sum} = a + b + cin;
endmodule
```

[例3-4-11] 四位全加器的行为描述。

```
module add4_3(cout,sum,a,b,cin);
output[3:0] sum;
output cout;
input[3:0] a,b;
input cin;
reg[3:0] sum;
reg cout;
always @ (a or b or cin)
begin
{cout,sum} = a + b + cin;
end
endmodule
```

3.5 仿真验证

仿真（Simulation）是电路设计中用来对设计者的硬件描述和设计结果进行调试（Debug）、验证（Verification）的方法之一。

当设计者采用HDL描述设计了一个硬件电路后，需要验证其正确性。采用自顶向下的设计方法时，从系统级、行为级、RTL级到门级，每个层次的设计结果都需要仿真，确保设计中的错误尽早发现及时解决，以缩短设计周期。

传统的仿真过程是：建立测试矢量（Test vector）——仿真——与标准数据文件（Golden file）比较。但是Verilog HDL更倾向于把上述过程集中在一个统一的测试文件（Test file或Test fixture）里，对待测电路（Design Under Verification，DUV）施加仿真输入矢量，通过观察该设计在仿真输入矢量作用下的反应（如波形图，与期望的仿真输出矢量比较）来判断是否达到设计目标。仿真示意图如图3-5-1所示。

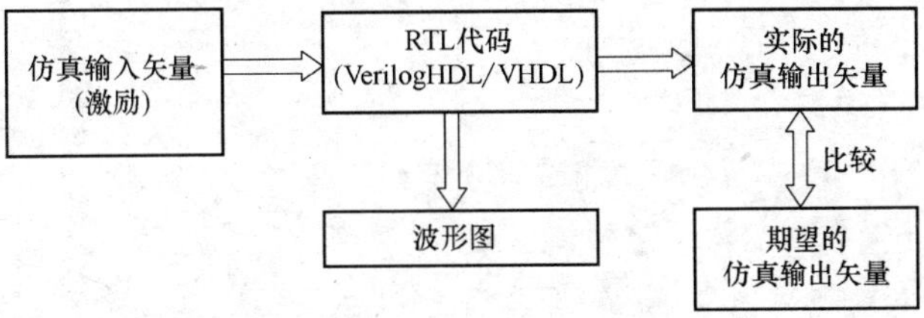

图 3-5-1 仿真示意图

测试文件是一个没有输入和输出的顶层模块。一个测试文件包括被测模块的映射，以及通过 initial 行为描述施加的测试矢量，仿真结果的显示或输出，以及辅助模块的映射和各种必须环境的建立。典型的测试文件形式为：

```
module module_name;
    //数据类型声明
    //被测模块的映射
    //施加测试矢量
    //显示仿真结果
endmodule
```

例 3-5-1 是一个双向计数器的源代码，要求计数器能够实现异步复位，同步装载功能。例 3-5-2 是计数器的测试代码，采用行为描述对源代码仿真，覆盖率达到 100%，以证明源代码的正确性。

[**例 3-5-1**] 带异步复位的双向计数器。

```
/ ****************************************************************** /
// MODULE:                    up/down counter
//
//FILE NAME:                  cnt_rtl. v
//VERSION:                    1. 0
//DATE:                       Nov. 06,2002
//AUTHOR:                     Peter
//
//CODE TYPE:                  RTL Level
//
//DESCRIPTION:This module defines an up/down counter with
//            asynchronous set and reset inputs, and synchronous load,
//            up/down control, and count enable.
//
/ ******************************************************************** /
//DEFINES
`define BITS 8                //定义计数器位宽
//TOP MODULE
module Counter(
clk,
```

```
in,
reset_n,
preset_n,
load,
up_down,
count_en,
out,
carry_out
);
//INPUTS
input                clk;           //输入时钟信号
input[`BITS-1:0]     in;            //输入计数初值
input                reset_n;       //异步复位信号;
                                    //低电平有效
input                preset_n;      //异步置位信号
                                    //低电平有效
input                load;          //异步赋初值信号
input                up_down;       //异步加/减计数控制信号
input                count_en;      //异步计数使能控制信号
//OUTPUTS
output[`BITS-1:0]    out;           //计数器输出信号
output               carry_out;     //计数器进位输出信号
//INOUTS
//SIGNAL DECLARATIONS
wire                 clk;
wire[`BITS-1:0]      in;
wire                 reset_n;
wire                 preset_n;
wire                 load;
wire                 up_down;
wire                 count_en;
reg[`BITS-1:0]       out;
wire                 carry_out;
reg                  carry_up;
reg                  carry_dn;
//PARAMATERS
//ASSIGN STATEMENTS
assign carry_out = up_down? & carry_up : carry_dn ;
//MAIN CODE
//Look at the edge of clock for state transitions
always @ (posedge clk or negedge reset_n or negedge preset_n)
```

```
begin
    carry_up <= 1'b0;
    carry_dn <= 1'b0;
    if ( ~reset_n)
      begin
        //This is the reset condition
        out <= `BITS'h0;
        carry_dn <= 1'b1;
      end
    else if ( ~preset_n)
      begin
        // This is the preset condition. Note that in this implementation,
        // the reset had priority over preset
        out <= ~`BITS'h0;
        carry_up <= 1'b1;
      end
    else if (load)
      begin
        // This is implementation, load has priority over count enable
        out <= in;
        if (in == ~`BITS'h0)      carry_up <= 1'b1;
        else if ( in == `BITS'h0)  carry_dn <= 1'b1;
      end
    else if (count_en)
      begin
        if (up_down == 1'b1)
            begin
            out <= out + 1;
            if (out == ~`BITS'h1) carry_up <= 1'b1;
        end
      else if (up_down == 1'b0)
        begin
          out <= out - 1 ;
          if (out ==`BITS'h1)      carry_dn <= 1'b1;
        end
    end
end
endmodule                //Counter
```

[例3-5-2] 计数器的测试程序。

```
/**********************************************************/
// MODULE:           counter simulation
```

```
//
// FILE NAME:          cnt_sim. v
// VERSION:            1. 0
// DATE:               Nov. 6, 2002
// AUTHOR:             Peter
//
// CODE TYPE:          Simulation
//
// DESCTIPTION:        This module provides stimuli for simulating an
// up/down counter.
// It tests the asynchronous rest and preset controls and the synchronous load
// control.
// It loads a value and counts up until the counter overflows. It then loads a new
// value
// and counts down until the counter overflows. During each cycle, the output is
// compared
// to the expected output.
/ ************************************************************ /
//DEFINES
`define DEL            20                //定义延时
`define BITS           8                 //定义位宽
`define PATTERN1       `BITS'h1          //定义加法计数的初值
`define PATTERN2       `BITS'h3          //定义减法计数的初值
// TOP MODULE
module cnt_sim( );
// INPUTS
// OUTPUTS
// INOUTS
// SIGNAL DECLARARTIONS
reg                    clock;
reg                    reset_n;
reg                    preset_n;
reg                    load;
reg                    up_down;
reg                    count_en;
reg   [`BITS-1:0]      data_in;
wire  [`BITS-1:0]      data_out;
wire                   overflow;
reg   [`BITS-1:0]      cycle_count;      //测试循环计数
integer                test_part;        //测试循环指示
reg   [`BITS-1:0]      count_test;       //计数器测试变量
```

```
//output
reg                carry_test;        //进位测试变量
// output
//PARAMETERS
//ASSIGN STATEMENTS
//MAIN CODE
//INSTANTIATE THE COUNTER
Counter counter (
            .clk(clock),
            .in(data_in),
            .reset_n(reset_n),
            .preset_n(preset_n),
            .load(load),
            .up_down(up_down),
            .count_en(count_en),
            .out(data_out),
            .carry_out(overflow));
//initialize inputs
initial
    begin
// give all the inputs a certain number, or sth will be wrong. such as up_down
        clock = 1;
        data_in = `BITS'b0;
        reset_n = 1;
        preset_n = 1;
        load = 0;
        up_down = 1'b1;
        count_en = 0;
        cycle_count = `BITS'b0;
        test_part = 0;      // indicate which part we are doing.
    end
//generate the clock
always #50 clock = ~clock;
//simulate
always @ (negedge clock)
begin
    case (test_part)
    0: begin
        case (cycle_count)
          `BITS'h0: begin
                //assert the reset signal
```

```
            reset_n = 0 ;
            //wait for the outputs to change asynchronously
            # `DEL
            # `DEL

            // test output
            if (data_out === `BITS 'h0)
                $ display ("Reset is working");
            else begin
                $ display ("\nERROR at time %0t:", $ time);
                $ display ("Reset is not working");
                $ display ("data_out = %h\n",data_out);
                //use $ stop for debugging
                $ stop;
            end
        //deassert the reset signal
        reset_n = 1;
        //set the expected outputs
        count_test = `BITS 'h0;
        carry_test = 1 'bx;
        end
`BITS 'h1: begin
        //assert the preset signal
        preset_n = 0 ;
        //wait for the outputs to change asynchronously
        # `DEL
        # `DEL
        // test output
        if (data_out === ~`BITS 'h0 )
              $ display ("Preset is working");
        else begin
              $ display ("\nERROR at time %0t:", $ time);
              $ display ("Preset is not working");
              $ display ("data_out = %h\n",data_out);
              //use $ stop for debugging
              $ stop;
            end
        //deassert the preset signal
        preset_n = 1 'b1;
        //set the expected outputs
        count_test = ~`BITS 'h0;
```

```
            end
    `BITS'h2: begin
            //load data into the counter
            data_in = `PATTERN1;
            load = 1'b1;
        end
   `BITS'h3: begin
            //Test outputs
            if (data_out === `PATTERN1)
                $display ("Load is working");
            else begin
                $display ("\nERROR at time %0t:", $time);
                $display ("Load is not working");
                $display ("expected data_out =
%h",`PATTERN1);
                $display ("actual data_out = %h\n",data_out);
                //use $stop for debugging
                $stop;
              end
            //deassert the load signal
            load = 1'b0;
            //set the expectd outputs
            count_test = `PATTERN1;
            end
    `BITS'h4:begin
            //Test outputs to see that data was not lost
            if (data_out === `PATTERN1)
                $display ("Counter hold is working");
            else begin
                $display ("\nERROR at time %0t:", $time);
                $display ("Counter hold is not working");
                $display ("expected data_out =
%h",`PATTERN1);
                $display ("actual data_out = %h\n",data_out);
                //use $stop for debugging
                $stop;
                end
              //count up
              count_en = 1'b1;
              up_down = 1'b1;
              //set the expected outputs
```

```
                    count_test = `PATTERN1;
                    carry_test = 1 'b0;
                    end
      ~`BITS 'h0: begin
                    //start the second part of the test
                    test_part = 1 'b1;
                    end
      endcase
    end
  1: begin
    case (cycle_count)
      `BITS 'h4:
          begin
              //load data into the counter
              data_in  = `PATTERN2;
              load  =  1 'b1;
          end
      `BITS 'h5:
          begin
          //Test outputs
              if (data_out  = = =  `PATTERN2)
                      $ display ("Load is working");
              else begin
                      $ display ("\nERROR at time %0t:", $ time);
                      $ display ("Load is not working");
                      $ display ("expected data_out  =
%h",`PATTERN2);
                      $ display ("actual data_out  =  %h\n",data_out);
                      //use $ stop for debugging
                      $ stop;
                      end
              //count down
              count_en  = 1 'b1;
              up_down = 1 'b0;
              load  =  1 'b0;
              //set the expected outputs
              count_test = `PATTERN2;
          end
      ~`BITS 'h0:
        begin
        //start the third part of the test
        test_part  = 2;
        end
```

```
        endcase
      end
  2:begin
      case (cycle_count)
    `BITS'h5: begin
                $display("\nSimulation complete - no errors\n");
                $finish;
              end
      endcase
    end
  endcase
  //Test the counter output
       if (data_out ! == count_test)
              begin
                  $display ("\nERROR at time %0t:", $time);
                  $display ("Count is incorrect");
                  $display ("expected data_out = %h",count_test);
                  $display ("actual data_out = %h\n",data_out);
                  //use $ stop for debugging
                  $stop;
              end
  //Test the overflow if we are counting
       if ((count_en) && (overflow! ==carry_test))
                     begin
                         $display ("\nERROR at time %0t:", $time);
                         $display ("Carry out is incorrect");
                         $display ("expected carry = %h", carry_test);
                         $display ("actual carry = %h\n",overflow);
                         //use $ stop for debugging
                         $stop;
                     end
  //Determine the expected outputs for the next cycle
       if (up_down === 1'b1)
         begin
         if (count_en === 1'b1)
             count_test = count_test + `BITS'h1;
         if (count_test === ~`BITS'h0)
                 carry_test = 1'b1;
         else
                 carry_test = 1'b0;
         end
       else if (up_down === 1'b0)
         begin
```

```
            if (count_en === 1'b1)
                count_test = count_test - `BITS'h1;
            if (count_test === `BITS'h0)
                carry_test = 1'b1;
            else
                carry_test = 1'b0;
            end
            // Increment the cycle counter
            cycle_count = cycle_count + 1'b1;
    end

endmodule            //cnt_sim
```

从图3-5-2双向计数器的仿真波形图中可以看到，计数器正向计数计满后，转向反向计数，这些测试矢量的施加都是通过测试代码自动运行的。因此，编写测试代码与设计源代码一样，都需要一定的技巧。

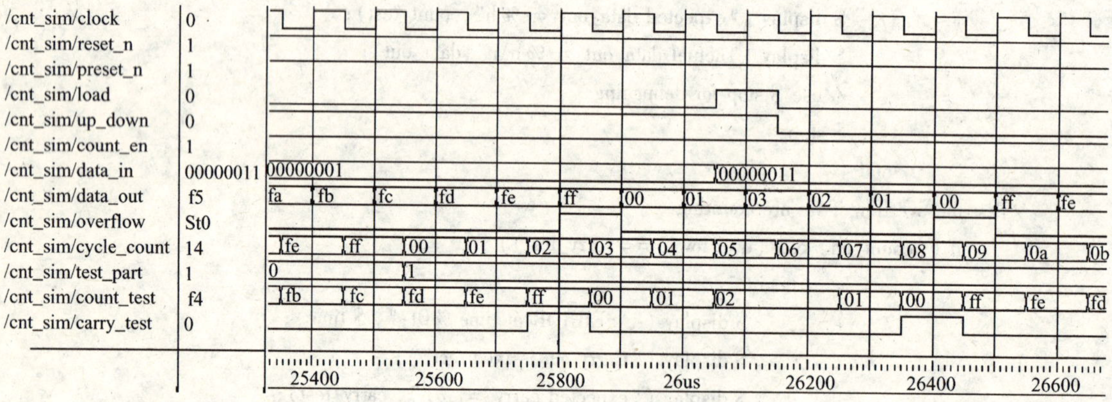

图3-5-2 双向计数器的仿真波形图

3.6 可综合性描述

综合是根据厂家提供的单元库，将源代码（Verilog HDL或VHDL）转换成网表的过程。网表是使用硬件描述语言对门级电路的描述，即原理图的语言描述，是单纯的结构性描述，与网表相对应的是门级电路原理图。EDA工具的综合过程包括映射（Mapping）和优化（Optimization）两部分。在映射完成后，EDA工具按照设计者提供的约束条件（Constraint）对设计完成优化，以达到设计要求。约束条件有面积、速度、功耗和可测性等。

可综合性是指电路描述的综合收敛性，也就是说，一个电路的描述在多大程度上可以由EDA工具自动生成合情合理的电路实现。如果设计采用不可综合语句描述，综合器将无法映射，也就无法生成原理图和网表。因此，可综合性是设计中必须考虑的因素之一。

下面以4线－16线译码器为例，介绍代码描述对设计可综合性的影响。

例3-6-1、例3-6-2和例3-6-3分别采用assign语句、case语句和for－loop语句描述译码器，采用相同的XinlinxVirtex工艺库，不施加任何约束综合后得到不同的结果。

[**例 3-6-1**] 由 assign 语句描述的译码器。

```
module decoder (
binary_in,          //四位二进制输入信号
decoder_out,        //十六位二进制输出信号
enable              //译码器控制输入信号
                    );
input[3:0] binary_in ;
input        enable ;
output[15:0]  decoder_out ;
wire[15:0]    decoder_out ;
assign decoder_out = (enable)? (1 < < binary_in) : 16'b0 ;
endmodule
```

例 3-6-1 的综合结果如图 3-6-1 所示。

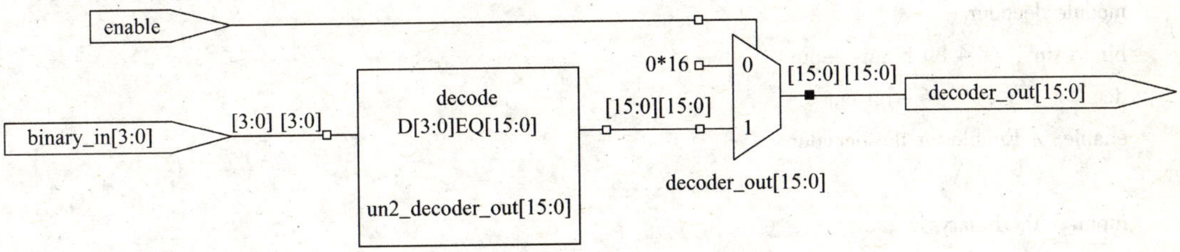

图 3-6-1 例 3-6-1 的综合结果

[**例 3-6-2**] 由 case 语句描述的译码器。

```
module decoder (
binary_in , // 4 bit binary input
decoder_out , // 16 - bit out
enable // Enable for the decoder
               );
input[3:0] binary_in ;
input enable ;
output[15:0] decoder_out ;
reg[15:0] decoder_out ;
always @ (enable or binary_in)
if (enable)
begin
decoder_out = 0;
case (binary_in)
4'h0 : decoder_out = 16'h0001;
4'h1 : decoder_out = 16'h0002;
4'h2 : decoder_out = 16'h0004;
4'h3 : decoder_out = 16'h0008;
4'h4 : decoder_out = 16'h0010;
4'h5 : decoder_out = 16'h0020;
4'h6 : decoder_out = 16'h0040;
4'h7 : decoder_out = 16'h0080;
```

```
4'h8 : decoder_out = 16'h0100;
4'h9 : decoder_out = 16'h0200;
4'hA : decoder_out = 16'h0400;
4'hB : decoder_out = 16'h0800;
4'hC : decoder_out = 16'h1000;
4'hD : decoder_out = 16'h2000;
4'hE : decoder_out = 16'h4000;
4'hF : decoder_out = 16'h8000;
endcase
end
endmodule
```

例 3-6-2 的综合结果如图 3-6-2 所示。

[**例 3-6-3**] 用循环语句描述的译码器。

```
module decoder (
binary_in , // 4 bit binary input
decoder_out , // 16 - bit out
enable // Enable for the decoder
                );
input[3:0] binary_in ;
input enable ;
output[15:0] decoder_out ;
reg[15:0] decoder_out ;
integer i ;
always @ (enable or binary_in)
if (enable)
begin
decoder_out = 0;
for (i = 0; i < 16; i = i +1)
begin
decoder_out = (i == binary_in)? i + 1 : 16'h0;     // line 18
end
end
endmodule
```

例 3-6-3 的综合结果如图 3-6-3 所示。

从图 3-6-1、图 3-6-2 和图 3-6-3 可以看到，综合生成的逻辑电路中，代码的描述方式对电路的性能有很大影响。

由于不同的综合工具支持不同的可综合性描述语句，因此，在设计中，常用的可综合性描述原则是：

1）在时序电路中，采用非阻塞语句代替阻塞语句：

```
always @ (posedge clock)
q <= d;
```

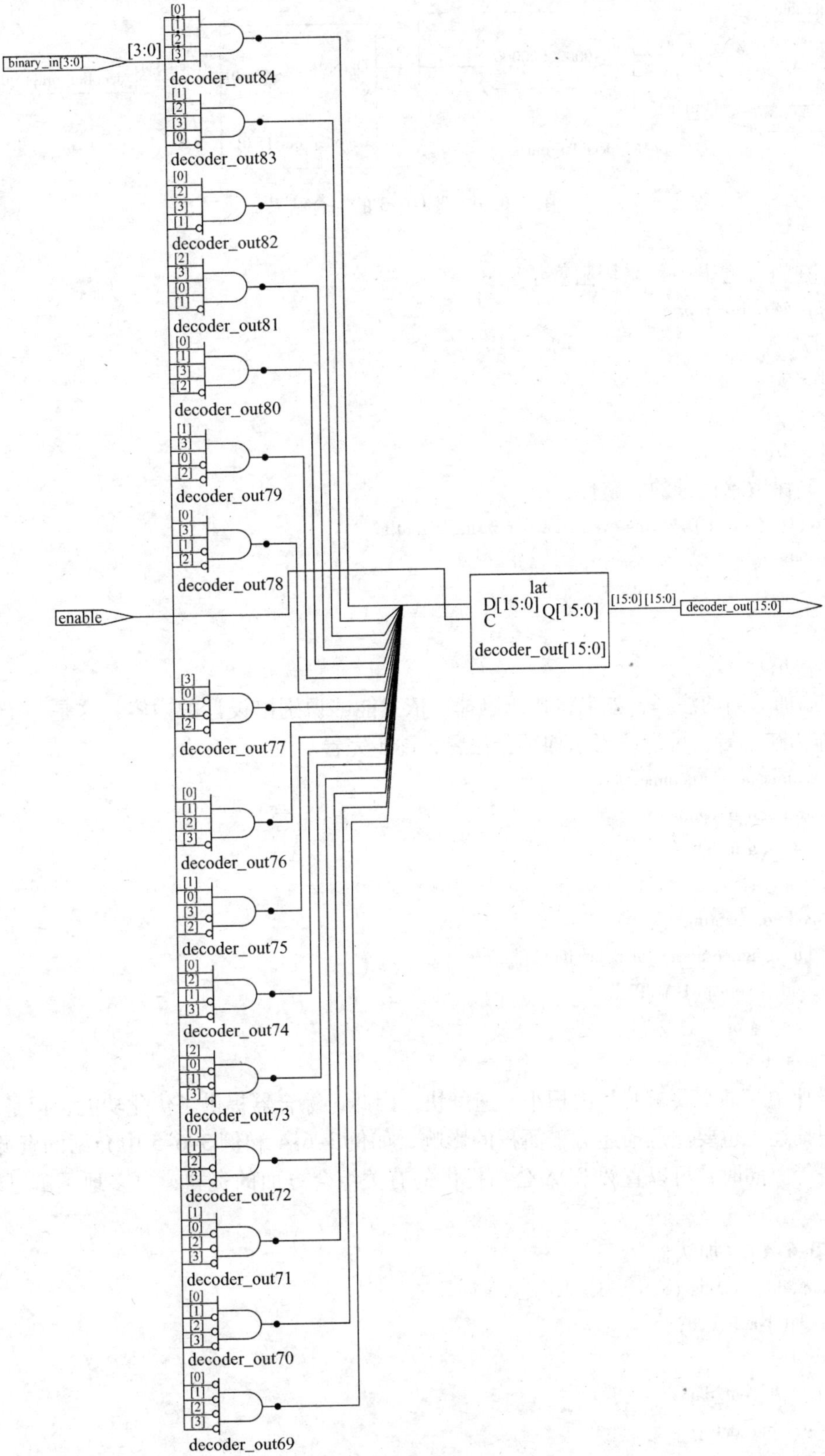

图 3-6-2 例 3-6-2 的综合结果

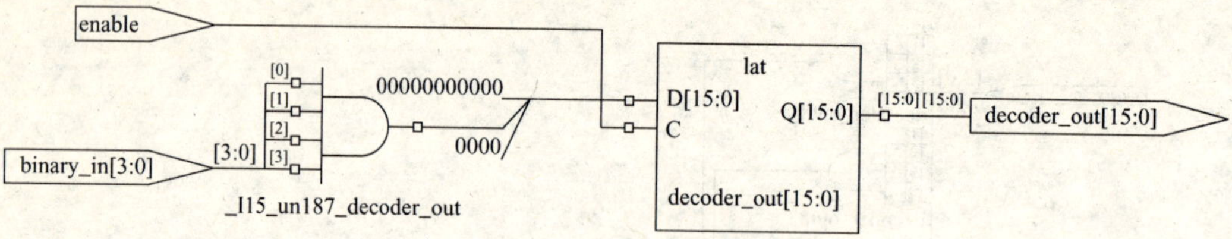

图 3-6-3 例 3-6-3 的综合结果

2）在组合逻辑中，采用阻塞语句：

```
always @ (a or b or sl)
if(sl)
  d = a;
else
  d = b;
```

3）确保敏感信号的完整性：

```
always @ (a or b) // this event list is missing signal sl
  if (sl)
  d = a;
else
  d = b;
```

4）添加适当的注释，如果将代码删掉，依然能够识别出设计的内容，这是一个完美的注释。作为初学者，可以适当添加部分注释，逐步完善。

```
// example of bad comments
// add a and b together
always @ (a or b)
c = a + b;
// Good commenting
// 8 bit unsigned adder for data signals 'a' and 'b'
// output is sent to UART2
always @ (a or b)
c = a + b;
```

在设计中，通常要求芯片面积小，速度快，因此，综合器提供了优化功能，但是，设计者在代码描述中也要注意描述对于面积的影响，如例 3-6-4 和例 3-6-5 中介绍的资源共享、优化算法等。同时，可以查阅 EDA 公司提供的有关综合方面的资料，更多地了解可综合性描述。

[例 3-6-4] 加法器。

```
module add_separate (a,b,c,d,sel,out_data);
input[3:0] a,b,c,d;
input sel;
output[4:0] out_data;
reg[4:0] out_data;
always @ (sel or a or b or c or d)
```

```
if (sel ==1)
  out_data <=  a + b;
else
  out_data <=  c + d;
endmodule
```

[例3-6-5]　采用资源共享的加法器。

```
module add_together(a,b,c,d,sel,out_data);
input[3:0] a,b,c,d;
input sel;
output[4:0] out_data;
reg[4:0] out_data;
reg[3:0] mux1,mux2;
always @ (mux1 or mux2)
out_data  =  mux1 + mux2;
always @ (sel or a or b or c or d)
if (sel ==1)
   begin
      mux1 <= a;
      mux2 <= b;
   end
else
   begin
      mux1 <= c;
      mux2 <= d;
   end
endmodule
```

两段代码采用了不同的描述方式，实现相同的功能，区别是例3-6-5采用了资源共享的方式，首先选择数据，然后进行加法，因此，对应的电路中只有一个加法器，减小了电路面积。例3-6-4的综合结果如图3-6-4所示，例3-6-5的综合结果如图3-6-5所示。

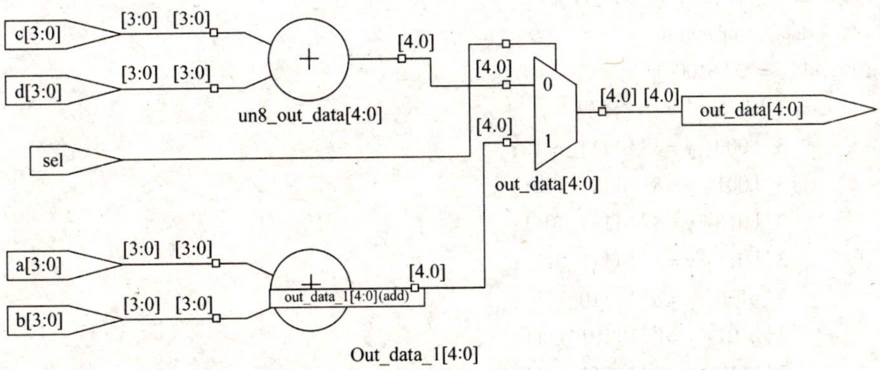

图3-6-4　例3-6-4的综合结果

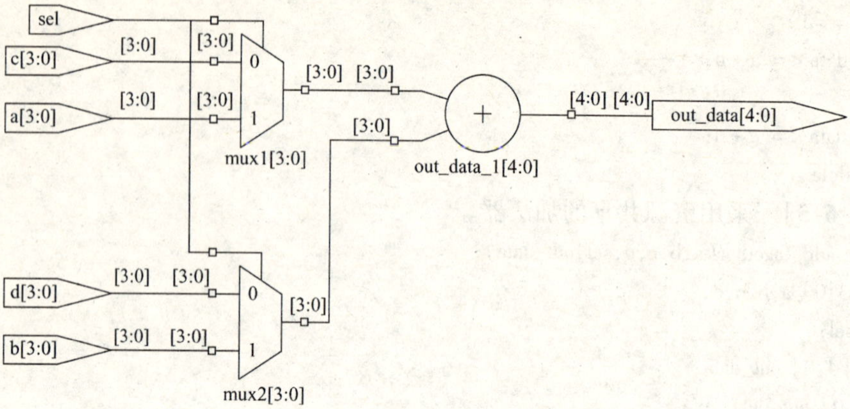

图3-6-5 例3-6-5的综合结果

3.7 设计实例

本节将选用一些典型电路进行Verilog HDL描述，以便更好地理解语言的使用。

3.7.1 译码电路

由于3线-8线译码器和编码器在前几章已有描述，本节只给出使用case语句实现的Verilog HDL描述。

[例3-7-1] 3线-8线译码器的Verilog HDL描述。

```
module decoder(a,b,c,cntl,y);
input a,b,c;
input[2:0] cntl;
output[7:0] y;
wire a,b,c;
wire[2:0] cntl;
reg[7:0] y;
wire[2:0] data_in;
assign data_in = {c,b,a};      //输入码
always @ (data_in or cntl)
    if ( cntl  == 3'b100 )
        case (data_in)     //译码
            3'b000: y = 8'b1111_1110;
            3'b001: y = 8'b1111_1101;
            3'b010: y = 8'b1111_1011;
            3'b011: y = 8'b1111_0111;
            3'b100: y = 8'b1110_1111;
            3'b101: y = 8'b1101_1111;
            3'b110: y = 8'b1011_1111;
            3'b111: y = 8'b0111_1111;
        endcase
```

```
    else
        y = 8'b1111_1111;       //失效
endmodule
```

3.7.2　编码电路

这里介绍一个具有优先级的 8 线 - 3 线编码器，使用 if - else 语句描述，其中，输入端 0 具有最高优先级，而输入端 7 的优先级最低。

[**例 3-7-2**]　编码器的 Verilog HDL 描述。

```
module coder(data_in, data_out, enable);
input[7:0] data_in;
input enable;
output[2:0] data_out;
wire[7:0] data_in;
reg[2:0] data_out;
always @ ( data_in or enable )
if      (enable)                    data_out = 3'bz;
else if ( ~data_in[0] )             data_out = 3'b000;
else if ( ~data_in[1] )             data_out = 3'b001;
else if ( ~data_in[2] )             data_out = 3'b010;
else if ( ~data_in[3] )             data_out = 3'b011;
else if ( ~data_in[4] )             data_out = 3'b100;
else if ( ~data_in[5] )             data_out = 3'b101;
else if ( ~data_in[6] )             data_out = 3'b110;
else if ( ~data_in[7] )             data_out = 3'b111;
else                                data_out = 3'bz;
endmodule
```

3.7.3　数据分配器

数据传输中，有时需要将数据分配到不同的数据通道上，能够完成这种功能的电路称为数据分配器，其电路结构为单输入多输出形式，功能如同多路开关，将输入 D 送到指定的数据通道上，如图 3-7-1 所示。

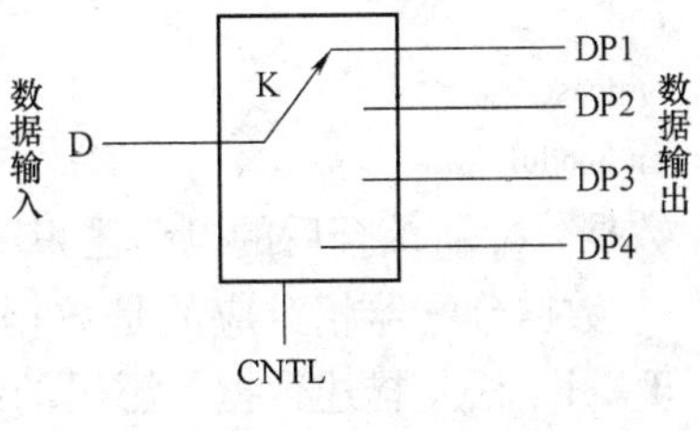

图 3-7-1　数据分配器示意图

数据分配器在语言描述上有多种方式，可以采用 if、case 等条件语句。当选择的控制条件集中在某几个变量上时，case 语句描述显得更为方便、直观。下面是采用 case 语句描述数据分配器的例子。

[**例 3-7-3**]　数据分配器的 Verilog HDL 描述。

```
module demux (reset, cntl, d,dp1,dp2,dp3,dp4);
input reset;                //复位信号
input[1:0] cntl;            //控制信号,决定输入数据的流向
```

```
input[3:0] d;          //输入数据
output[3:0] dp1;       //数据通道 1
output[3:0] dp2;       //数据通道 2
output[3:0] dp3;       //数据通道 3
output[3:0] dp4;       //数据通道 4
wire reset;
wire[1:0] cntl;
wire[3:0] d;
reg[3:0] dp1, dp2, dp3, dp4;
always @ (reset or cntl or d)
if (reset)
begin                  //复位
dp1 =4'b0;
dp2 =4'b0;
dp3 =4'b0;
dp4 =4'b0;
end
else
case (cntl)            //通道选通
2'b00: dp1 = d;
2'b01: dp2 = d;
2'b10: dp3 = d;
2'b11: dp4 = d;
default:
begin
dp1 =4'bzzzz;
dp2 =4'bzzzz;
dp3 =4'bzzzz;
dp4 =4'bzzzz;
end
endcase
endmodule
```

数据分配器综合后的电路逻辑图如图 3-7-2 所示。

与数据分配器相对应的是数据选择器，也就是通常说的 MUX，同样可以使用 case 语句、if-else 语句描述数据，源码的结构与上述的数据分配器基本相同，只要把通道选通部分的方向翻转过来就可以了。

3.7.4 同步计数器

同步计数器按时钟的节拍计数，可以设置异步或同步使能端和清零端。下面是一个具有同步使能/清零端的 8 位二进制同步计数器的 Verilog HDL 描述，其符号如图 3-7-3 所示。

[例 3-7-4] 同步计数器的 Verilog HDL 描述。

```
module counter(clk,en,clr,result);
```

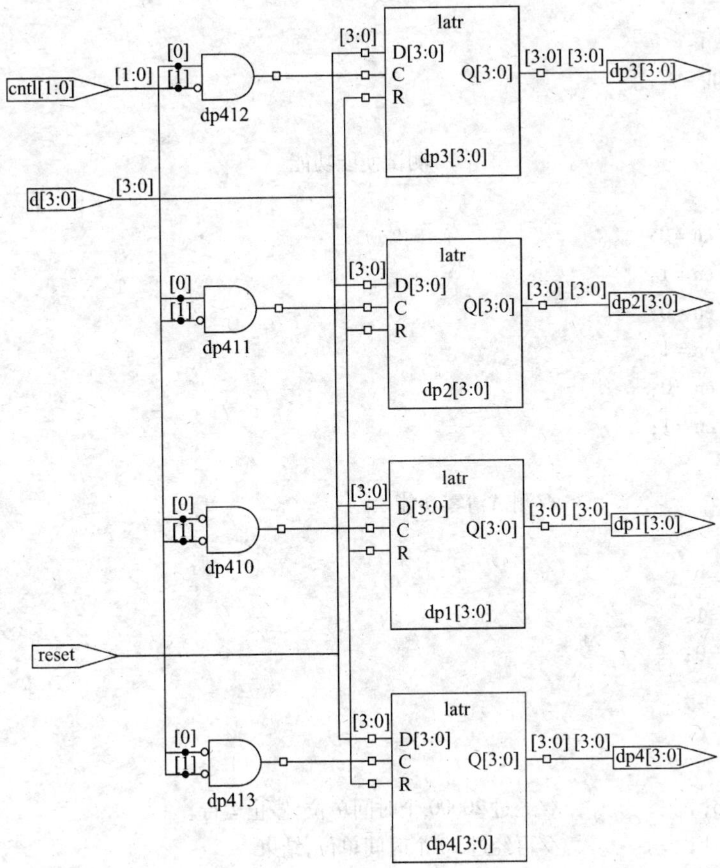

图 3-7-2 数据分配器综合后的电路逻辑图

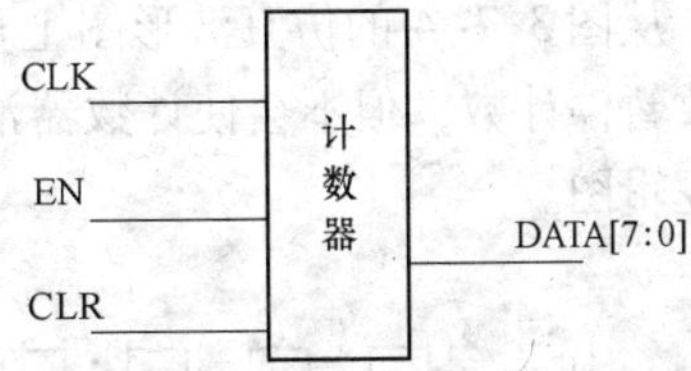

图 3-7-3 计数器结构示意图

```
input clk, en , clr;
output[7:0] result;
reg[7:0] result;
always @( posedge clk )
begin
if ( en )
if (clr || result == 8'b1111_1111) result <= 8'b0000_
0000;
else result <= result + 1;
end
endmodule
```

[例 3-7-5] 计数器的测试文件。

```
`timescale 1ns/1ns                //定义时间精度
module test;
reg clk, en, clr;
wire[7:0] result;
counter counter(clk,en,clr,result);   //源码映射
initial                           //产生时钟信号,周期为100个时间单位
```

```
begin
#10      clk = 1;
forever #50 clk = ~clk;
end
initial                                           //测试使能功能
begin
#10           en = 0;
#190          en = 1;
#150          en = 0;
#240          en = 1;
#1970980      en = 0;
#140          en = 1;
end
initial                          //测试清零功能
begin
#10       clr = 0;
#130      clr = 1;
#150      clr = 0;
end
initial
begin
#20000 $ stop;                  //经过20000个时间单位,停止运行
#20     $ finish;               //再经过20个时间单位,结束
end
endmodule
```

从图3-7-4的仿真波形图上可以看到使能信号和清零信号的作用。其中，使能信号的失效暂停计数，但不会使计数器清零，而清零信号则使计数器清零。图3-7-5给出了综合后的逻辑图。

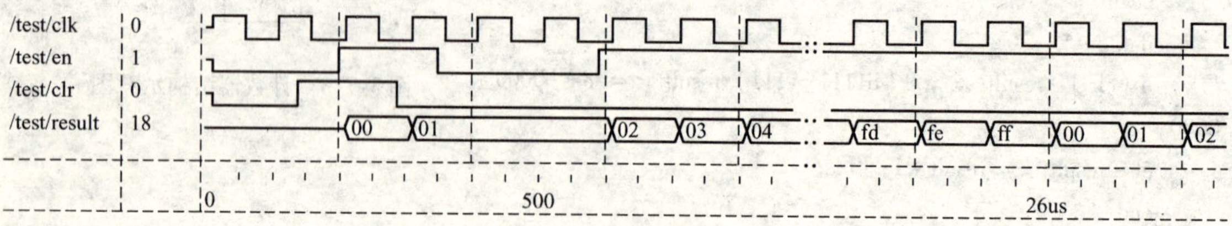

图3-7-4　同步计数器仿真示意图

3.7.5　移位寄存器

这里以左移寄存器为例介绍移位寄存器的Verilog HDL设计。在左移寄存器的操作中寄存器的每一位顺序左移一位，最低位补0。若将最高位数据输出到最低位就是循环左移移位寄存器了。下面是一个左移寄存器的源代码。

[**例3-7-6**]　左移寄存器。

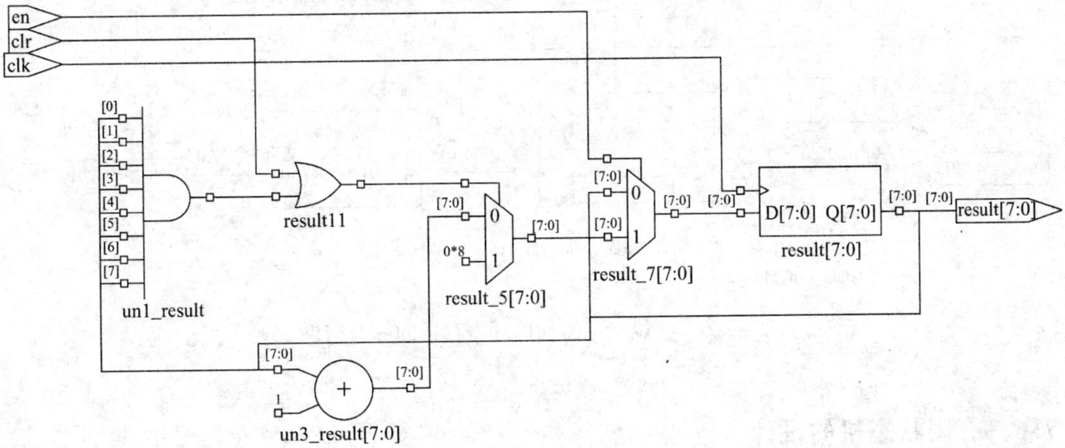

图 3-7-5 同步计数器的综合结果

```
module        shift_left( clk, en, clr, data_in, data_out );
input         clk,en,clr;
input         [7:0] data_in;
output        [7:0] data_out;
wire          [7:0] data_in;
reg           [7:0] data_out;
always @ ( posedge clk )
if ( en )
  if ( clr )
      data_out[7:0] = 8'b0;
  else
      data_out[7:0] = data_in << 1 ;
endmodule
```

下面是循环左移寄存器的源代码。

[例 3-7-7] 循环左移寄存器。

```
always @ ( posedge clk )
if ( en )
        if ( clr )
                data_out[7:0] = 8'b0;
        else
             begin
             data_out[7:1] = data_in[6:0];
             data_out[0] = data_in[7];
end
```

左移功能使用移位运算符描述，而循环功能则分开描述，单独处理最高位和最低位的关系。左移寄存器和循环左移寄存器的差别只在于第 0 位的输入是来自于第 7 位还是补入一个 0。移位寄存器和循环寄存器的综合结果如图 3-7-6 所示。

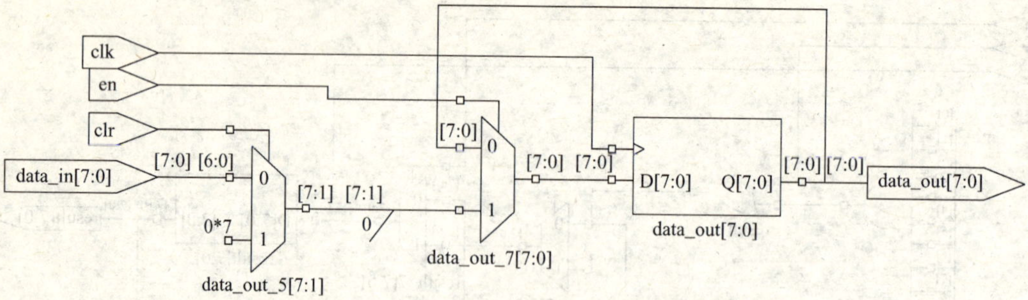

图3-7-6 移位寄存器和循环寄存器的综合结果

3.7.6 有限状态机的设计

2.5.3 节对有限状态机已经有了详尽的描述，这里以一个例子说明用 Verilog HDL 进行有限状态机设计的过程。

[**例3-7-8**] 自动售饮料机要求每次投币一枚，分为伍角和壹元两种，根据两种币值的投币信号指示售货机是否发货，以及是否找零。这是一个可以用状态机描述的问题，表3-7-1描述了此状态机，共定义了七个状态，根据每次投入的币值决定下一个状态的变化。

七个状态的含义：

STATUS0：投币时，售货机内没有硬币；

STATUS1：投币时，售货机内已有伍角；

STATUS2：投币时，售货机内已有壹元；

STATUS3：投币时，售货机内已有壹元伍角；

STATUS4：投币时，售货机内已有贰元；

STATUS5：投币时，售货机内已有贰元伍角；

STATUS6：投币时，售货机内已有叁元。

由于投币信号 five_ jiao 和 one_ yuan 不会同时为1，所以只有三种组合会引起状态发生转移。饮料价格为2.5元，当已投入2.5元时，仍继续投币，则售一瓶饮料后转至 FIVE 或 TEN 状态；若已投入3元，则将找零的0.5元作为基数，状态转移至 TEN 或 FIFTEEN，开始新的转移。

状态机的编码方式很多，如顺序码、格雷码、one-hot 码以及自定义码等，每种编码方式均有各自的特点，如 one-hot 码，尽管编码电路较大，但是需要的状态译码电路较少。

状态机由当前状态（CS）、下一状态（NS）和输出逻辑（OL）三部分组成，可以依据状态机的不同结构采用不同的 Verilog 描述方法，常用的方法有：

1）将 CS、NS 与 OL 分别描述。

2）将 CS、NS 与 OL 混合描述。

3）将 NS 与 OL 混合，CS 单独描述。

4）将 CS 与 NS 混合，OL 单独描述。

5）将 CS 与 OL 混合，NS 单独描述。

下面的源代码中采用第三种描述方法，编码方式为7位 one-hot 码。

表 3-7-1 自动售饮料机状态表

five_ jiao	one_ yuan	当前状态	下一状态	找零	售货
1	0	STATUS0	STATUS1	0	0
0	1		STATUS2	0	0
0	0		STATUS0	0	0
1	0	STATUS1	STATUS2	0	0
0	1		STATUS3	0	0
0	0		STATUS1	0	0
1	0	STATUS2	STATUS3	0	0
0	1		STATUS4	0	0
0	0		STATUS2	0	0
1	0	STATUS3	STATUS4	0	0
0	1		STATUS5	0	0
0	0		STATUS3	0	0
1	0	STATUS4	STATUS5	0	0
0	1		STATUS6	0	0
0	0		STATUS4	0	0
1	0	STATUS5	STATUS1	0	1
0	1		STATUS2	0	1
0	0		STATUS0	0	1
1	0	STATUS6	STATUS2	0	1
0	1		STATUS3	0	1
0	0		STATUS0	1	1

[例 3-7-9] 自动售货机的 Verilog HDL 描述。

```
module auto_sell ( five_jiao,one_yuan, clk, reset, sell, five_jiao_out);
input five_jiao,one_yuan;
input clk, reset;
output sell, five_jiao_out;
reg sell, five_jiao_out;
reg[2:0] current_state;
reg[2:0] next_state;
`define      STATUS0              3'b000
`define      STATUS1              3'b001
`define      STATUS2              3'b011
`define      STATUS3              3'b010
`define      STATUS4              3'b110
```

```
`define     STATUS5          3'b111
`define     STATUS6          3'b101
always @ (posedge clk)
        begin
                current_state = next_state;
        end
always @ (current_state or reset or five_jiao or one_yuan)
        begin
                if (! reset)
begin
                    next_state =`STATUS0;
                  five_jiao_out = 0; sell =0;
                end
              else
case (current_state)
                 `STATUS0:
begin
                  five_jiao_out = 0; sell =0;
                  if (five_jiao)        next_state =`STATUS1;
                  else if (one_yuan) next_state =`STATUS2;
                  else                  next_state =`STATUS0;
                      end
                 `STATUS1:
begin
                  five_jiao_out = 0; sell =0;
                  if (five_jiao)        next_state =`STATUS2;
                  else if (one_yuan) next_state =`STATUS3;
                  else                  next_state =`STATUS1;
                      end
                 `STATUS2:
begin
                  five_jiao_out = 0; sell =0;
                  if (five_jiao)        next_state =`STATUS3;
                  else if (one_yuan) next_state =`STATUS4;
                  else                  next_state =`STATUS2;
                      end
                 `STATUS3:
begin
                  five_jiao_out = 0;sell =0;
                  if (five_jiao)       next_state =`STATUS4;
                  else if (one_yuan)next_state =`STATUS5;
```

```
                    else                        next_state = `STATUS3;
                    end
                    `STATUS4:
begin
                    five_jiao_out = 0;          sell = 0;
                    if (five_jiao)              next_state = `STATUS5;
                    else if (one_yuan)          next_state = `STATUS6;
                    else                        next_state = `STATUS4;
                        end
                    `STATUS5:
begin
                    sell = 1;                   five_jiao_out = 0;
                    if(five_jiao)                   next_state = `STATUS1;
                    else if (one_yuan)          next_state = `STATUS2;
                    else                        next_state = `STATUS0;
                    end
                    `STATUS6:
begin
                    sell = 1;
                    if (five_jiao)
begin
                            next_state = `STATUS2;
                        five_jiao_out = 0;
                      end
                    else if ( one_yuan )
begin
                            next_state = `STATUS3;
                            five_jiao_out = 0;
                          end
                    else begin
                            next_state = `STATUS0;
                            five_jiao_out = 1;
                          end
                      end
        default: begin
                    next_state = `STATUS0;
                    sell = 0;
                    five_jiao_out = 0;
                  end
        endcase
    end
endmodule
```

3.7.7 复杂逻辑电路设计

在本节将选择 ALU 作为设计示例来介绍一下使用 Verilog HDL 设计复杂逻辑电路的方法。ALU，即算术逻辑运算单元（Arithmatic Logic Unit），是 CPU、MCU、DSP 等器件的核心单元。ALU 设有两个输入端 A，B，一个输出端 Y，如图 3-7-7 所示。不同的 ALU 有不同的功能，其具体功能及操作方式由其指令系统决定。通常先由操作码对送入 A、B 端口的数据进行选择，然后通过控制信号执行 A、B 的相应操作。

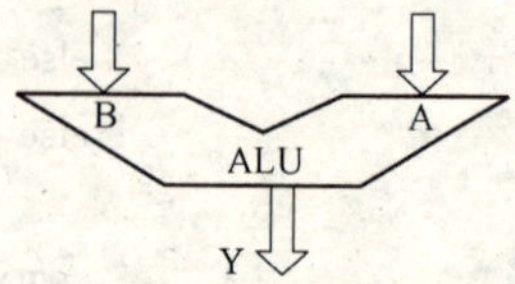

图 3-7-7 两端口 ALU 示意图

为了更加接近实际的工业设计，我们选用美国 ROCKWELL 公司生产的 6502 微处理器所使用的 ALU 作为实例。6502 共有 56 条指令，13 种寻址方式，是一款性能相当出色的微处理器。它的 ALU 可以执行加、减、与、或、异或、移位、加 1、减 1 八种基本操作。

需要特别指出的是，6502 的 ALU 还可以具有地址计算功能。它可以把累加器（A_Reg）、堆栈（SP_Reg）、变址寄存器（X_Reg、Y_Reg）等作为输入信号，通过不同的操作，来实现微处理器的 13 种寻址方式。

［例 3-7-10］ 算术逻辑单元的 Verilog HDL 描述。

```
module alu (CLOCK,C_Flag, Alu_Op,
            DATA_In,X_Reg, Y_Reg,A_Reg,SP_Reg,C_IN, Alu_Out);
input CLOCK,C_Flag;
input[4:0] Alu_Op;
input[7:0] DATA_In,X_Reg,Y_Reg,A_Reg,SP_Reg;
output C_IN;
output[7:0] Alu_Out;
reg C_IN;
reg[7:0] Alu_Out,a,b ;
 always @(negedge CLOCK)
 casex (Alu_Op)
  5'b01011:              b = SP_Reg;
  default:               b = DATA_In;
 endcase
always @(negedge CLOCK)
 casex (Alu_Op)
    5'b00010,  5'bx0100,  5'b10001:  a = X_Reg;
    5'b00011,  5'b00101,  5'b10x01:  a = Y_Reg;
    5'b00001, 5'b10000, 5'b0011x,
    5'b10011,  5'bx1111:  a =  A_Reg;
    default:                         a = DATA_In;
 endcase
always @(negedge CLOCK)
 casex(Alu_Op)
    5'b000xx:            {C_IN, Alu_Out} <= a;              //直通
```

```
  5'b0010x:          {C_IN, Alu_Out}  <= a+b;              //加法
  5'b1000x, 5'b10010: {C_IN, Alu_Out}  <= a-b ;            //减法
  5'b0100x, 5'b01010: Alu_Out  <= a - 1'b1;                //减1
  5'b1010x, 5'b10111: {C_IN, Alu_Out} <= a + 1'b1;         //加1
  5'b00111:          {C_IN, Alu_Out}  <= a+b + C_Flag;     //带进位加
  5'b01011:          {C_IN, Alu_Out}  <= b;                //直通
  5'b00110:          Alu_Out  <= a - b - (~C_Flag);        //带进位减
  5'b10011:          Alu_Out  <=a&b ;                      //与
  5'b11111:          Alu_Out  <=a|b ;                      //或
  5'b01111:          Alu_Out  <=a^b ;                      //异或
  5'b11000:          Alu_Out  <= {a[6:0], 1'b0};           //左移
  5'b11001:          Alu_Out  <= {1'b0, a[6:0]};           //右移
  5'b11010:          Alu_Out  <= {a[6:0], C_Flag};         //带进位左移
  5'b11011:          Alu_Out  <= {C_Flag, a[6:0]};         //带进位右移
  default:                   ;
 endcase
endmodule
```

在上面的源码中，首先通过两个多路选择器，将参与运算的操作数存放在 A、B 寄存器中，然后又通过一个多路选择器，在操作码的控制下实现对 ALU 进行的操作。因为参与运算的操作数实际有三个，A，B（4 位）和 C_Flag（1 位），输出若考虑进位，则运算结果可能是5 位，故定义了辅助信号 C_IN。此处用编码表示操作码，虽然便于优化，但可读性不好。下面给出上述源码的参数化描述，可以看到可读性好了很多。

[例 3-7-11] 使用参数化设计的 ALU。

```
always @(negedge CLOCK)
case(Alu_Op)
      `AluOp_DataIn:       {C_IN, Alu_Out}  <= DATA_In;
      `AluOp_DataInPlusX:  {C_IN, Alu_Out}  <= DATA_In + X_Reg;
      `AluOp_DataInPlusY:  {C_IN, Alu_Out}  <= DATA_In + Y_Reg;
      `AluOp_FromA:        {C_IN, Alu_Out}  <= A_Reg;
      `AluOp_FromX:        {C_IN, Alu_Out}  <= X_Reg;
        …
      `AluOp_ROL:          Alu_Out  <={DATA_In[6:0],C_Flag};
      `AluOp_ROR:          Alu_Out  <={C_Flag, DATA_In[7:1]};
    default:           ;
endcase
```

第 4 章　数字系统设计题目

4.1　多功能数字钟的设计

4.1.1　设计要求

设计一个能进行时、分、秒计时的 12h 制或 24h 制的数字钟，并具有定时与闹钟功能，能在设定的时间发出闹铃音，能非常方便地对时、分和秒进行手动调节，以校准时间，每逢整点，产生报时音报时。其系统框图如图 4-1-1 所示。

4.1.2　设计提示

此设计问题可分为主控电路、计数器模块和扫描显示三大部分，其中计数器部分的设计是已经非常熟悉的问题，只要掌握六十进制、十二进制的计数规律，用同步计数或异步计数都可以实现，扫描显示模块在第 1 章中也已经介绍过，所以主控电路中各种特殊功能的实现是这个设计问题的关键。

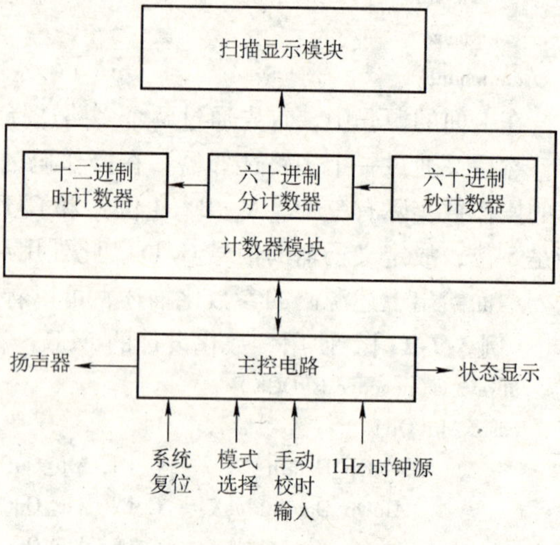

图 4-1-1　数字钟系统框图

用两个电平信号 A、B 进行模式选择，其中，AB = 00 为模式 0，系统为计时状态；AB = 01 为模式 1，系统为手动校时状态；AB = 10 为模式 2，系统为闹钟设置状态。

设置一个 turn 信号，当 turn = 0 时，表示在手动校对时，选择调整分部分；当 turn = 1 时，表示在手动校对时，选择调整时部分。

设置一个 change 信号，在手动校时或闹钟设置模式下，每按一次，计数器加 1。

设置一个 reset 信号，当 reset = 0 时，整个系统复位；当 reset = 1 时，系统进行计时或其他特殊功能操作。

设置一个关闭闹铃信号 reset1，当 reset1 = 0 时，关闭闹铃信号；reset1 = 1 时，可对闹铃进行设置。

设置状态显示信号（发光二极管）：LD_alert 指示是否设置了闹铃功能；LD_h 指示当前调整的是时信号；LD_m 指示当前调整的是分信号。

当闹铃功能设置后（LD_alert = 1），系统应启动一个比较电路，当计时与预设闹铃时间相等时，启动闹铃声，直到关闭闹铃信号有效。

整点报时由分和秒计时同时为 0（或 60）启动，与闹铃声共用一个扬声器驱动信号 out。

系统计时时钟为 clk = 1Hz，选择另一个时钟 clk_1k = 1024Hz 作为产生闹铃声、报时音的时钟信号。

主控电路状态表如表 4-1-1 所列。其硬件系统示意图如图 4-1-2 所示。VHDL 参考代码见附录 B，Verilog HDL 参考代码见附录 C。

表 4-1-1 数字钟主控电路状态表

		模式	选择	秒、分、时计数器脉冲	输出状态			备注
reset	reset1	A B	turn		LD_h	LD_m	LD_alert	
0	x	x x	x	x	0	0	0	系统复位
1	x	0 0	x	clk	0	0	0	系统计时
1	x	0 1	0	change = ↑ 分计数器加 1	0	1	0	手动校时
1	x	0 1	1	change = ↑ 时计数器加 1	1	0	0	手动校时
1	1	1 0	0	change = ↑ 分计数器加 1	0	1	1	设置闹钟
1	1	1 0	1	change = ↑ 时计数器加 1	1	0	1	设置闹钟
1	0	x x	x	x	0	0	0	关闭闹钟

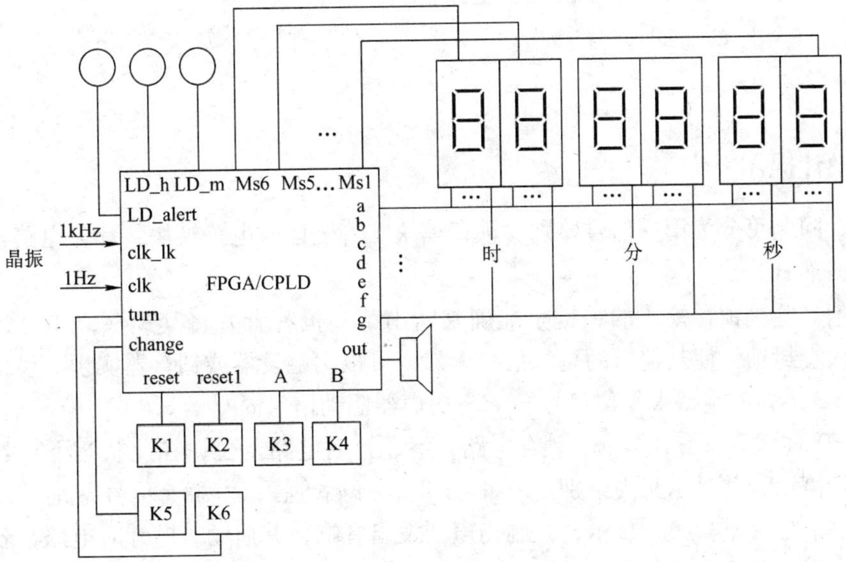

图 4-1-2 数字钟硬件系统示意图

4.2 数字式竞赛抢答器

4.2.1 设计要求

设计一个可容纳四组参赛队的数字式抢答器，每组设一个按钮供抢答使用。抢答器具有第一信号鉴别和锁存功能，使除第一抢答者外的按钮不起作用；设置一个主持人“复位”按钮，主持人复位后，开始抢答，第一信号鉴别锁存电路得到信号后，用指示灯显示抢答组别，扬声器发出 2 ~3s 的音响。

设置犯规电路，对提前抢答和超时答题（例如 3min）的组别鸣笛示警，并由组别显示电路显示出犯规组别。

设置一个计分电路，每组开始预置 10 分，由主持人记分，答对一次加 1 分，答错一次减 1 分。

其系统框图如图 4-2-1 所示。

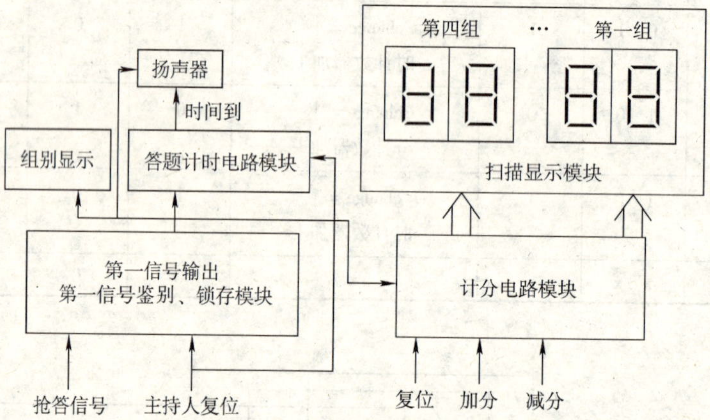

图 4-2-1　抢答器系统框图

4.2.2 设计提示

此设计问题可分为第一信号鉴别、锁存模块，答题计时电路模块，计分电路模块和扫描显示模块四部分。

第一信号鉴别锁存模块的关键是准确判断出第一抢答者并将其锁存，在得到第一信号后，将输入端封锁，使其他组的抢答信号无效，可以用触发器或锁存器实现。设置抢答按钮 K1、K2、K3、K4，主持人复位信号 reset，扬声器驱动信号 out。

reset =0 时，第一信号鉴别、锁存电路，答题计时电路复位，在此状态下，若有抢答按钮按下，鸣笛示警并显示犯规组别；reset =1 时，开始抢答，由第一信号鉴别、锁存电路形成第一抢答信号，进行组别显示，控制扬声器发出音响，并启动答题计时电路，若计时时间到，主持人复位信号还没有按下，则由扬声器发出犯规示警声。

计分电路是一个相对独立的模块，采用十进制加/减计数器、数码管数码扫描显示，设置复位信号 reset1、加分信号 up、减分信号 down，reset1 =0 时，所有得分回到起始分

(10分)，且加分、减分信号无效；reset1 = 1时，由第一信号鉴别、锁存电路的输出信号选择进行加减分的组别，每按一次up，第一抢答组加一分；每按一次down，第一抢答组减一分。

硬件系统示意图如图4-2-2所示。Verilog HDL参考代码见附录C。

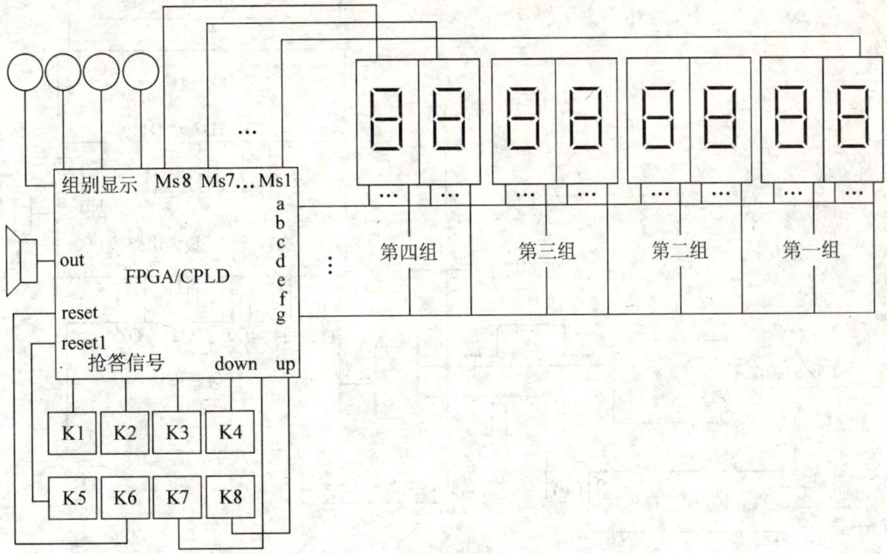

图4-2-2　数字抢答器硬件系统示意图

4.3　数字频率计

4.3.1　设计要求

设计一个能测量方波信号频率的频率计，测量结果用十进制数显示，测量的频率范围是1Hz～100kHz，分成两个频段，即1～999Hz和1～100kHz，用三位数码管显示测量频率，用LED显示表示单位，如亮绿灯表示Hz，亮红灯表示kHz。

具有自动校验和测量两种功能，即能用标准时钟校验测量精度。

具有超量程报警功能，在超出目前量程档的测量范围时，发出灯光和音响信号。

其系统框图如图4-3-1所示。

4.3.2　设计提示

脉冲信号的频率的测量原理在例1-5-2中已有介绍。此设计问题可分为测量/校验选择模块、计数器模块、送存选择/报警电路模块、锁存器模块和扫描显示模块几部分。

测量/校验选择模块的输入信号为：选择信号select、被测信号meas、测试信号test，输出信号为CP1。当select = 0时，为测量状态，CP1 = meas；当select = 1时，为校验状态，CP1 = test。校验与测量共用一个电路，只是被测信号CP1不同而已。

设置1s定时信号（周期为2s），在1s定时时间内的所有被测信号送计数器输入端。

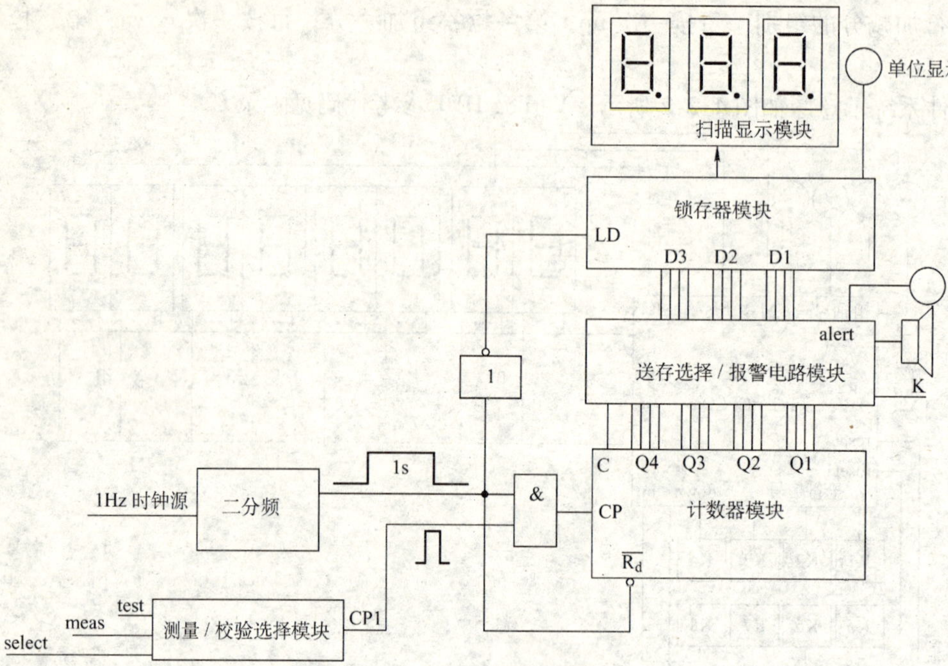

图 4-3-1 频率表系统框图

计数器对 CP1 信号进行计数，在 1s 定时结束后，将计数器结果送锁存器锁存，同时将计数器清零，为下一次采样测量做好准备。

设置量程档控制开关 K，单位显示信号 Y，当 K = 0 时，为 1 ~ 999Hz 量程档，数码管显示的数值为被测信号频率值，Y 显示绿色，即单位为 Hz；当 K = 1 时，为 1 ~ 100kHz 量程档，被测信号频率值为数码管显示的数值乘 1000，Y 显示红色，即单位为 kHz。

设置超出量程档测量范围示警信号 alert。计数器由四级十进制计数构成（带进位 C）。若被测信号频率小于 1kHz（K = 0），则计数器只进行三级十进制计数，最大显示值为 999Hz，如果被测信号频率超过此范围，示警信号驱动灯光、扬声器报警；若被测信号为 1 ~ 100kHz（K = 1），计数器进行四位十进制计数，取高三位显示，最大显示值为 99.9kHz，如果被测信号频率超过此范围，报警。

送存选择/报警电路状态表如表 4-3-1 所示。

表 4-3-1 送存选择/报警电路状态表

量程控制	计数器		锁存	小数点位置	报警信号
K	Q4 的最低位	C	D3 D2 D1		alert
0	0	0	Q3 Q2 Q1	右第一位	0
0	1	0	Q3 Q2 Q1	右第一位	1
1	X	0	Q4 Q3 Q2	右第二位	0
1	X	1	Q4 Q3 Q2	右第二位	1

其硬件系统示意图如图 4-3-2 所示。

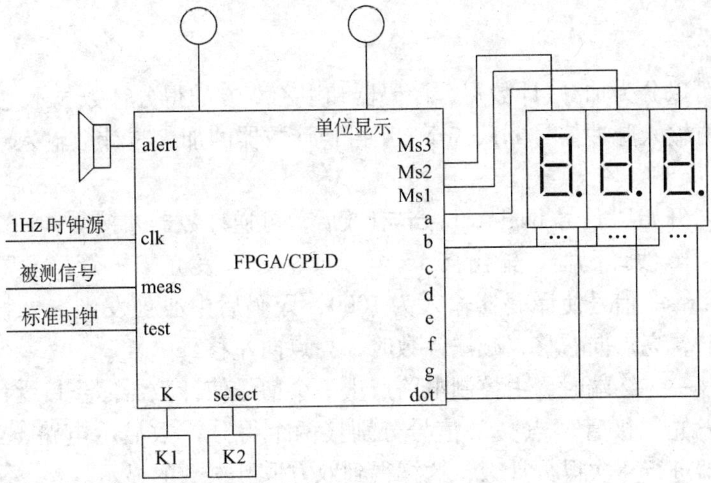

图 4-3-2　数字频率表硬件系统示意图

4.4　拔河游戏机

4.4.1　设计要求

设计一个能进行拔河游戏的电路。电路使用 15 个（或 9 个）发光二极管表示拔河的“电子绳”，开机后只有中间一个发亮，此即拔河的中心点。游戏甲乙双方各持一个按钮，迅速地、不断地按动产生脉冲，谁按得快，亮点向谁方向移动，每按一次，亮点移动一次。亮点移到任一方终端发光二极管，这一方就获胜，此时双方按钮均无作用，输出保持，只有复位后才使亮点恢复到中心。

由裁判下达比赛开始命令后，甲乙双方才能输入信号，否则，输入信号无效。

用数码管显示获胜者的盘数，每次比赛结束，自动给获胜方加分。

其系统框图如图 4-4-1 所示。

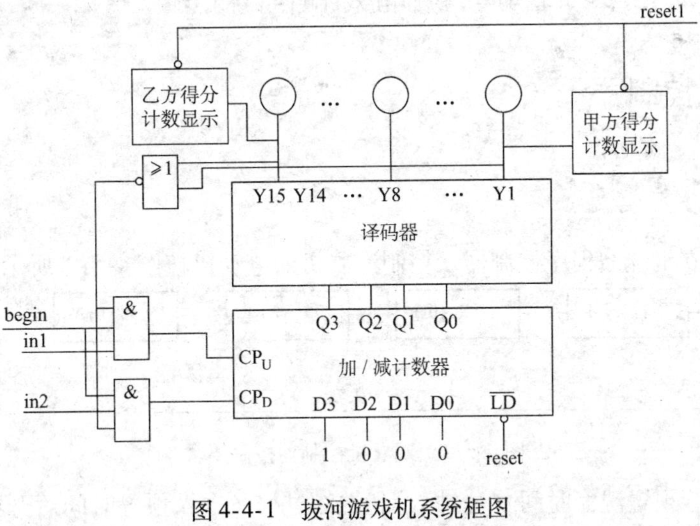

图 4-4-1　拔河游戏机系统框图

4.4.2 设计提示

此设计问题可以分为加/减计数器、译码器和甲乙双方的得分计数显示电路几部分。

设置参赛双方输入脉冲信号 in1、in2，用可逆计数器的加、减计数输入端分别接受两路按钮脉冲信号。

设置裁判员“开始”信号 begin，begin 有效后，可逆计数器才接受 in1、in2 信号。

用一个4线-16线译码器，输出接15个（或9个）发光二极管，设置一个复位信号 reset，比赛开始，reset 信号使译码器输入为1000，译码后中心处发光二极管点亮，当计数器进行加法计数时，亮点向右移，减法计数时，亮点向左移。

当亮点移到任一方终端时，由控制电路产生一个信号使计数器停止接受计数脉冲。

将双方终端发光二极管“点亮”信号分别接两个得分计数显示电路，当一方取胜时，相应的得分计数器进行一次得分计数，这样得到双方取胜次数的显示。

设置一个记分计数器复位信号 reset1，使双方得分可以清零。

其硬件系统示意图如图4-4-2所示。

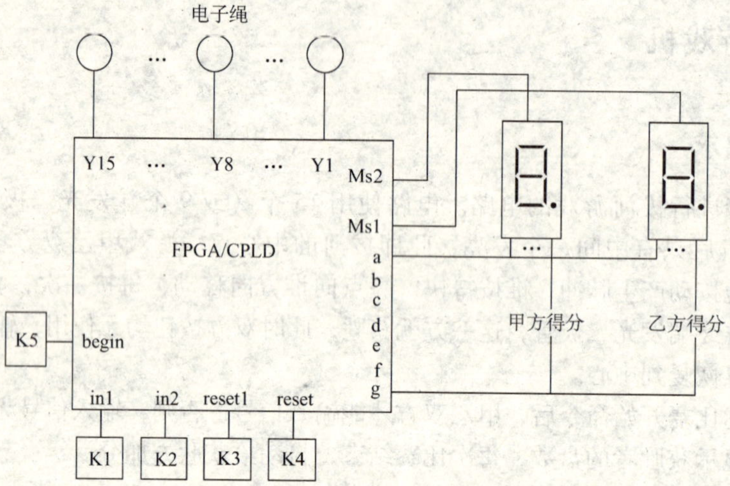

图4-4-2 拔河游戏机硬件系统示意图

4.5 洗衣机控制器

4.5.1 设计要求

设计一个洗衣机洗涤程序控制器，控制洗衣机的电动机按图4-5-1所示的规律运转。

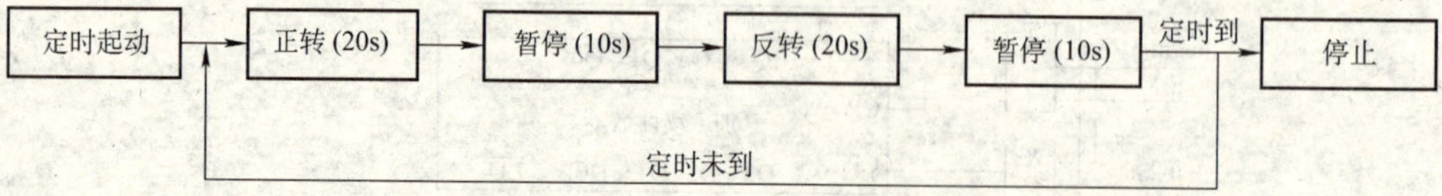

图4-5-1 洗衣机控制器控制要求

用两位数码管预置洗涤时间（分钟数），洗涤过程在送入预置时间后开始运转，洗涤中按倒计时方式对洗涤过程作计时显示，用 LED 表示电动机的正、反转，如果定时时间到，则停机并发出音响信号。

其系统框图如图 4-5-2 所示。

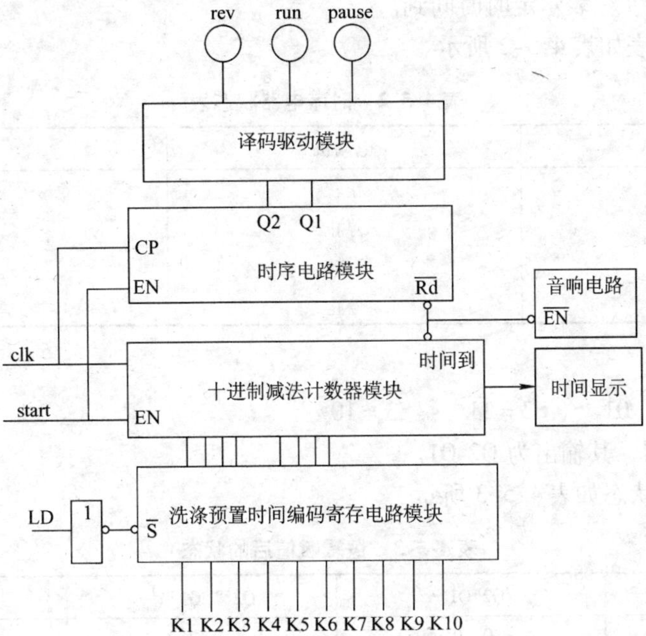

图 4-5-2 洗衣机控制器系统框图

4.5.2 设计提示

此设计问题可分为洗涤预置时间编码寄存电路模块、十进制减法计数器模块、时序电路模块、译码驱动模块四大部分。

设置预置信号 LD，LD 有效后，可以对洗涤时间计数器进行预置数，用数据开关 K1 ~ K10 分别代表数字 1，2，…，9，0，用编码器对数据开关 K1 ~ K10 的电平信号进行编码，编码器真值表如表 4-5-1 所示，编码后的数据寄存。

表 4-5-1 编码器真值表

数据开关电平信号	编码器输出
K1 K2 K3 K4 K5 K6 K7 K8 K9 K10	Q3 Q2 Q1 Q0
↑ 0 0 0 0 0 0 0 0 0	0 0 0 1
0 ↑ 0 0 0 0 0 0 0 0	0 0 1 0
0 0 ↑ 0 0 0 0 0 0 0	0 0 1 1
0 0 0 ↑ 0 0 0 0 0 0	0 1 0 0
0 0 0 0 ↑ 0 0 0 0 0	0 1 0 1
0 0 0 0 0 ↑ 0 0 0 0	0 1 1 0
0 0 0 0 0 0 ↑ 0 0 0	0 1 1 1
0 0 0 0 0 0 0 ↑ 0 0	1 0 0 0
0 0 0 0 0 0 0 0 ↑ 0	1 0 0 1
0 0 0 0 0 0 0 0 0 ↑	0 0 0 0

设置洗涤开始信号 start，start 有效，则洗涤时间计数器进行倒计数，并用数码管显示，同时启动时序电路工作。

时序电路中含有20s 定时信号，10s 定时信号，设为 A、B，A、B 为“0”表示定时时间未到，A、B 为“1”表示定时时间到。

时序电路状态表如表 4-5-2 所示。

表 4-5-2　时序电路状态表

状态	电动机	时间/s
S0	正转	20
S1	停止	10
S2	反转	20
S3	停止	10

状态编码为：

S0 = 00　　S1 = 01　　S2 = 11　　S3 = 10

若选 JK 触发器，其输出为 Q2 Q1。

逻辑赋值后的状态如表 4-5-3 所示。

表 4-5-3　逻辑赋值后的状态

A　B	$Q2^n Q1^n$	$Q2^{n+1} Q1^{n+1}$	说明
0　X	0　0	0　0	维持 S0
1　X	0　0	0　1	S0→S1
X　0	0　1	0　1	维持 S1
X　1	0　1	1　1	S1→S2
0　X	1　1	1　1	维持 S2
1　X	1　1	1　0	S2→S3
X　0	1　0	1　0	维持 S3
X　1	1　0	0　0	S3→S0

参考 1.5 节可以完成时序电路的设计。

设置电动机正转信号 run、反转信号 rev、暂停信号 pause，由时序电路的输出 Q2Q1 经译码驱动模块，可使显示信号正确反映电路的工作状态，译码驱动模块真值表如表 4-5-4 所示。

表 4-5-4　译码驱动电路真值表

Q2 Q1	run	rev	pause
0　0	1	0	0
0　1	0	0	1
1　1	0	1	0
1　0	0	0	1

直到洗涤计时时间到，时序电路异步复位，并启动音响电路。

其硬件系统示意图如图 4-5-3 所示。VHDL 参考代码见附录 B，Verilog HDL 参考代码见附录 C。

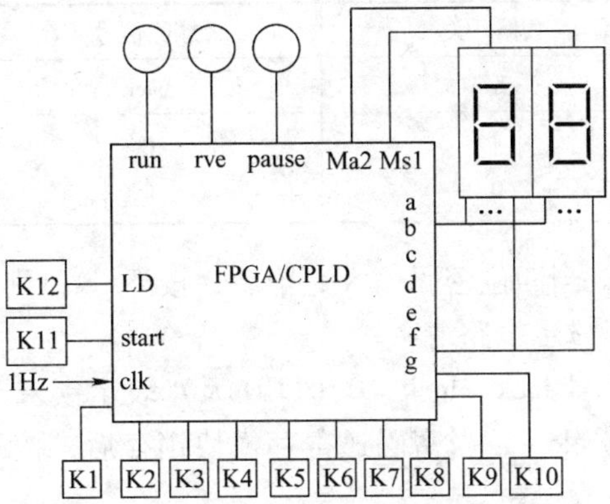

图 4-5-3　洗衣机控制器硬件系统示意图

4.6　电子密码锁

4.6.1　设计要求

设计一个电子密码锁，在锁开的状态下输入密码，设置的密码共 4 位，用数据开关 K1 ~ K10 分别代表数字 1、2、…、9、0，输入的密码用数码管显示，最后输入的密码显示在最右边的数码管上，即每输入一位数，密码在数码管上的显示左移一位。可删除输入的数字，删除的是最后输入的数字，每删除一位，密码在数码管的显示右移一位，并在左边空出的位上补充“0”。用一位输出电平的状态代表锁的开闭状态。为保证密码锁主人能打开密码锁，设置一个万能密码，在主人忘记密码时使用。

其系统框图如图 4-6-1 所示。

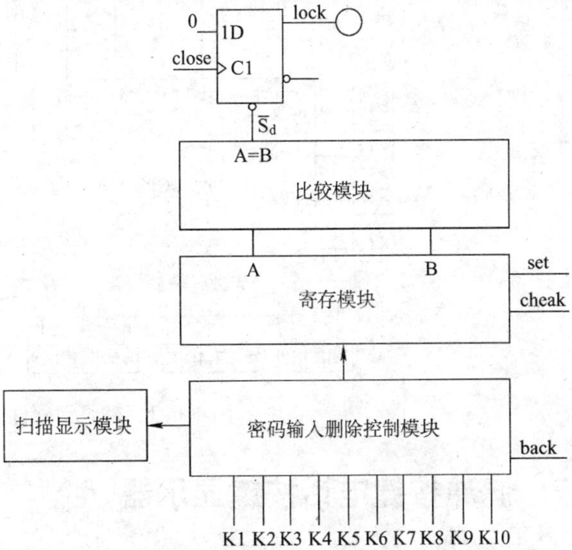

图 4-6-1　密码锁系统框图

4.6.2　设计提示

此设计问题可分为密码输入删除控制模块、寄存模块、比较模块、扫描显示模块几部分。

在密码输入删除控制模块中，用编码器对数据开关 K1 ~ K10 的电平信号进行编码，编码器真值表如表 4-5-1 所示。输入密码是在锁打开的状态下进行的，每输入一位数，密码在数码管上的显示左移一位。设置删除信号 back，每按下一次 back，删除最后输入的数字，密码在数码管的显示右移一位，并在左边空出的位上补充“0”，其状态表如表 4-6-1 所示。

表4-6-1 密码输入删除控制电路状态表

密码锁状态	数据开关	删除信号	数码管显示
lock	Ki	back	D3 D2 D1 D0
1	↑	0	右移
1	0	↑	左移

设置密码确认信号 set，当四位密码输入完毕后，按下 set，则密码被送寄存器锁存，比较模块得数据 A，同时密码显示电路清零。

设置密码锁状态显示信号 lock，lock = 0（LED 灭）表示锁未开；lock = 1（LED 亮）表示锁已打开。设置关锁信号 close，当密码送寄存模块锁存后，按下 close，则密码锁 lock = 0，锁被锁上。

设置密码检验信号 cheak，在 lock = 0 状态下，从数据开关输入四位开锁数码，按下 cheak，则开锁数码送寄存模块锁存，数据比较模块得到数据 B，若 A = B，则 D 触发器被置"1"，锁被打开，否则，lock 保持为"0"。

万能密码（例如 0007）可预先设置在比较模块中。

密码锁的硬件系统示意图如图4-6-2所示。VHDL 参考代码见附录 B，Verilog HDL 参考代码见附录 C。

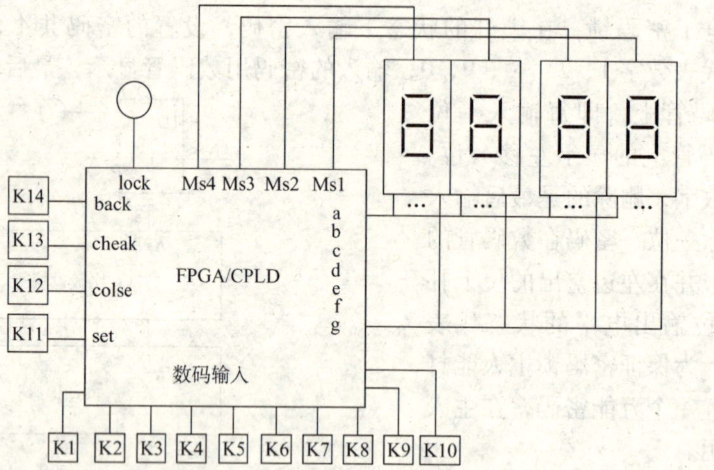

图4-6-2 密码锁硬件系统示意图

4.7 脉冲按键电话按键显示器

4.7.1 设计要求

设计一个具有七位显示的电话按键显示器，显示器应能正确反映按键数字，显示器显示从低位向高位前移，逐位显示按键数字，最低位为当前输入位，七位数字输入完毕后，电话接通，扬声器发出"嘟——嘟"接通声响，直到有接听信号输入，若一直没有接听，10s钟后，自动挂断，显示器清除显示，扬声器停止，直到有新号码输入。

其系统框图如图4-7-1所示。

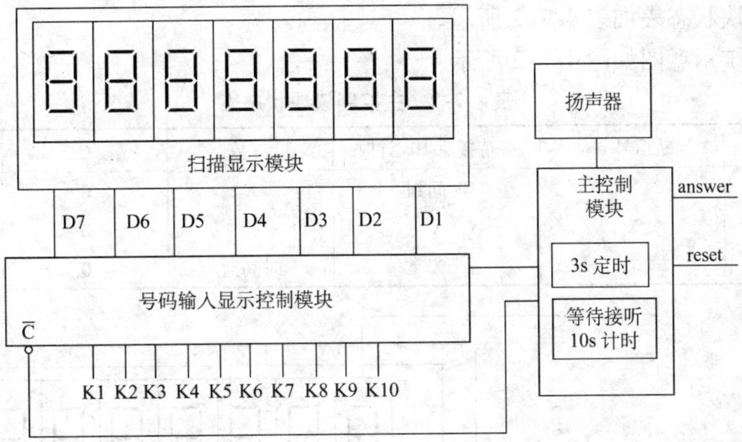

图4-7-1　脉冲按键电话按键显示器系统框图

4.7.2　设计提示

此设计题与密码锁有相似之处，可分为号码输入显示控制模块、主控制模块和扫描显示模块几部分。

在号码输入显示控制模块中，用数据开关K1～K10分别代表数字1、2、…、9、0，用编码器对数据开关K1～K10的电平信号进行编码，得四位二进制数Q，编码器真值表在表4-5-1中已经给出。每输入一位号码，号码在数码管上的显示左移一位，状态表如表4-7-1所示。

表4-7-1　号码输入显示控制模块状态表

$\overline{C}$	数据开关	数码管显示						
	Ki	D7	D6	D5	D4	D3	D2	D1
0	0	0	0	0	0	0	0	0
1	↑	0	0	0	0	0	0	Q
1	↑	0	0	0	0	0	D1	Q
1	↑	0	0	0	0	D2	D1	Q
1	↑	0	0	0	D3	D2	D1	Q
1	↑	0	0	D4	D3	D2	D1	Q
1	↑	0	D5	D4	D3	D2	D1	Q
1	↑	D6	D5	D4	D3	D2	D1	Q
0	X	熄灭	熄灭	熄灭	熄灭	熄灭	熄灭	熄灭

当七位号码输入完毕后，由主控制模块启动扬声器，使扬声器发出“嘟——嘟”声响，同时启动等待接听10s计时电路。

设置接听信号answer，若定时时间到还没有接听信号输入，则号码输入显示控制电路的$\overline{C}$信号有效，显示器清除显示，并且扬声器停止，若在10s计时未到时有接听信号输入，同样$\overline{C}$信号有效，扬声器停止。

设置挂断信号reset，任何时刻只要有挂断信号输入，启动3s计数器C，3s后系统C有效，系统复位。

主控制模块状态表如表 4-7-2 所示。

其硬件系统示意图如图 4-7-2 所示。

表 4-7-2 主控制模块状态表

接听信号 answer	挂断信号 reset	等待接听 10s 计时	3s 计数器	$\overline{C}$	扬声器
X	X	时间到	X	0	停止
↑	X	X	X	0	停止
X	↑	X	时间到	0	停止

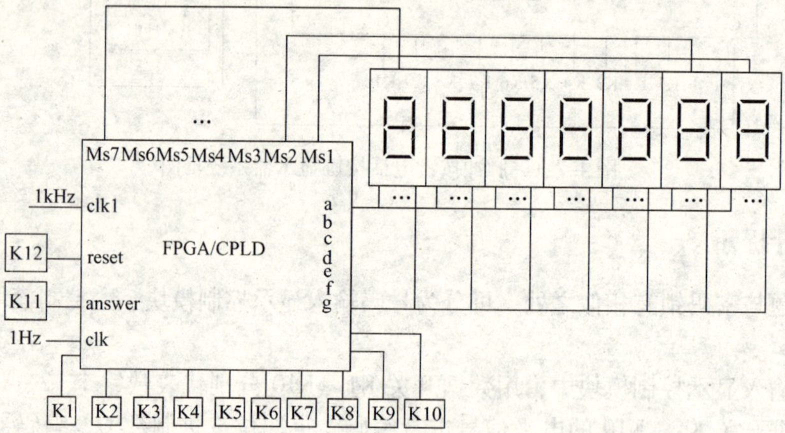

图 4-7-2 脉冲按键电话按键显示器硬件系统示意图

4.8 乘法器

4.8.1 设计要求

设计一个能进行两个十进制数相乘的乘法器，乘数和被乘数均小于 100，通过按键输入，并用数码管显示，显示器显示数字时从低位向高位前移，最低位为当前输入位。当按下相乘键后，乘法器进行两个数的相乘运算，数码管将乘积显示出来。

其系统框图如图 4-8-1 所示。

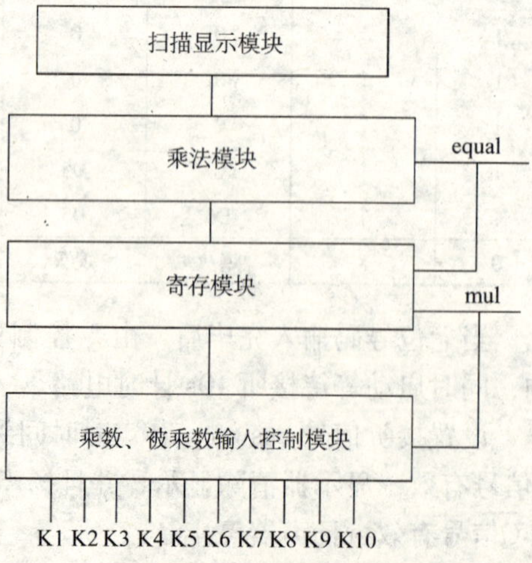

图 4-8-1 乘法器系统框图

4.8.2 设计提示

此设计问题可分为乘数和被乘数输入控制模块、寄存模块、乘法模块和扫描显示模块几部分。

乘数和被乘数的输入仍用数据开关 K1 ~ K10 分别代表数字 1、2、…、9、0，用编码器对数据开关 K1 ~ K10 的电平信号进行编码，编码器真值表如表 4-5-1 所示。用两个数码管显示乘数，两个数码管显示被乘数。

设置“相乘”信号 mul，当乘数输入完毕后，mul 有效，使输入的乘数送寄存器模块寄存。再输入被乘数，显示在另两个数码管上。

设置“等于”信号 equal，当乘数和被乘数输入后，equal 有效，使被乘数送寄存模块寄存，同时启动乘法模块。

两数相乘的方法很多，可以用移位相加的方法，也可以将乘法器看成计数器，乘积的初始值为零，每一个时钟周期将被乘数的值加到积上，同时乘数减一，这样反复执行，直到乘数为零。

其硬件系统示意图如图 4-8-2 所示。其 VHDL 参考代码见附录 B，Verilog HDL 参考代码见附录 C。

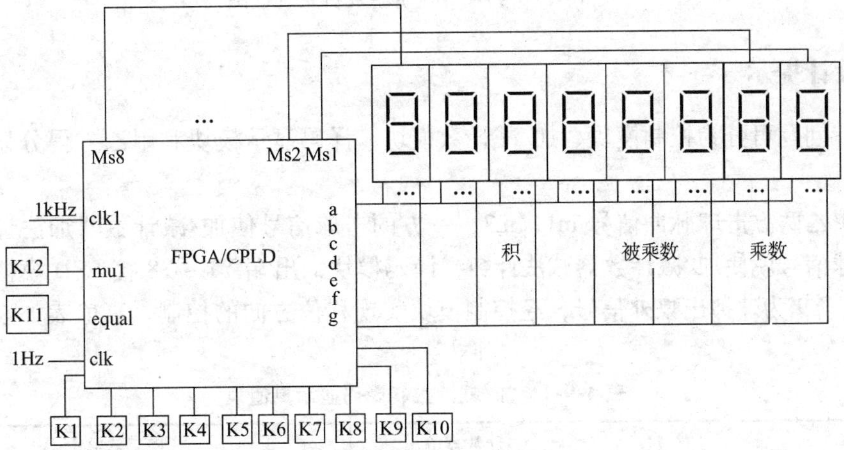

图 4-8-2　乘法器硬件系统示意图

4.9　乒乓球比赛游戏机

4.9.1　设计要求

设计一个由甲乙双方参赛，有裁判的三人乒乓球游戏机。

用八个（或更多个）LED 排成一条直线，以中点为界，两边各代表参赛双方的位置，其中一只点亮的 LED 指示球的当前位置，点亮的 LED 依此从左到右，或从右到左，其移动的速度应能调节。

当“球”（点亮的那只 LED）运动到某方的最后一位时，参赛者应能果断地按下位于自己一方的按钮开关，即表示启动球拍击球，若击中，则球向相反方向移动；若未击中，球掉出桌外，则对方得一分。

设置自动记分电路，甲乙双方各用两位数码管进行记分显示，每计满 11 分为 1 局。

甲乙双方各设一个发光二极管表示拥有发球权，每隔两次自动交换发球权，拥有发球权的一方发球才有效。

其系统框图如图 4-9-1 所示。

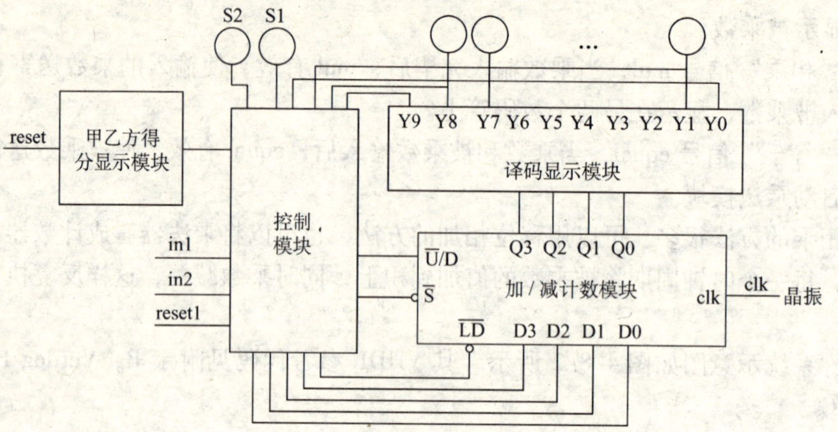

图 4-9-1 乒乓球比赛游戏机系统框图

4.9.2 设计提示

此设计问题可分为控制模块、加/减计数模块、译码显示模块和甲乙方得分显示模块几部分。

设置甲乙两方击球脉冲信号 in1、in2，一方的击球信号使加/减计数器加法计数，则另一方的击球信号就使加/减计数器减法计数，译码模块输出端 Y1 ~ Y8 接 LED 模拟乒乓球的轨迹，Y0、Y9 为球掉出桌外信号，经控制模块实现移位方向的控制，真值表如表 4-9-1 所示。

表 4-9-1 加/减计数、译码显示真值表

时钟	加/减控制	计数器输出	译码器输出
clk	$\overline{U}$/D	Q3 Q2 Q1 Q0	Y8 Y7 Y6 Y5 Y4 Y3 Y2 Y1
↑	0	0 0 0 1	0 0 0 0 0 0 0 1
↑	0	0 0 1 0	0 0 0 0 0 0 1 0
↑	0	0 0 1 1	0 0 0 0 0 1 0 0
↑	0	0 1 0 0	0 0 0 0 1 0 0 0
↑	0	0 1 0 1	0 0 0 1 0 0 0 0
↑	0	0 1 1 0	0 0 1 0 0 0 0 0
↑	0	0 1 1 1	0 1 0 0 0 0 0 0
↑	0	1 0 0 0	1 0 0 0 0 0 0 0
↑	1	0 1 1 1	0 1 0 0 0 0 0 0
↑	1	0 1 1 0	0 0 1 0 0 0 0 0
↑	1	0 1 0 1	0 0 0 1 0 0 0 0
↑	1	0 1 0 0	0 0 0 0 1 0 0 0
↑	1	0 0 1 1	0 0 0 0 0 1 0 0
↑	1	0 0 1 0	0 0 0 0 0 0 1 0
↑	1	0 0 0 1	0 0 0 0 0 0 0 1

设置发球权拥有显示信号 S1、S2，控制模块使每隔两次交换发球权。

加/减控制信号$\overline{U}$/D 由乒乓球到达 Y8、Y1 和击球信号 in1、in2 及发球权拥有信号 S1、

S2 共同产生，真值表如表 4-9-2 所示。

表 4-9-2　$\overline{U}$/D 信号产生真值表

Y8	Y1	in1	in2	S1	S2	$\overline{U}$/D
1	0	0	↑	0	1	1
0	1	↑	0	1	0	0

当球到达 Y8 或 Y1 时，参赛者没有及时击中，则球掉出桌外，加/减计数模块停止计数，对方得一分。

设置捡球信号 reset1，通过加/减计数模块的异步置数端实现捡球，当甲方拥有发球权时，捡球信号将球放到 Y1；乙方拥有发球权时，捡球信号将球放到 Y8。

在控制模块中，对甲、乙双方的得分进行检测，只要有一方的得分达到 11，则一局结束。

设置裁判员复位信号 reset，在每局结束后将双方得分清零。

由调节晶振产生的时钟脉冲信号的频率，可以调节球的运动速度。

乒乓球比赛游戏机的硬件系统示意图如图 4-9-2 所示。其 VHDL 参考代码见附录 B，Verilog HDL 参考代码见附录 C。

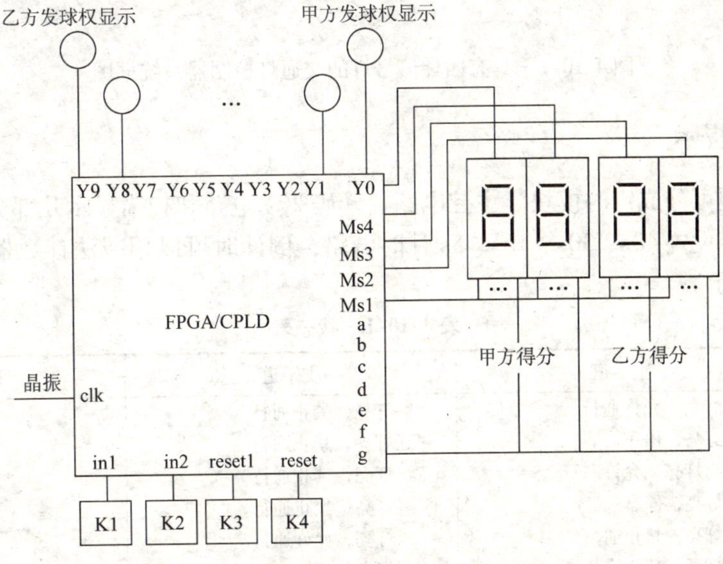

图 4-9-2　乒乓球比赛游戏机硬件系统示意图

4.10　具有四种信号灯的交通灯控制器

4.10.1　设计要求

设计一个具有四种信号灯的交通灯控制器。设计要求是：由一条主干道和一条支干道汇合成十字路口，在每个入口处设置红、绿、黄、左拐允许四盏信号灯，红灯亮禁止通行，绿灯亮允许通行，黄灯亮则给行驶中的车辆有时间停在禁行线外，左拐灯亮允许车辆向左拐弯。信号灯变换次序为：主支干道交替允许通行，主干道每次放行 40s，亮 5s 红灯让行驶中的车辆有时间停到禁行线外，左拐放行 15s，亮 5s 黄灯；支干道放行 30s，亮 5s 黄灯，左拐放行15s，亮5s黄灯……各计时电路为倒计时显示。

其系统框图如图4-10-1所示。

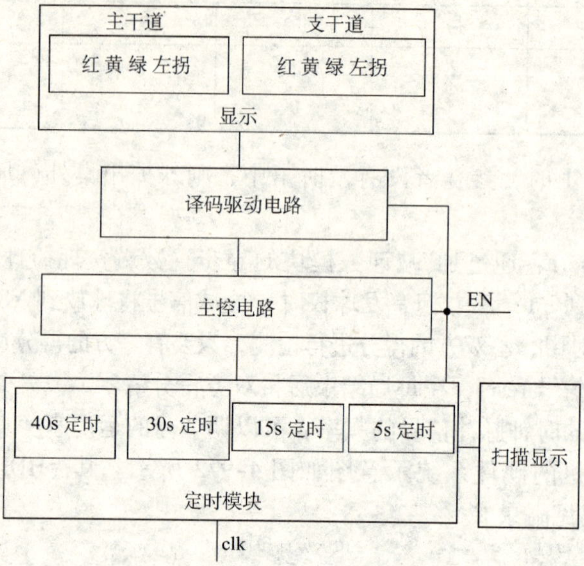

图4-10-1 具有四种信号灯的交通灯控制器系统框图

4.10.2 设计提示

此设计问题可分成定时模块、主控电路、译码驱动电路和扫描显示几部分。

定时模块中设置40s、30s、15s、5s计时电路，倒计时可以用减法计数器实现。状态表如表4-10-1所示。

表4-10-1 状态表

状态	主干道	支干道	时间/s
S0	绿灯亮，允许通行	红灯亮，禁止通行	40
S1	黄灯亮，停车	红灯亮，禁止通行	5
S2	左拐灯亮，允许左行	红灯亮，禁止通行	15
S3	黄灯亮，停车	红灯亮，禁止通行	5
S4	红灯亮，禁止通行	绿灯亮，允许通行	30
S5	红灯亮，禁止通行	黄灯亮，停车	5
S6	红灯亮，禁止通行	左拐灯亮，允许左行	15
S7	红灯亮，禁止通行	黄灯亮，停车	5

由于主干道和支干道红灯亮的时间分别为55s和65s，所以，还要设置55s、65s倒计时显示电路。

仿照1.5节，可以进行主控电路和译码显示电路的设计，注意这里的状态数为八个，要用三个JK触发器才能完成主控时序部分的设计。

设置主干道红灯显示信号为LA1，黄灯显示信号为LA2，绿灯显示信号为LA3，左拐灯信号LA4；支干道红灯显示信号LB1，黄灯显示信号LB2，绿灯显示信号LB3，左拐灯信号LB4。

设置系统使能信号为EN，时钟信号为clk。

硬件系统示意图如图4-10-2所示。其VHDL参考代码见附录B，Verilog HDL参考代码

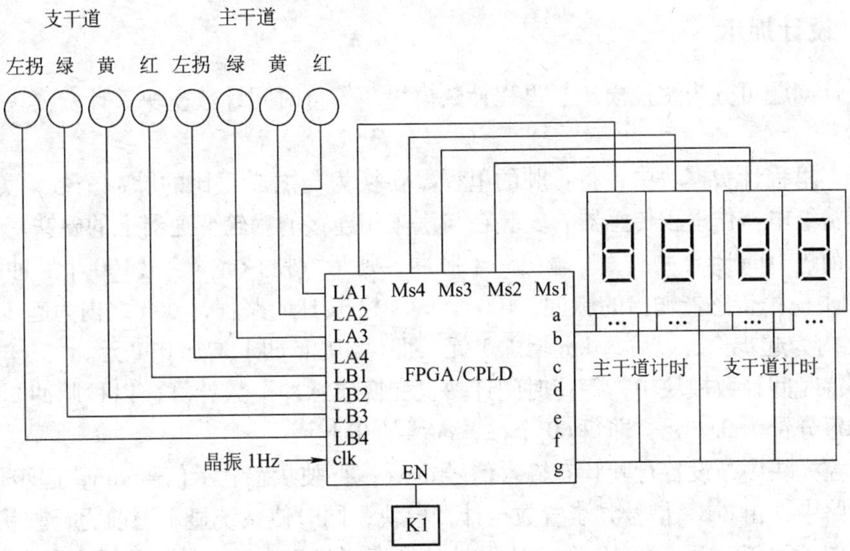

图 4-10-2　具有四种信号灯的交通灯控制器硬件系统示意图

见附录 C。

4.11　出租车自动计费器

4.11.1　设计要求

设计一个出租车自动计费器，计费包括起步价、行车里程计费、等待时间计费三部分，用三位数码管显示总金额，最大值为 99.9 元。起步价为 5.0 元，3km 之内按起步价计费，超过 3km，每 km 增加 1 元，等待时间单价为每分钟 0.1 元。用两位数码管显示总里程，最大值为 99km，用两位数码管显示等待时间，最大值为 99min。

系统框图如图 4-11-1 所示。

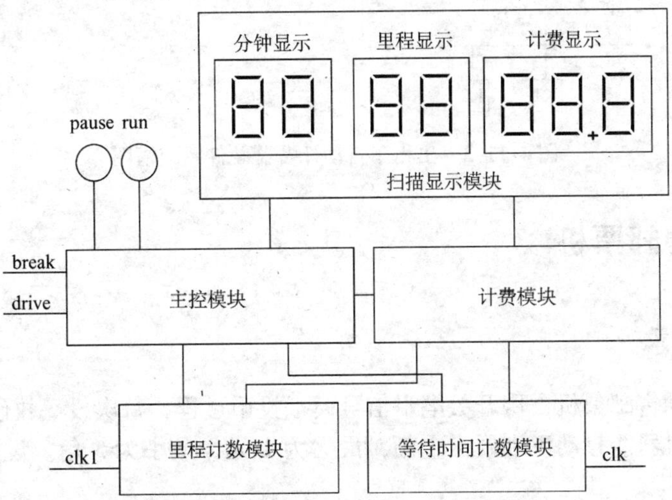

图 4-11-1　出租车自动计费器系统框图

4.11.2 设计提示

此设计问题可分为主控模块、里程计数模块、等待时间计数模块、计费模块和扫描显示模块。

在行车里程计费模块中，将行驶的里程数转换为与之成正比的脉冲个数，实际情况下，可以用干簧继电器作里程传感器，安装在与汽车相连接的蜗轮变速器上的磁铁使干簧继电器在汽车每前进10m闭合一次，即输出一个脉冲，则每行驶1km，输出100个脉冲。所以设计时，以clk1模拟传感器输出的脉冲，100个clk1模拟1km路程，3km之内为起步价，即300个clk1之内为起步价，以后每km增加1元，即每10个clk1增加0.1元。

在等待时间计数模块中，等待时间计费也变换成脉冲个数计算，以秒脉冲clk作为时钟输入，则每分钟为0.1元，即每60个秒脉冲增加0.1元。

在主控模块中，设置行驶状态输入信号drive，行驶状态显示信号run，起步价预先固定设置在电路中，由drive信号异步置数至计费模块，同时使系统显示当前为行驶状态run，里程计数工作，到3km后，每10个clk1脉冲使计费增加0.1元，计费显示在数码管上。

设置刹车信号break，等待状态显示信号pause，由break信号使系统显示当前状态为pause，等待时间计数模块工作，每分钟计费增加0.1元。

其系统硬件示意图如图4-11-2所示。其VHDL参考代码见附录B，Verilog HDL参考代码见附录C。

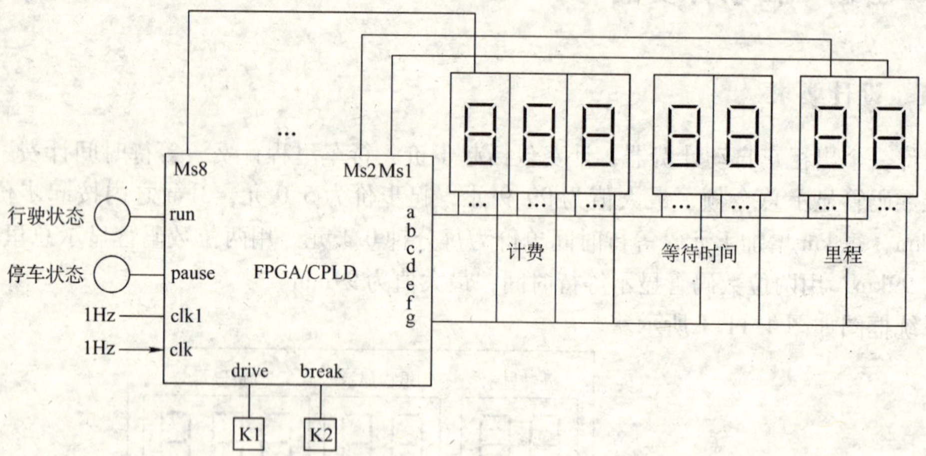

图4-11-2 出租车自动计费器硬件系统框图

4.12 自动售邮票机

4.12.1 设计要求

设计一个自动售邮票机，用开关电平信号模拟投币过程，每次投一枚硬币，但可以连续投入数枚硬币。机器能自动识别硬币金额，最大为1元，最小为5角。设定票价为2.5元，每次售一张票。

购票时先投入硬币，当投入的硬币总金额达到或超过票的面值时，机器发出指示，这时可以按取票键取出票。如果所投硬币超过票的面值，则会提示找零钱；取完票以后按找零键，则可以取出零钱。

其系统框图如图 4-12-1 所示。

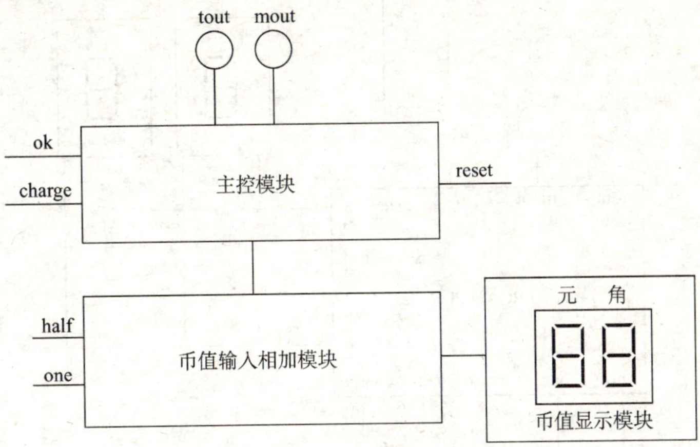

图 4-12-1　自动售邮票机系统框图

4.12.2　设计提示

此设计问题可分为币值输入相加模块、主控模块和币值显示模块几部分。

在币值输入相加模块中，用两个开关电平输入按钮分别代表两种硬币输入，one 表示 1 元，half 表示 5 角，每按一次，表示投入一枚硬币。设置 5 角和 1 元输入计数电路，并设置控制电路，由 5 角和 1 元输入的次数控制十进制加法器的加数 A 和被加数 B，使输入的币值实时相加。用两位数码管显示当前的投入币值，显示的币值为 × 元 × 角，币值输入相加模块状态表如表 4-12-1 所示。

表 4-12-1　币值输入相加模块状态表

5 角输入	5 角计数器输出	加数	1 元输入	1 元计数器输出	被加数
half		A	one		B
0	0	0.0	0	0	0.0
↑	1	0.5	↑	1	1.0
↑	2	1.0	↑	2	2.0
↑	3	1.5	↑	3	3.0
↑	4	2.0			
↑	5	2.5			

在主控模块中，设置一个复位信号 reset，用于中止交易（系统复位）。设置一个取票信号 OK，一个邮票给出信号 tout，tout 接 LED 显示，灯亮则表示可以取票，否则取票键无效，按 OK 键取票，灯灭。设置一个取零钱信号 charge，一个零钱输出信号 mout，mout 接 LED 显示，灯亮则表示有零钱，按 charge 取零钱，灯灭。

主控模块中是一个状态机，在第 3 章中对此种状态机已经进行了详细的描述，在表 3-7-1所列的状态中，当币值等于 2.5 元时，有邮票给出，不找零钱；当币值为 3.0 元时，有邮票给出，找零钱；其余情况下，既无票给出，也不找零钱。

其系统硬件示意图如图 4-12-2 所示。其 VHDL 参考代码见附录 B，Verilog HDL 参考代码见附录 C。

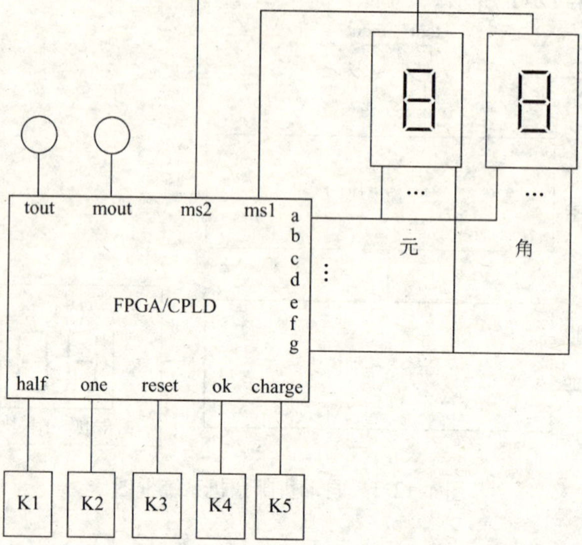

图 4-12-2　自动售邮票机硬件系统框图

4.13　电梯控制器

4.13.1　设计要求

设计一个八层楼房自动电梯控制器，用八个 LED 显示电梯行进过程，并有数码管显示电梯当前所在楼层位置，在每层电梯入口处设有请求按钮开关，请求按钮按下，则相应楼层的 LED 亮。

用 CLK 脉冲控制电梯运动，每来一个 CLK 脉冲电梯升（降）一层。电梯到达有请求的楼层后，该层的指示灯灭，电梯门打开（开门指示灯亮），开门 5s 后，电梯门自动关闭，电梯继续运行。

控制电路应能记忆所有楼层请求信号，并按如下运行规则依次响应：运行过程中，先响应最早的请求，再响应后续的请求。如果无请求，则停留当前层。如果有两个同时请求信号，则判断请求信号离当前层的距离，先响应距离近的请求，再响应较远的请求。每个请求信号保留至执行后清除。

其系统框图如图 4-13-1 所示。

4.13.2　设计提示

此设计问题可分为请求信号输入模块、主控模块、移位寄存显示模块和楼层显示几部分。

在请求信号输入模块中，设置八个开关电平信号，d1、d2、d3、d4、d5、d6、d7、d8 表示八个楼层的请求信号，每次最多允许两个信号同时请求。

在主控模块中，设置开门指示信号 door，door = 1 为开门状态；door = 0 为关门状态。

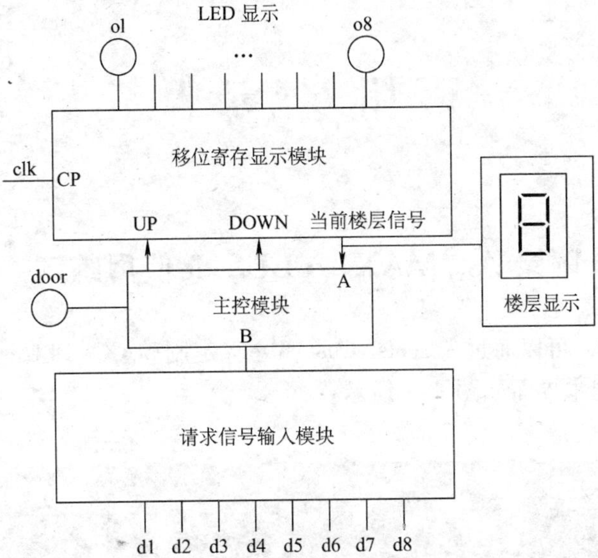

图 4-13-1 电梯控制器系统框图

在移位寄存显示模块中，设置八个 LED 显示信号，o1、o2、o3、o4、o5、o6、o7、o8 表示当前所在楼层及发出请求信号的楼层。

用移位寄存模块的 UP 表示电梯上行（右移），DOWN 表示电梯下行（左移），电梯初始状态是处在一层，当前楼层经主控模块送数码管显示。

当前楼层信号 A 和请求信号 B 在主控模块中进行实时比较，当 A < B 时，主控模块的输出使移位寄存模块的 UP 信号有效，电梯上行，直到 A = B，电梯开门（door = 1）5s；若 A > B，则移位寄存显示模块的 DOWN 信号有效，电梯下行，直到 A = B，电梯开门 5s，如此反复。若没有请求信号输入，则电梯停在当前楼层不动。

若同时有两个请求信号输入，主控模块应能将两个请求信号分别与当前楼层信号比较，使电梯先去距离较近的楼层。

其系统硬件示意图如图 4-13-2 所示。其 VHDL 参考代码见附录 B，Verilog HDL 参考代码见附录 C。

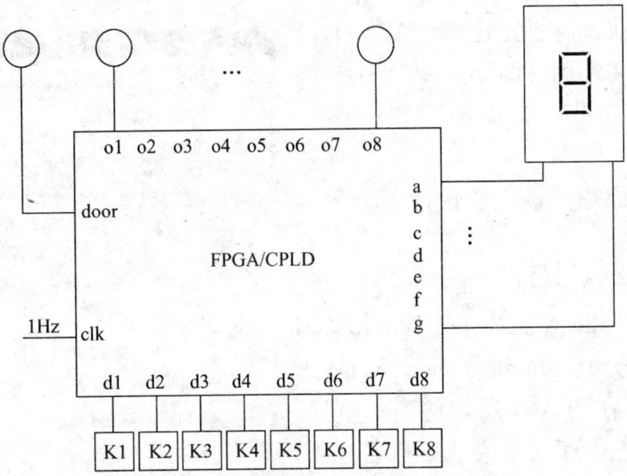

图 4-13-2 电梯控制器硬件系统示意图

附　　录

附录 A　MAX + PLUS Ⅱ使用练习

启动 QuartusⅡ后，可以通过“Tools \ Customize”定制 MAX + PLUS Ⅱ界面。MAX + PLUS Ⅱ的主界面如图 A-1 所示。

图 A-1　MAX + PLUS Ⅱ主界面

在进入设计之前，需要先建立一个文件夹为用户存放设计文件用，即用户库。用户库的名称用英文字母表示，例如 E：\ maxplus2 \ lgl。

［**例 A-1**］　用原理图输入法设计一个 3 线 – 8 线译码器。

步骤 1：打开 MAX + PLUS Ⅱ。

步骤 2：选择“File\New Project Wizard”命令，弹出图 A-2 所示“Introduction”对话框，选择“Next”，在图 A-3 所示的对话框中指明工程所在的工作库文件夹、工程名称和顶层文件实体名称，例中工程名称和顶层

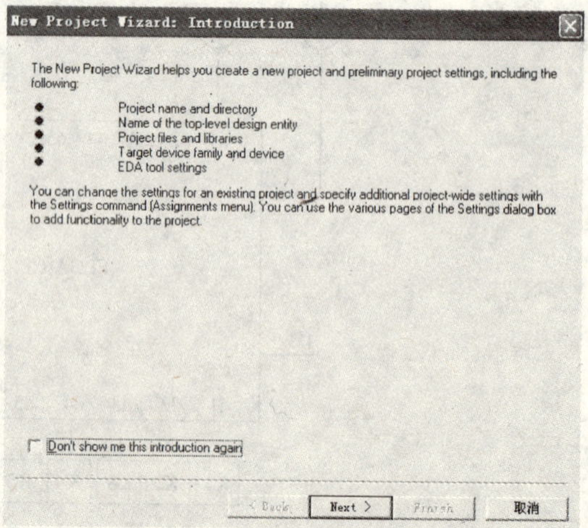

图 A-2　“Introduction”对话框

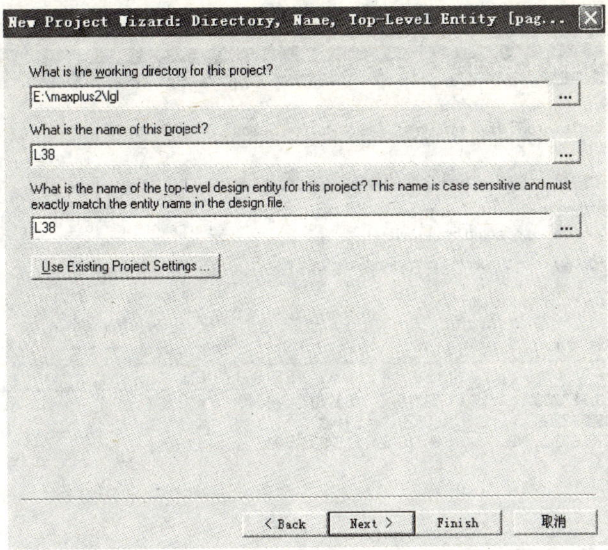

图 A-3　新建工程

实体名称均为 L38。

在图 A-3 中选择“Next”，出现图 A-4 对话框：

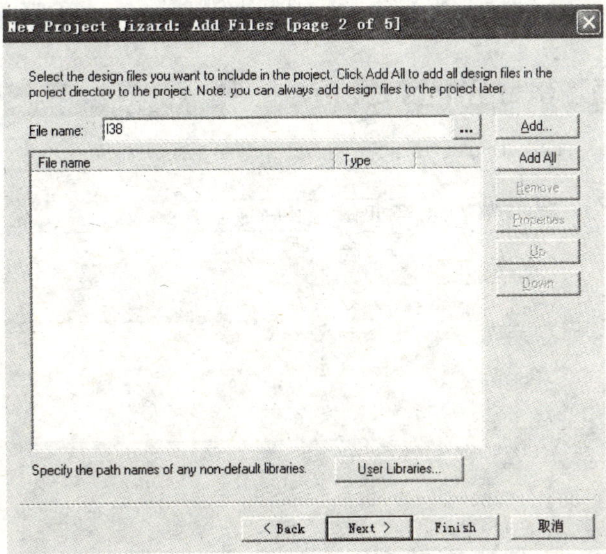

图 A-4　添加文件对话框

在此对话框中选择“Add…”，“Next”，进入选择目标芯片对话框，如图 A-5 所示。若使用 Altera 的 DE2 开发板，这里应该选择 Cyclone Ⅱ系列下的 EP2C35F672C6 器件。

在此对话框中选择“Next”，进入选择仿真器和综合器类型对话框，如图 A-6 所示。

在此对话框中选择“Next”，进入工程设置总结对话框，如图 A-7 所示。

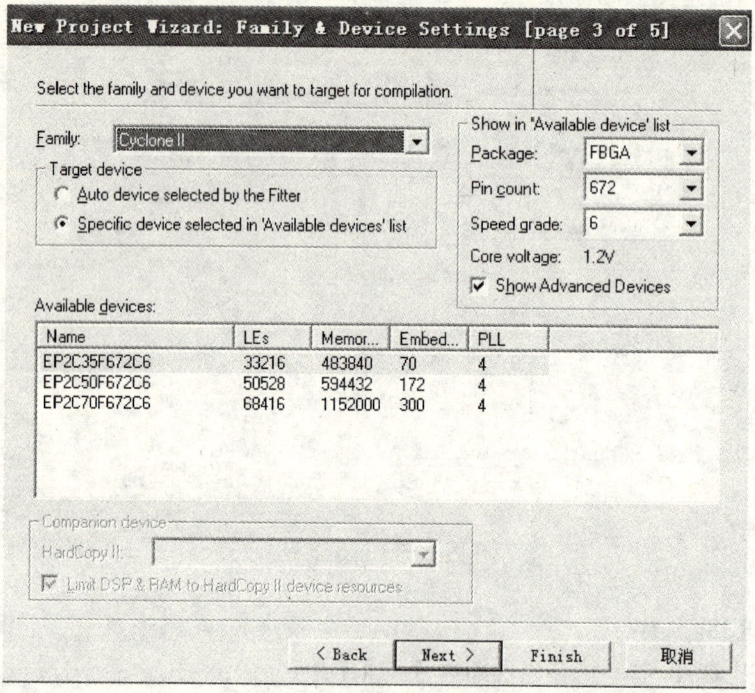

图 A-5　目标芯片选择

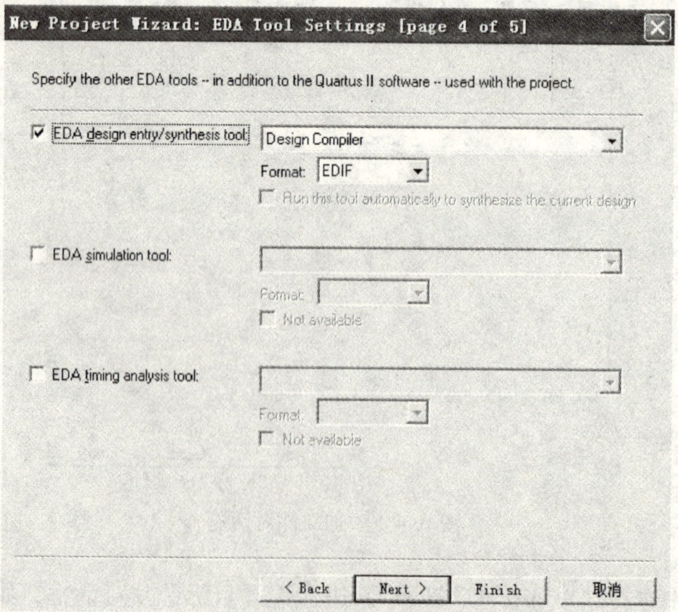

图 A-6　选择仿真器和综合器类型

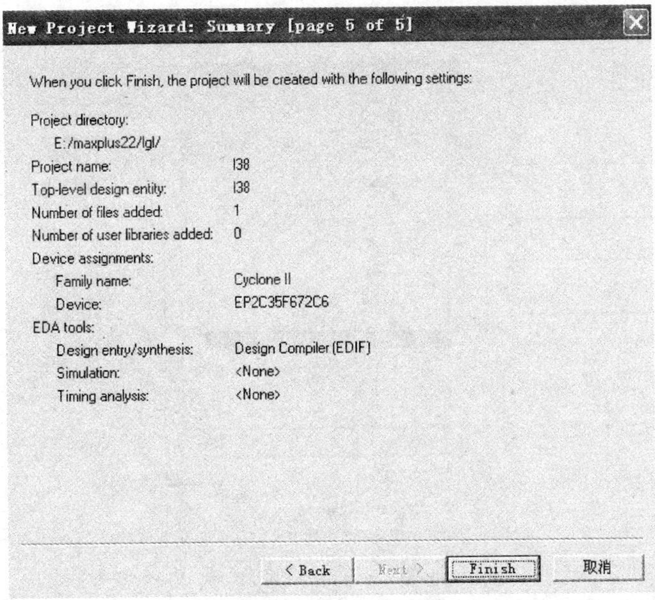

图 A-7　工程设置总结

选择“Finish”，则工程设置结束。

步骤 3：原理图编辑。

项目建立后，便可进行电路设计。目前项目中没有包含任何文件，执行“File”菜单下的“New”命令可弹出图 A-8 所示文件类型选择对话框，在“Device Design Files”栏中选择“Block Diagram/Schematic File”，进入图 A-9 所示 bdf 文件编辑界面。

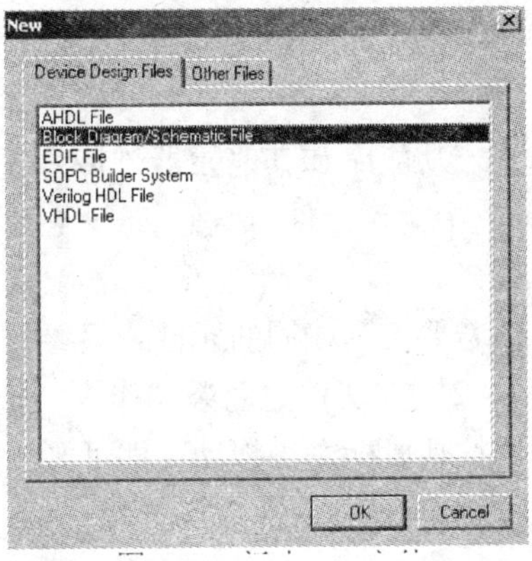

图 A-8　新建 bdf 文件

步骤 4：原理图设计输入。

（1）元器件放置　在图 A-9 编辑界面空白处双击鼠标左键，弹出器件选择界面如图 A-10 所示，图中 Symbol Libraries 中列出文件目录分别的是基本元器件

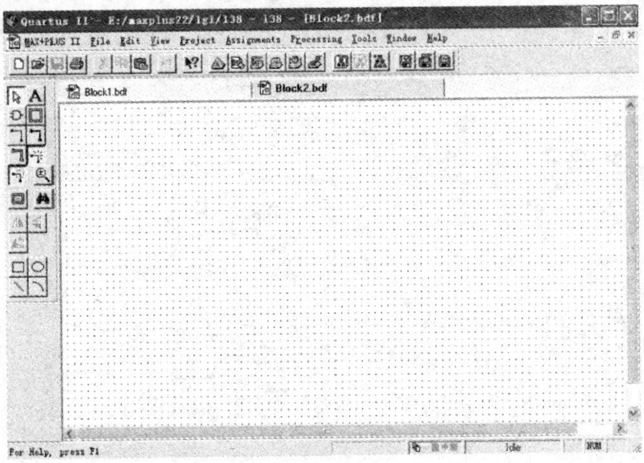

图 A-9　bdf 文件编辑界面

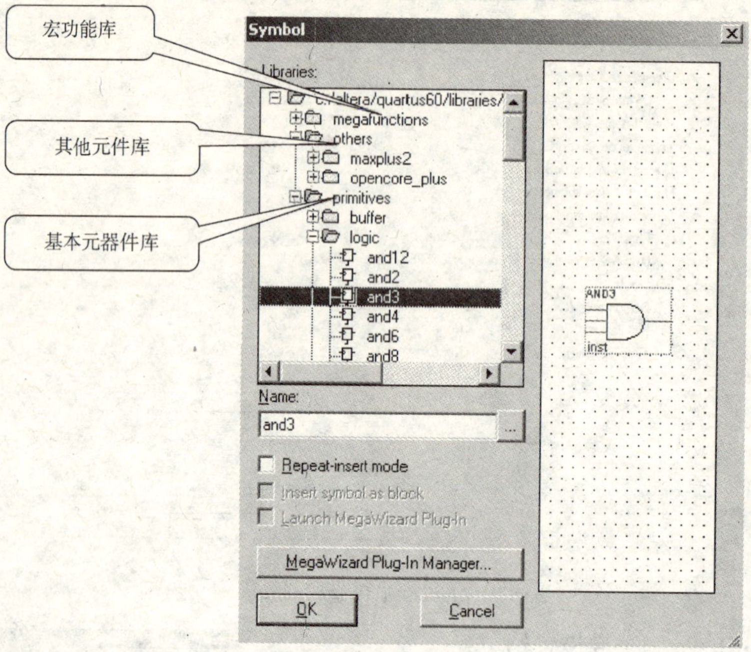

图 A-10　器件选择界面

库、宏功能库和其他元器件库。选择其中任一库，如基本元器件库，点击所需的元件或在 Name 中输入元件名，如 and3（三输入与门）、not（非门）、input（输入端口）、output（输出端口）等，选择“OK”即可。

若要安放相同的元件，只要按住 Ctrl 键，同时用鼠标拖动该元件。

（2）在器件之间添加连线　把鼠标移到元件引脚附近，则鼠标光标自动由箭头变为十字，按住鼠标左键拖动，即可画出连线。如图 A-11 所示。

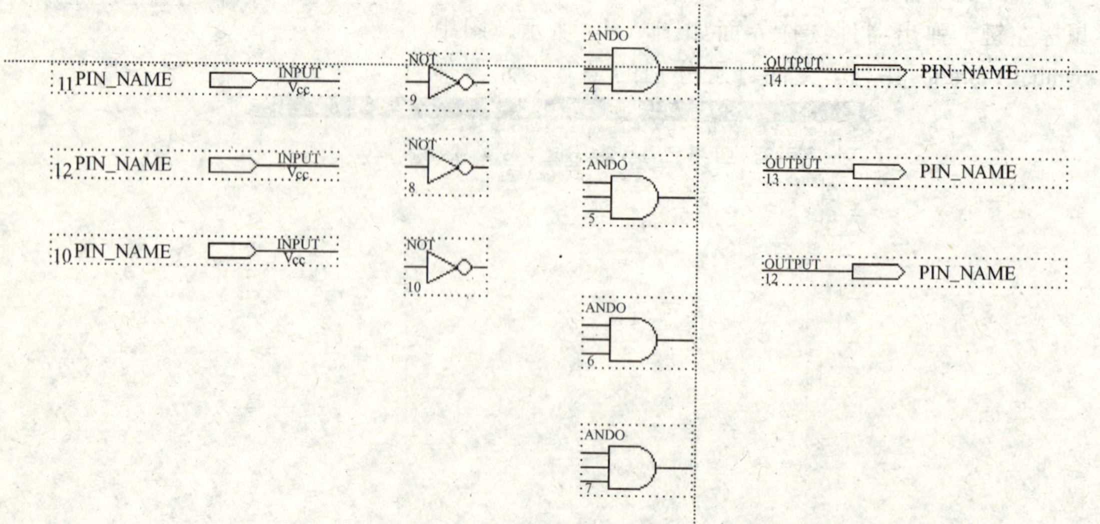

图 A-11　在器件之间添加连线

步骤5：给输入、输出引脚命名。

电路图绘制完成后，给输入、输出引脚命名，即将 PIN_NAME 改为：a、b、c 和 y0、y1、…、y7，如图 A-12 所示。

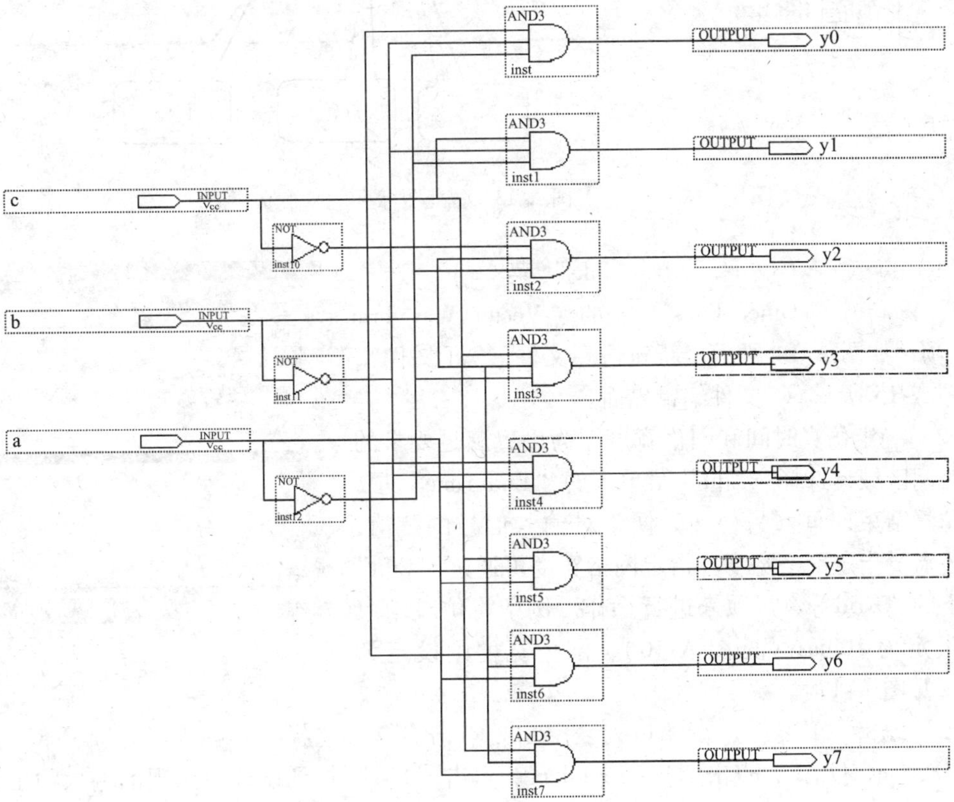

图 A-12　给输入、输出引脚命名

步骤6：保存原理图。

在菜单“File \ Save”下保存原理图，对于第一次输入的新原理图，出现类似文件管理的对话框，将文件存入用户库、文件名为 L38. bdf，并将文件加入前面建立的工程（点击“Project”菜单下的“Add/Remove Files in Project”）。

步骤7：编译。

选择 MAX + PLUS Ⅱ下的“Compiler”项，或点击图 A-13 所示“编译”快捷图标，即可启动全程编译。编译过程中“Processing”窗口会显示相关信息，若发现问题，会以红色的错误标记条或深蓝色警告标记条加以提示。警告信息不影响编译通过，错误信息则会使编译不能通过，必须加以排除。双击错误条文，光标将定位于错误处。通过编译后，将会出现编译成功提示。

步骤8：时序模拟仿真。

编译通过以后就可以进行时序模拟仿真。

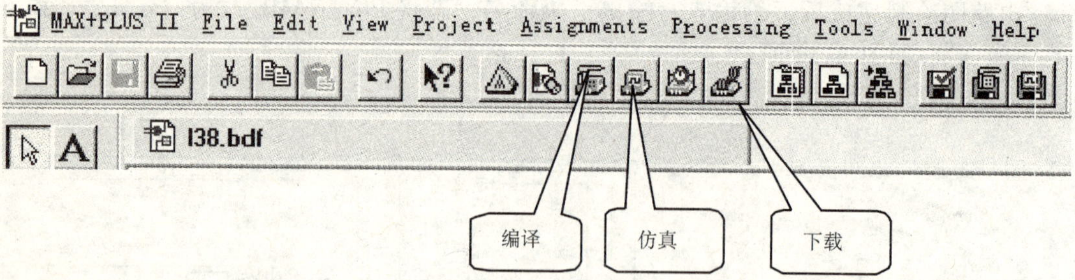

图 A-13　快捷图标

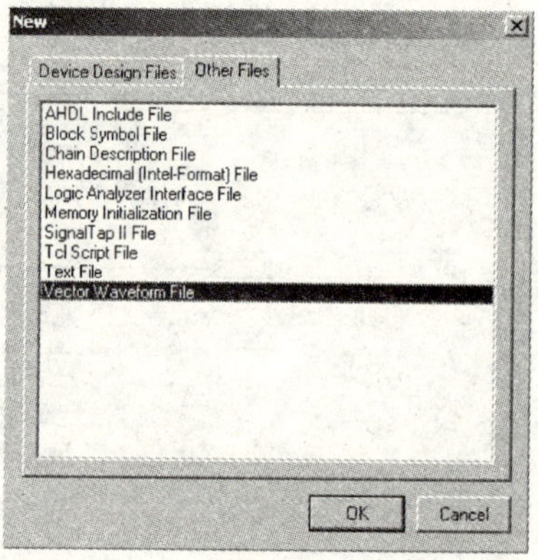

图 A-14　新建 vwf 文件

（1）新建 vwf 文件　在“File”菜单下，选择“New”窗口中“Other Files”中的“Vector Waveform File”项，如图 A-14 所示，新建仿真文件（vwf 文件），弹出图 A-15 所示 vwf 文件编辑界面。

（2）确定仿真时间和网格宽度　为设置满足要求的仿真时间区域，选择“Edit”菜单下的“End Time”项，指定仿真结束时间。另外，为便于对输入信号的赋值，通常还需要指定网格宽度。指定网格宽度可通过“Edit”菜单下的“Grid Size”项来进行操作。例中将仿真结束时间设定为 100ms（见图 A-16），网格宽度则设定为 10ms（见图 A-17）。

（3）编辑 vwf 文件　在端口列表空白处点击右键，选择“Insert Node or Bus”，弹出图 A-18 所示对话框；点击“Node Finder”，点击“List”找到设计中出现的输入输出端口；用图 A-19 中“>>”或“≥”符号将全部或部分选中的端口调入仿真文件。仿真前需要对

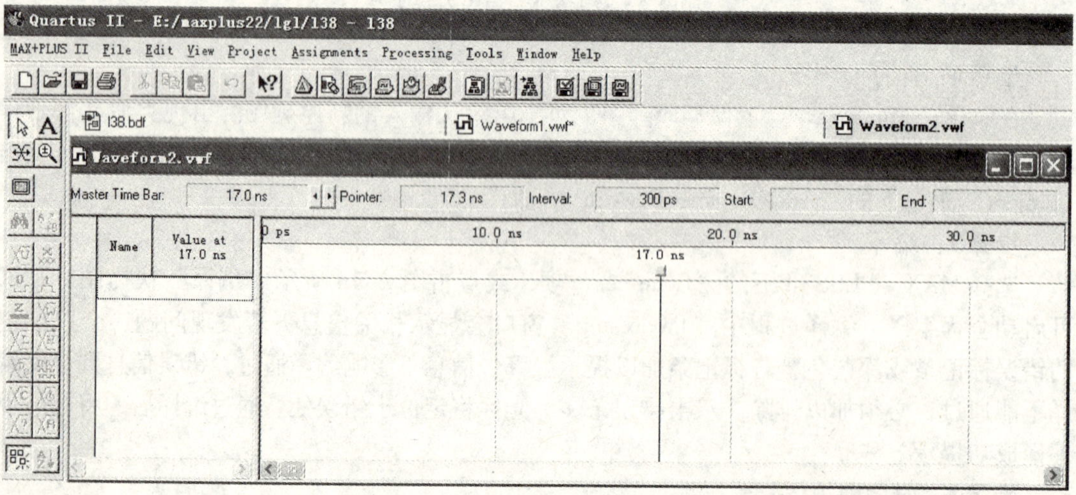

图 A-15　vwf 文件编辑界面

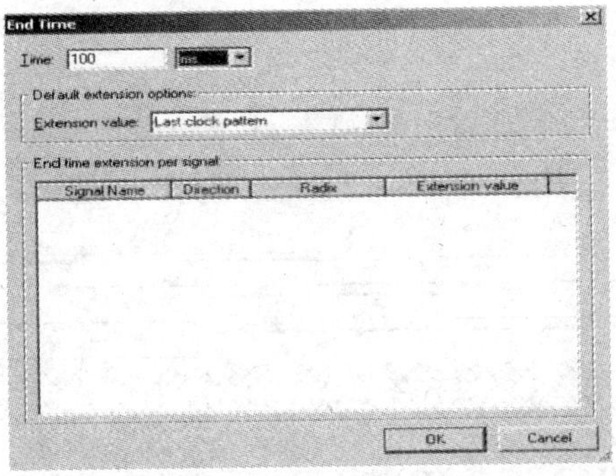

图 A-16　确定仿真结束时间

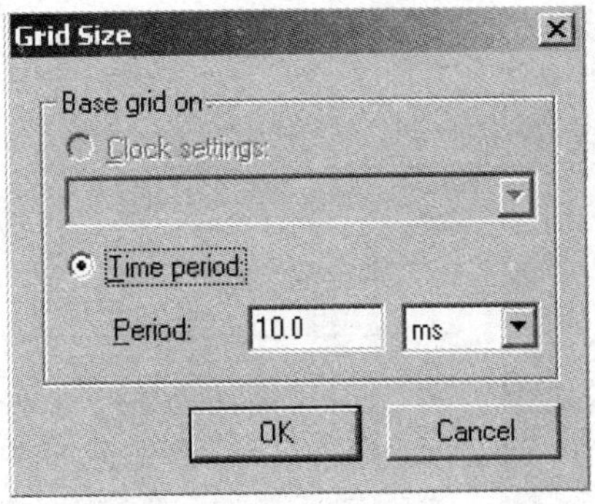

图 A-17　指定网格宽度

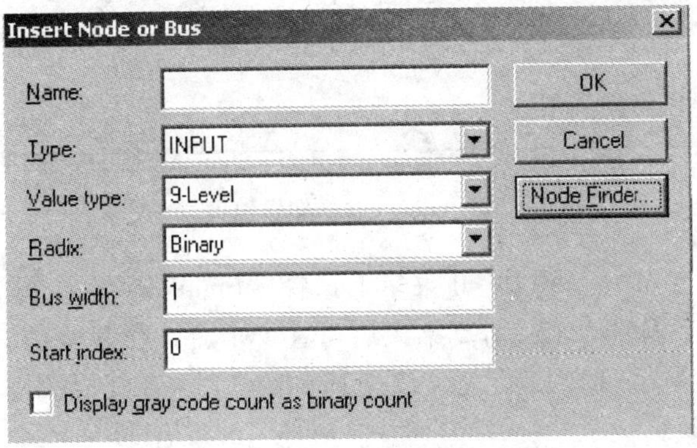

图 A-18　输入输出端口搜索

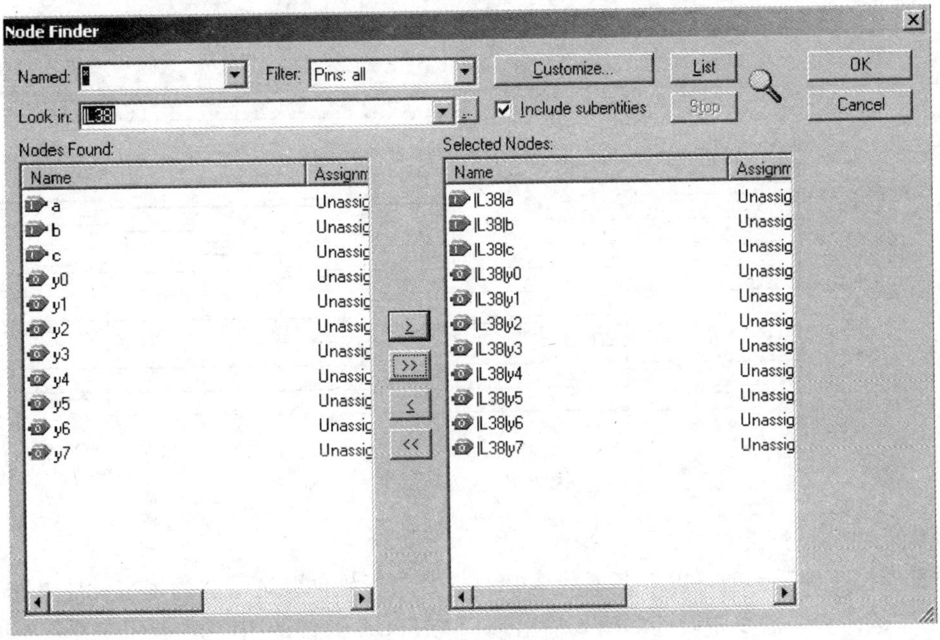

图 A-19　将所需的输入输出端口调入仿真文件

输入量进行赋值，可利用图 A-20 中波形绘制工具条来进行输入节点 a、b、c 波形的编辑。编辑完成后将文件存盘，生成名为 L38. vwf 的波形文件。

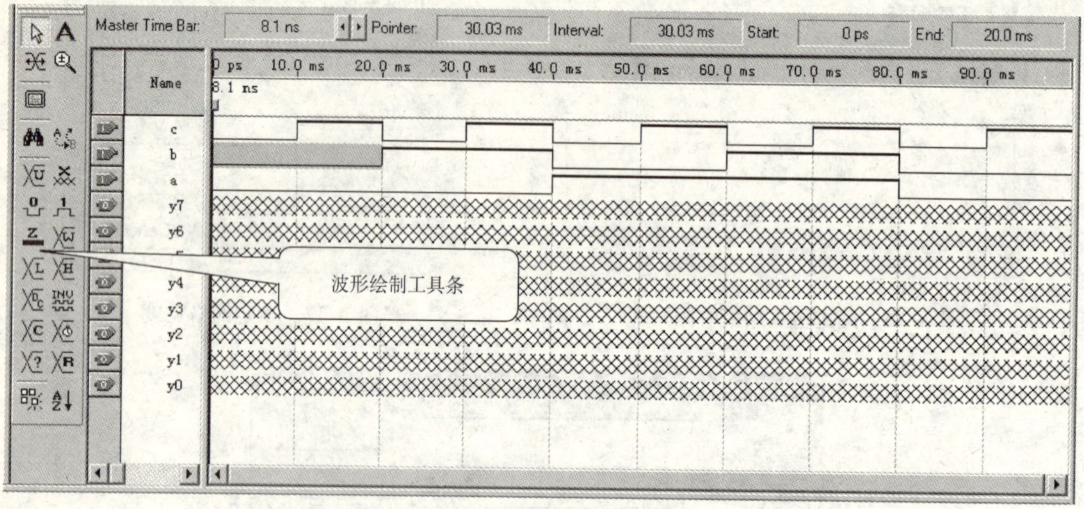

图 A-20　波形编辑选项

（4）启动仿真　在 MAX + PLUS Ⅱ菜单下选择“Simulator”命令，或点击图 A-13 中的快捷图标，即可启动工程的仿真，仿真结束后可在 vwf 文件中观察仿真结果，如图 A-21 所示。分析仿真结果可见，波形图满足表 1-2-1 所列的 3 线 -8 线译码器的真值表（注意有仿真延时和竞争冒险现象）。

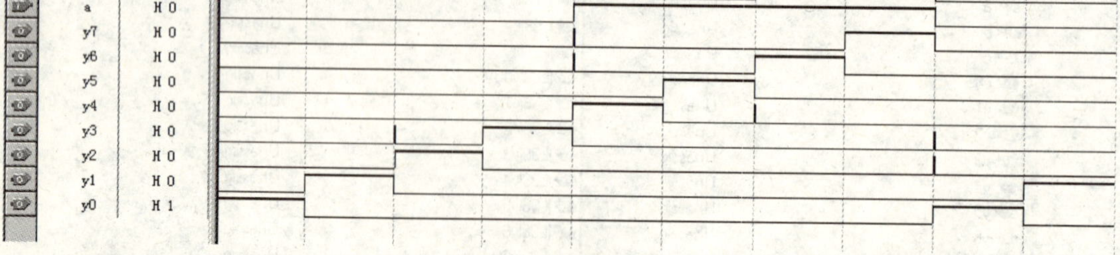

图 A-21　仿真结果

步骤 9：引脚分配。

仿真模拟正确后，就可以准备下载至 PLD 芯片进行硬件验证了。为确定设计电路在 FPGA 器件中的位置，需要将设计的输入输出端口与 FPGA 器件的引脚建立对应关系，也就是完成设计的“引脚分配”工作。启动“MAX + PLUS Ⅱ \ Ploorplan Editor”菜单，则显示该设计项目的信号列表和目标芯片的引脚图，如图 A-22 所示。在 MAX + PLUS Ⅱ中，引脚分配有自动和手动两种方式，自动方式由软件自动完成引脚分配，手动方式则由用户完成引脚分配。尽管自动分配引脚操作简单，但由于自动分配引脚的任意性，会给用户在连线和验证设计时带来很多不便，所以建议使用手动方式分配引脚。

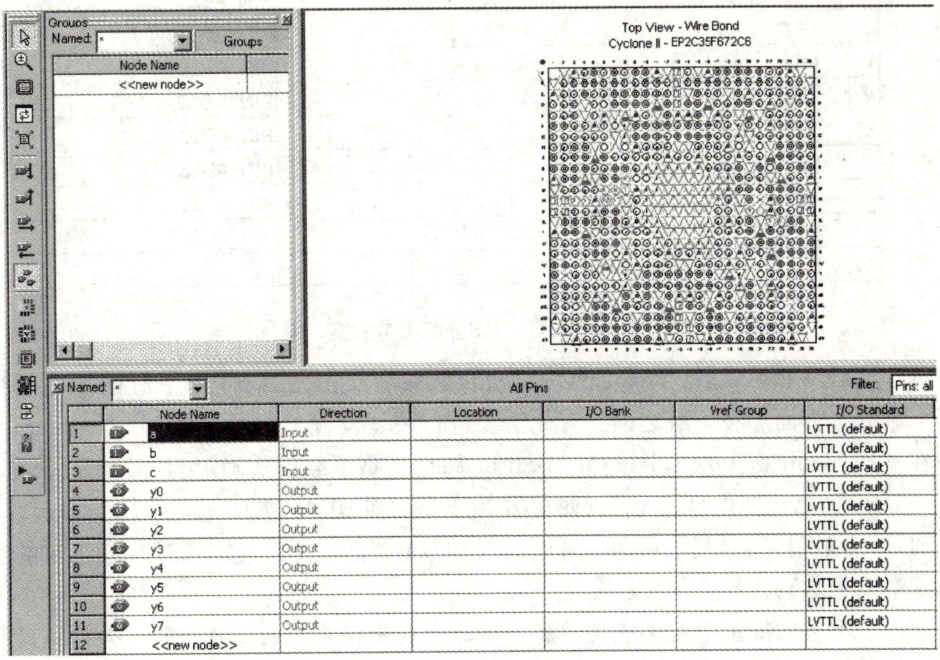

图 A-22　引脚分配界面

注意：芯片上有一些特定功能的引脚，进行引脚编辑时一定要注意不能使用它们。另外，在实验步骤中若选择器件为 Auto，则不允许对引脚进行再分配。

引脚分配时应注意实验板的实际情况分配引脚。各种开发系统一般已经将 PLD 芯片的引脚与外部的开关、LED 显示、数码管等锁定在一起，不能改变。例如，合肥工业大学电气学院开发的 HF03 型 EDA 实验箱的 EPF10K10 引脚分配表如表 E-19 所示，Altera 合作伙伴友晶科技公司的 DE2 开发系统目标器件与扩展外设的连接表如表 E-1 ~ 表 E-18 所示。引脚分配时只能根据引脚与外部器件的对应表用手动方式分配。

本工程分配引脚时，输入逻辑信号 a、b、c 与数据开关相连，输出电平 y0、y1、…、y7 与发光二极管相连（双击“Location”下的空白行可以进行引脚选择），如图 A-23 所示。

当然，引脚分配结束后，需要对工程再进行一次编译，以将引脚对应关系存入设计，并在工程中产生可以进行下载的 SOF 文件。

步骤 10：下载（以 DE2 开发板为例）。

通过 USB 编程电缆连接 PC 与 DE2 开发板，并利用适配器为 DE2 系统通上电源。将“Run/Program”开关打至“Run”档，按下红色电源开关，启动 DE2 系统。

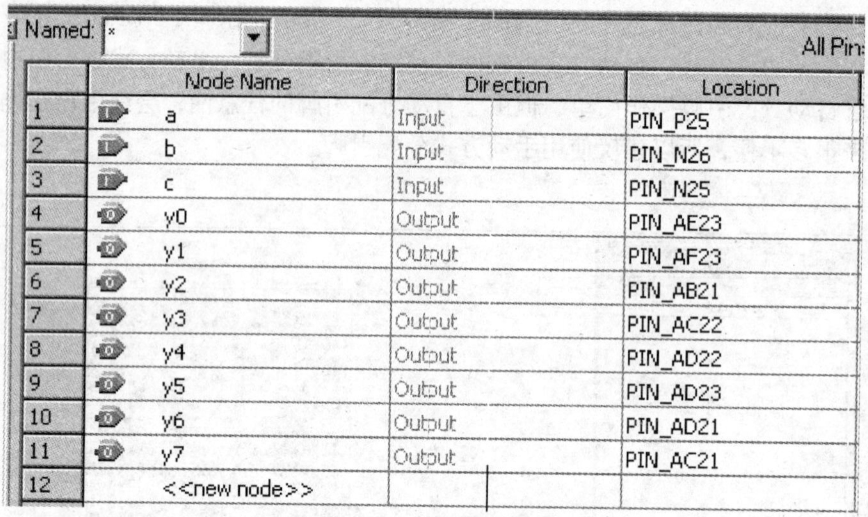

图 A-23 引脚分配参考方案

选择“MAX + PLUS Ⅱ \ Programmer”命令，或者点击图 A-13 中下载的快捷图标，即可打开下载流程界面。在下载之前，首先需要进行硬件设置，点击界面中“Hardware Setup”按钮，在“Hardware Setting”中选择“USB blaster”。将下载模式确定为“JTAG”，在“Program/Configure”复选框内打“√”，便可开始下载，如图 A-24 所示。点击“Start”按钮，MAX + PLUS Ⅱ软件便将设计（L38. sof）载入 FPGA 器件。用户可以通过改变选定的拨盘开关状态观察四个数码管相应的显示变化。

注意：若下载后提示下载不成功信息，按以上各步检查是否设置正确，并检查计算机与实验箱硬件连接，排除故障，再次尝试下载。

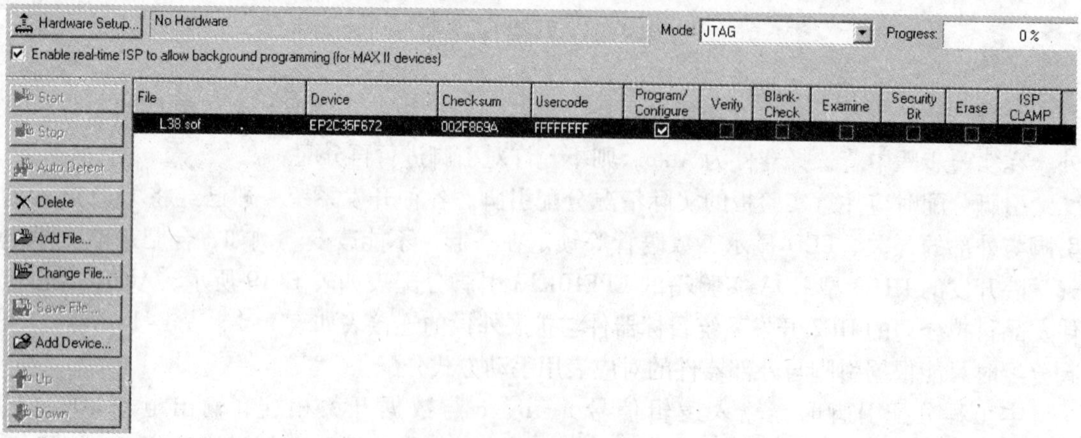

图 A-24 设计项目的下载

步骤 11：设计文件下载至芯片后，根据步骤九管脚分配的结果，改变数据开关的电平，验证发光管的状态是否满足表 1-2-1。硬件系统示意图如图 A-25 所示。

[**例 A-2**] 用 Verilog HDL 设计一个 3 线 – 8 线译码器。

步骤 1、2：与原理图输入法时相同。

步骤 3：启动“File \ New”菜单，如图 A-26 所示，选择“Verilog HDL File”，点击“OK”。

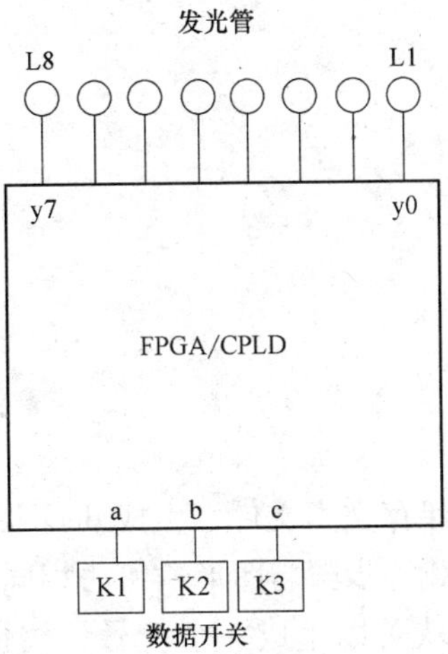

图 A-25　3 线 -8 线译码器硬件系统示意图

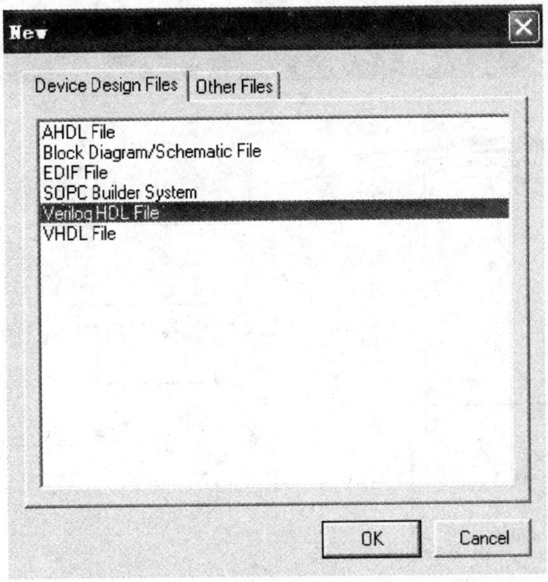

图 A-26　Verilog HDL 设计选择

步骤 4：在 Verilog HDL 硬件描述语言输入界面下，键入 Verilog HDL 代码如下。

```
module decoder(out,in);
output[7:0] out;
input[2:0] in;
reg[7:0] out;
always@(in)
begin
case(in)
3'd0:out=8'b00000001;
3'd1:out=8'b00000010;
```

```
3'd2:out = 8'b00000100;
3'd3:out = 8'b00001000;
3'd4:out = 8'b00010000;
3'd5:out = 8'b00100000;
3'd6:out = 8'b01000000;
3'd7:out = 8'b10000000;
endcase
end
endmodule
```

步骤5：保存设计文件。

在菜单“File \ Save as”下保存文本文件，生成 decoder. v 文件。

编译、仿真、引脚分配、下载等步骤与图形输入法相同。

注意：. v 文件描述的功能模块可以生成一个符号，放在用户库中，供其他原理图输入文件调用，调用的方法与从器件库中取元器件的方法相同。生成功能模块的方法为：选择菜单“File \ create \ update \ create symbol files for current file”，经过与编译相同的过程后，生成的功能模块被放入用户库，如图 A-27 所示。

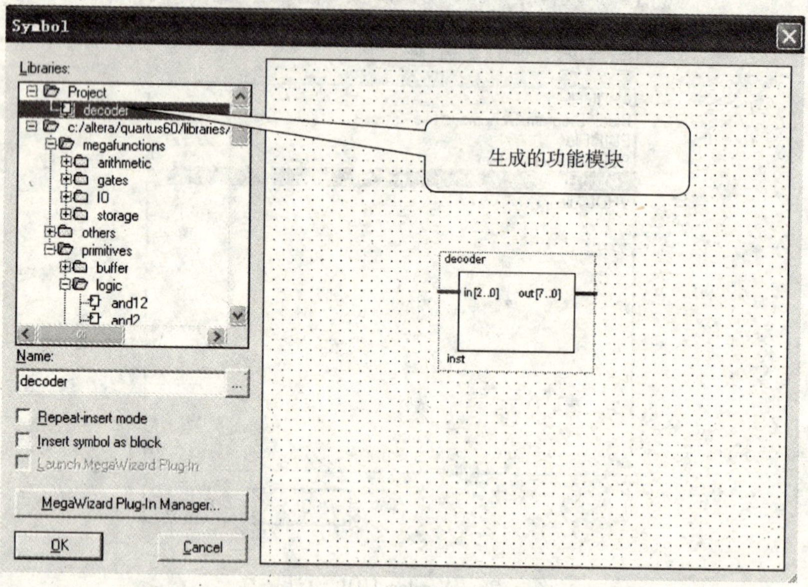

图 A-27　生成功能模块及调用

[例 A-3]　用 D 触发器设计一个 4 位二进制加法计数器。

原理图输入法时，参考电路如图 1-3-1 所示。

文本文件输入时，Verilog HDL 代码为：

```
module jsq16(q,clk,reset);
output[3:0] q;
input clk,reset;
reg[3:0] q;
always @(posedge clk or negedge reset)
begin
```

```
if(! reset)q[3:0]<=4'b0000;
else
q[3:0]<=q[3:0]+4'b0001;
end
endmodule
```

[例 A-4]　设计一个十进制加法计数器。

实现十进制计数器的方法有很多种。用 74LS161 实现时，参考电路如图 1-3-4 所示。

用 Verilog HDL 实现时，代码为：

```
module jsq10(q,clk,reset);
output [3:0]q;
reg    [3:0]q;
input  clk,reset;
always @(posedge clk or negedge reset)
begin
if( ~reset)q<=0;
else begin
if(q[3:0]==4'b1001)q<=0;
else
q<=q+1;
end
end
endmodule
```

[例 A-5]　设计一个六十进制加法计数器。

原理图输入法实现时，参考电路如图 1-3-5 所示。

用 Verilog HDL 实现时，代码为：

```
module jsq60(qh,ql,clk,reset);
output[3:0]qh;
output[3:0]ql;
reg[3:0] qh;
reg[3:0] ql;
input  clk,reset;
always @(posedge clk or negedge reset)
begin
if(~reset){qh,ql}<=0;
else begin
if({qh,ql}==8'h59){qh,ql}<=0;
else begin
if(ql==9)begin ql<=0;qh<=qh+1;end
else
ql<=ql+1;
end
end
end
endmodule
```

[例 A-6] 设计一个电路，使八个数码管依次同时显示 0、1、2、…、A、B、C、E、F。此电路的工作原理和动态扫描电路参见 1.4 节内容。

在图 1-4-4 中，led 字形显示模块的 Verilog HDL 代码如下（数码管是共阴的）：

```
module led(a,b,c,d,e,f,g,D);
output a,b,c,d,e,f,g;
input[3:0] D;
reg a,b,c,d,e,f,g;
always
@(D)
begin
  case(D)
      4'd0:{a,b,c,d,e,f,g} = 7'b1111110;
      4'd1:{a,b,c,d,e,f,g} = 7'b0110000;
      4'd2:{a,b,c,d,e,f,g} = 7'b1101101;
      4'd3:{a,b,c,d,e,f,g} = 7'b1111001;
      4'd4:{a,b,c,d,e,f,g} = 7'b0110011;
      4'd5:{a,b,c,d,e,f,g} = 7'b1011011;
      4'd6:{a,b,c,d,e,f,g} = 7'b1011111;
      4'd7:{a,b,c,d,e,f,g} = 7'b1110000;
      4'd8:{a,b,c,d,e,f,g} = 7'b1111111;
      4'd9:{a,b,c,d,e,f,g} = 7'b1111011;
      4'dA:{a,b,c,d,e,f,g} = 7'b1110111;
      4'dB:{a,b,c,d,e,f,g} = 7'b0011111;
      4'dC:{a,b,c,d,e,f,g} = 7'b1001110;
      4'dD:{a,b,c,d,e,f,g} = 7'b0111101;
      4'dE:{a,b,c,d,e,f,g} = 7'b1001111;
      4'dF:{a,b,c,d,e,f,g} = 7'b1000111;
  endcase
end
endmodule
```

硬件系统示意图如图 1-4-5 所示，则当 clk 的频率较大，clk1 选择 1Hz 时，会看到八个数码管同时依此显示 0、1、2、…、A、B、C、D、E、F。

此例也可以完全由 Verilog HDL 文件完成，参考代码为：

```
module saomiao(reset,clk,clk1,ms1,ms2,ms3,ms4,ms5,ms6,ms7,ms8,a,b,c,d,e,f,g);
input clk,reset,clk1;
reg[3:0] in1;
output ms1,ms2,ms3,ms4,ms5,ms6,ms7,ms8,a,b,c,d,e,f,g;
reg ms1,ms2,ms3,ms4,ms5,ms6,ms7,ms8,a,b,c,d,e,f,g;
reg[3:0]   temp,flag;
always@(posedge clk)
begin
{ms1,ms2,ms3,ms4,ms5,ms6,ms7,ms8} = 8'b00000000;
flag = flag + 1;
case(flag)
```

```
0:begin temp = in1;ms1 = 1;end
1:begin temp = in1;ms2 = 1;end
2:begin temp = in1;ms3 = 1;end
3:begin temp = in1;ms4 = 1;end
4:begin temp = in1;ms5 = 1;end
5:begin temp = in1;ms6 = 1;end
6:begin temp = in1;ms7 = 1;end
7:begin temp = in1;ms8 = 1;end
endcase
case(temp)
4'd0:{a,b,c,d,e,f,g} =7'b1111110;
4'd1:{a,b,c,d,e,f,g} =7'b0110000;
4'd2:{a,b,c,d,e,f,g} =7'b1101101;
4'd3:{a,b,c,d,e,f,g} =7'b1111001;
4'd4:{a,b,c,d,e,f,g} =7'b0110011;
4'd5:{a,b,c,d,e,f,g} =7'b1011011;
4'd6:{a,b,c,d,e,f,g} =7'b1011111;
4'd7:{a,b,c,d,e,f,g} =7'b1110000;
4'd8:{a,b,c,d,e,f,g} =7'b1111111;
4'd9:{a,b,c,d,e,f,g} =7'b1111011;
4'hA:{a,b,c,d,e,f,g} =7'b1110111;
4'hB:{a,b,c,d,e,f,g} =7'b0011111;
4'hC:{a,b,c,d,e,f,g} =7'b1001110;
4'hD:{a,b,c,d,e,f,g} =7'b0111101;
4'hE:{a,b,c,d,e,f,g} =7'b1001111;
4'hF:{a,b,c,d,e,f,g} =7'b1000111;
default:{a,b,c,d,e,f,g} =7'b1111110;
endcase
end
always@(posedge clk1)
begin if(! reset) in1 =4'b0000;
      else begin in1 = in1 +1;
end
end
endmodule
```

[例 A-7]　设计一个电路，使两个数码管显示 1 ~ 12 的十二进制计数，两个数码管显示 0 ~ 59 的六十进制计数。

此电路工作原理参见例 1-4-2。其中数码管选择显示模块可以用 Verilog HDL 文件完成，参考 Verilog HDL 代码如下：

```
module sel(in1,in2,in3,in4,in5,in6,in7,in8,clk,ms1,ms2,ms3,ms4,ms5,ms6,ms7,ms8,a,b,c,d,e,f,g);
input clk;
input[3:0]in1,in2,in3,in4,in5,in6,in7,in8;
output ms1,ms2,ms3,ms4,ms5,ms6,ms7,ms8,a,b,c,d,e,f,g;
reg ms1,ms2,ms3,ms4,ms5,ms6,ms7,ms8,a,b,c,d,e,f,g;
```

```
reg[3:0]   temp,flag;
always@(posedge clk)
begin
{ms1,ms2,ms3,ms4,ms5,ms6,ms7,ms8} = 8'b00000000;
flag = flag + 1;
case(flag)
0:begin temp = in1;ms1 = 1;end
1:begin temp = in2;ms2 = 1;end
2:begin temp = in3;ms3 = 1;end
3:begin temp = in4;ms4 = 1;end
4:begin temp = in5;ms5 = 1;end
5:begin temp = in6;ms6 = 1;end
6:begin temp = in7;ms7 = 1;end
7:begin temp = in8;ms8 = 1;end
endcase
case(temp)
4'd0:{a,b,c,d,e,f,g} = 7'b1111110;
4'd1:{a,b,c,d,e,f,g} = 7'b0110000;
4'd2:{a,b,c,d,e,f,g} = 7'b1101101;
4'd3:{a,b,c,d,e,f,g} = 7'b1111001;
4'd4:{a,b,c,d,e,f,g} = 7'b0110011;
4'd5:{a,b,c,d,e,f,g} = 7'b1011011;
4'd6:{a,b,c,d,e,f,g} = 7'b1011111;
4'd7:{a,b,c,d,e,f,g} = 7'b1110000;
4'd8:{a,b,c,d,e,f,g} = 7'b1111111;
4'd9:{a,b,c,d,e,f,g} = 7'b1111011;
4'hA:{a,b,c,d,e,f,g} = 7'b1110111;
4'hB:{a,b,c,d,e,f,g} = 7'b0011111;
4'hC:{a,b,c,d,e,f,g} = 7'b1001110;
4'hD:{a,b,c,d,e,f,g} = 7'b0111101;
4'hE:{a,b,c,d,e,f,g} = 7'b1001111;
4'hF:{a,b,c,d,e,f,g} = 7'b1000111;
default:{a,b,c,d,e,f,g} = 7'b1111110;
endcase
end
endmodule
```

生成符号体后，参考电路如图 1-4-6 所示。硬件系统示意图如图 1-4-7 所示。

[例 A-8] 设计一个有三种信号灯的交通灯控制器，设计要求和分析参见 1.5 节。

完全由 Verilog HDL 文件完成的参考代码为：

```
Module
traffic(clk,enb,ared,agreen,ayellow,bred,bgreen,byellow,acounth,acountl,bcounth,bcountl);
output[3:0] acounth,acountl,bcounth,bcountl;
output ared,agreen,ayellow,bred,bgreen,byellow;
input clk,enb;
```

```
reg ared,agreen,ayellow,bred,bgreen,byellow;
reg[3:0] acounth,acountl,bcounth,bcountl;
always@(posedge clk)
begin
if({acounth,acountl} ==0||{bcounth,bcountl} ==0)
//
case({ared,agreen,ayellow,bred,bgreen,byellow})
6'b010100:begin{ared,agreen,ayellow,bred,bgreen,byellow} <=6'b001100;acountl =5;acounth =0;bcountl
=5;bcounth =0; end
6'b001100:if
(enb)begin{ared,agreen,ayellow,bred,bgreen,byellow} <=6'b100010;acountl =0;acounth =3;bcountl =5;
bcounth =2;end
else
begin{ared, agreen, ayellow, bred, bgreen, byellow} <= 6'b010100; acountl = 5; acounth = 4; bcountl = 0;
bcounth =5; end
6'b100010:begin{ared,agreen,ayellow,bred,bgreen,byellow} <=6'b100001;acountl =5;acounth =0;bcountl
=5;bcounth =0;end
6'b100001:begin{ared, agreen, ayellow, bred, bgreen, byellow} <= 6'b010100; acountl = 5; acounth = 4;
bcountl =0;bcounth =5; end
default:begin{ared,agreen,ayellow,bred,bgreen,byellow} <=6'b010100;acountl =5;acounth =4;bcountl =
0;bcounth =5; end
endcase
//
else
begin
if(acountl ==0)
begin
acounth = acounth -1;
acountl =4'b1001;
end
else
acountl = acountl -1;
if(bcountl ==0)
begin
bcounth = bcounth -1;
bcountl =4'b1001;
end
else
bcountl = bcountl -1;
end
end
endmodule
```

顶层 bdf 文件如图 1-5-6 所示，其中 sel 为扫描显示模块，电路下载后，硬件系统示意图如图 1-5-7 所示。

附录B 部分数字系统设计VHDL参考代码

B.1 多功能数字钟主控电路

```
//多功能数字钟
/*信号定义:
clk:时钟信号,频率为1Hz;
clk_1k:产生闹铃声、报时音的时钟信号,频率为1024Hz;
mode:功能控制信号;为0:计时功能;
                  为1:闹铃功能;
                  为2:手动校对功能;
turn:在手动校对时,选择是调整时间,还是分钟,若长时间按住该键,可使秒信号清零,用于精确调时;
change:手动调整时,每按一次,计数器加1,按住不放,则连续快速加1;
hour、min、sec:时、分、秒显示信号;
alert:扬声器驱动信号;
LD_alert:闹铃功能设置显示信号;
LD_hour:小时调整显示信号;
LD_min:分钟调整显示信号。
library ieee;
use ieee.std_logic_1164.all;
use ieee.std_logic_unsigned.all;

entity clock is
    port(clk,clk_1k,mode,turn,change:  in std_logic;
            hour,min,sec:buffer std_logic_vector(7 downto 0);
            alert,LD_alert,LD_hour,LD_min: buffer std_logic);
end clock;

architecture one of clock is
signal   ear,clk_2hz,clk_1hz,fm:std_logic;
signal   count1,count2,counta,countb:std_logic;
signal   loop1,loop2,loop3,loop4,sound:std_logic_vector(1 downto 0);
signal   ct1,ct2,cta,ctb,m_clk,h_clk:std_logic;
signal   ahour,amin:std_logic_vector(7 downto 0);
signal   m:std_logic_vector(1 downto 0);
signal   hour1,min1,sec1:std_logic_vector(7 downto 0);
signal   num1,num2,num3,num4:std_logic;
signal   minclk,hclk,alert1,alert2:std_logic;

begin
fre2:process(clk,sound)
        begin
            if(clk'event and clk='1')then   clk_2hz<=not clk_2hz;
                if(sound="11") then sound<="00";ear<='1';
```

```
                    else sound <= sound + 1;ear <= '0';
                  end if;
          end if;
      end process fre2;
fre1:process(clk_2hz)
      begin
          if(clk_2hz'event and clk_2hz = '1') then
                clk_1hz <= not clk_1hz;
          end if;
      end process fre1;
mode1:process(mode,m)
      begin
          if(mode'event and mode = '1')then
              if(m = "10")then m <= "00";
                  else   m <= m + 1;
              end if;
              --m <= m1;
          end if;
      end process mode1;
turn1:process(turn)
      begin
          if(turn'event and turn = '1')   then
                fm <= not fm;
          end if;
      end process turn1;
chdoose:process(m,fm,change)
      begin
        case m is
        when "10" =>
            if(fm = '1') then
              count1 <= change;LD_min <= '1'; LD_hour <= '0';
            else  counta <= change;LD_min <= '0'; LD_hour <= '1';
            end if;
           count2 <= '0'; countb <= '0';
          when "01"  =>
             if(fm = '1') then
             count2 <= change;LD_min <= '1';LD_hour <= '0';
             else    countb <= change;LD_min <= '0';LD_hour <= '1';
             end if;
           count1 <= '0';counta <= '0';
          when others  =>
          count1 <= '0';count2 <= '0';counta <= '0';countb <= '0';LD_hour <= '0';LD_min <= '0';
          end case;
```

```
            end process chdoose;
    aaa:process(clk,count2,loop1)
            begin
              if(clk'event and clk='0') then
                if(count2='1') then
                   if(loop1="11")  then      num1<='1';
                      else loop1<=loop1+1;num1<='0';
                   end if;
                else loop1<="00";num1<='0';
                end if;
              end if;
            end process aaa;
    bbb:process(clk,countb,loop2)
            begin
              if(clk'event and clk='0') then
                if(countb='1') then
                   if(loop2="11") then num2<='1';
                      else loop2<=loop2+1;num2<='0';
                   end if;
                else loop2<="00";num2<='0';
                end if;
              end if;
            end process bbb;
    ccc:process(clk,count1,loop3)
            begin
              if(clk'event and clk='0') then
                if(count1='1') then
                   if(loop3="11") then num3<='1';
                      else loop3<=loop3+1;num3<='0';
                   end if;
                else loop3<="00";num3<='0';
                end if;
              end if;
            end process ccc;
    ddd:process(clk,counta,loop4)
            begin
              if(clk'event and clk='0') then
                if(counta='1') then
                   if(loop4="11") then num4<='1';
                      else loop4<=loop4+1;num4<='0';
                   end if;
                else loop4<="00";num4<='0';
                end if;
```

```
            end if;
        end process ddd;
        ct1 <= (num3 and clk) or (not num3 and m_clk);
        ct2 <= (num1 and clk) or (not num1 and count2);
        cta <= (num4 and clk) or (not num4 and h_clk);
        ctb <= (num2 and clk) or (not num3 and countb);
second:process(clk_1hz,sec1,turn,m)
        begin
            if(clk_1hz'event and clk_1hz='1') then
                if(((sec1="01011001") or (turn='1')) and (m="00")) then
                        sec1 <= "00000000";
                        if(not((turn='1') and (m="00"))) then
                                minclk <= '1';
                        end if;
                elsif(sec1(3 downto 0) = "1001") then
                            sec1(3 downto 0) <= "0000"; sec1(7 downto 4) <= sec1(7 downto 4) +1;
                else sec1(3 downto 0) <= sec1(3 downto 0) +1; minclk <= '0';
                end if;
            end if;
        end process second;
        m_clk <= minclk or count1;
minute:process(ct1,min1)
        begin
            if(ct1'event and ct1='1') then
                if(min1 = "01011001") then
                        min1 <= "00000000";hclk <= '1';
                else if (min1(3 downto 0) = "1000") then
                        min1(3 downto 0) <= "0000"; min1(7 downto 4) <= min1(7 downto 4) +1;
                        else min1(3 downto 0) <= min1(3 downto 0) +1; hclk <= '0';
                        end if;
                end if;
            end if;
        end process minute;
ahourrr:process(cta,hour1)
        --variable   vhour1:std_logic_vector(7 downto 0);
        begin
            if(cta'event and cta='1') then
                if(hour1 = "00100101") then
                        hour1 <= "00000000";
            else if(hour1(3 downto 0) = "1001") then
                hour1(3 downto 0) <= "0000";hour1(7 downto 4) <= hour1(7 downto 4) +1;
                else hour1(3 downto 0) <= hour1(3 downto 0) +1;
                end if;
```

```
                end if;
            end if;
            end process ahourrr;
  aminute:process(ct2,amin)
            begin
                if(ct2'event and ct2 = '1') then
                        if(amin = "01011001") then
                              amin <= "00000000";
                        else if (amin(3 downto 0) = "1001") then
                              amin(3 downto 0) <= "0000";amin(7 downto 4) <= amin(7 downto 4) +1;
                          else    amin(3 downto 0) <= amin(3 downto 0) +1;
                              end if;
                        end if;
                end if;
        end process aminute;
  ahourr:process(ctb,ahour)
           begin
               if(ctb'event and ctb = '1') then
                       if(ahour = "00100011") then
                             ahour <= "00000000";
                       else if(ahour(3 downto 0) = "1001") then
                             ahour(3 downto 0) <= "0000";ahour(7 downto 4) <= ahour(7 downto 4) +1;
                               else ahour(3 downto 0) <= ahour(3 downto 0) +1;
                               end if;
                       end if;
               end if;
           end process ahourr;
  judge:process(min1,hour1,change,ahour,amin)
       begin
       if((min 1 = amin) and (hour1 = ahour) and (change = '0')) then
              if(sec1 <"00100000") then alert1 <= '1';
                 else alert1 <= '0';
                 end if;
           else alert1 <= '0';
           end if;
           end process judge;
  fuzhi:process(m,hour1,min1,sec1,ahour,amin)
         begin
         case m is
            when "00"  =>
                  hour <= hour1;min <= min1;sec <= sec1;
            when "01"  =>
                  hour <= ahour;min <= amin;
```

```
          when "10"  =>
                hour <= hour1;min <= min1;
          when others => null;
        end case;
      end process fuzhi;
xx:process(hour,min,ahour,amin)
          begin
          if(hour = ahour and min = amin)   then      LD_alert <='1';
             else  LD_alert <='0';
                end if;
      end process xx;
yy:process(alert1,clk,clk_1k,alert2)
    begin
    if(alert1  ='1')     then     alert <= (clk_1k and clk)or alert2;
             else alert <= alert2;
             end if;
     end process yy;
akd:process(min1,sec1,ear,clk_1k)
         begin
          if((min1 ="01011001")and(sec1 >"01010100")) then
             if(sec1 >"01010100") then alert2 <= (ear and clk_1k);
                 else   alert2 <= not (ear and clk_1k);
                     end if;
      else alert2 <='0';
      end if;
      end process akd;
end one;
//动态扫描显示模块
library ieee;
use      ieee.std_logic_1164.all;
use      ieee.std_logic_unsigned.all;
entity sel is
      port(in1,in2,in3,in4,in5,in6,in7,in8:in std_logic_vector(3 downto 0);
      clk:in std_logic;
      ms1,ms2,ms3,ms4,ms5,ms6,ms7,ms8:out std_logic;
      led7s:out std_logic_vector(6 downto 0));
end sel;
architecture one of sel is
  signal temp,flag:std_logic_vector(3 downto 0);
begin
process(clk,temp,flag,in1,in2,in3,in4,in5,in6,in7,in8)
   begin
   ms1 <='0';ms2 <='0';ms3 <='0';ms4 <='0';ms5 <='0';ms6 <='0';ms7 <='0';ms8 <='0';
```

```
  flag <= flag + 1;
 case flag is
     when "0000"  => temp <= in1; ms1 <= '1';
     when "0001"  => temp <= in2; ms2 <= '1';
     when "0010"  => temp <= in3; ms3 <= '1';
     when "0011"  => temp <= in4; ms4 <= '1';
     when "0100"  => temp <= in5; ms5 <= '1';
     when "0101"  => temp <= in6; ms6 <= '1';
     when "0110"  => temp <= in7; ms7 <= '1';
     when "0111"  => temp <= in8; ms8 <= '1';
     when others  => null;
 end case;
 case temp is
     when "0000" => led7s <= "1000000";
     when "0001" => led7s <= "1111001";
     when "0010" => led7s <= "0100100";
     when "0011" => led7s <= "0110000";
     when "0100" => led7s <= "0011001";
     when "0101" => led7s <= "0010010";
     when "0110" => led7s <= "0000010";
     when "0111" => led7s <= "1111000";
     when "1000" => led7s <= "0000000";
     when "1001" => led7s <= "0010000";
     when others => led7s <= null;
 end case;
 end process;
 end one;
```

数字钟系统顶层 bdf 文件如图 B-1 所示。

B.2 数字式竞赛抢答器主控电路

```
//抢答信号锁存显示电路
/*信号定义:
clk:时钟信号;
in1、in2、in3、in4:抢答按钮信号;
o1、o2、o3、o4:抢答 LED 显示信号;
judge:裁判员抢答开始信号;
ju:系统复位信号。
library ieee;
use      ieee.std_logic_1164.all;
use      ieee.std_logic_unsigned.all;
entity   qd is
    port(clk,in1,in2,in3,in4,judge:in std_logic;
```

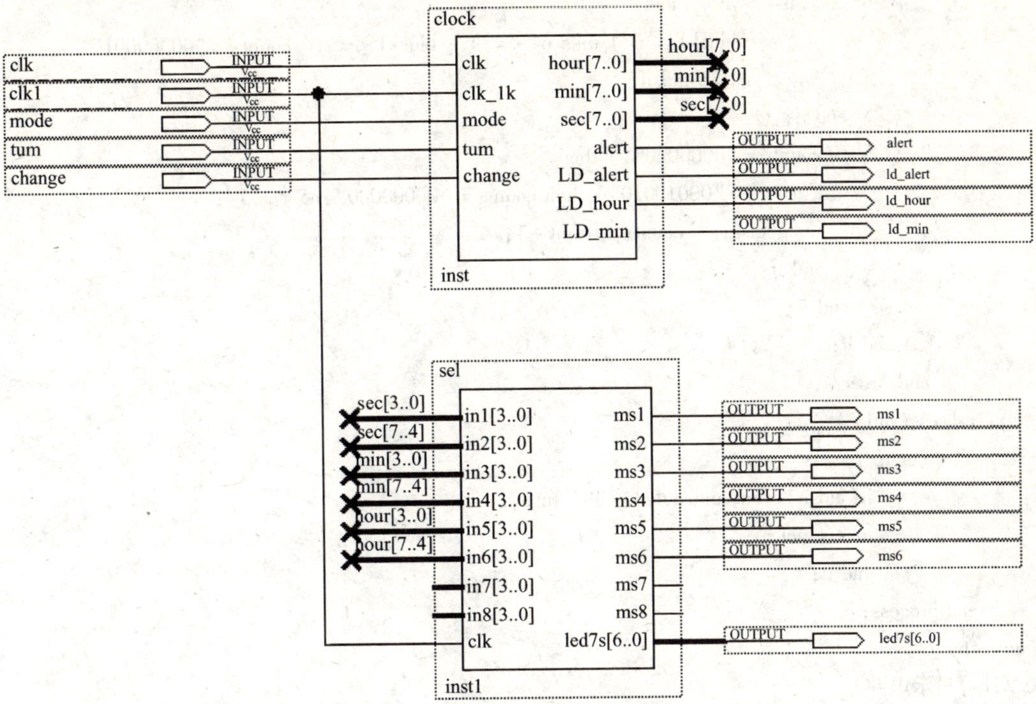

图 B-1　数字钟系统顶层 bdf 文件

```
    o1,o2,o3,o4,o5:out std_logic;
    ju:buffer std_logic);
end qd;
architecture   one of qd is
signal block1:std_logic;
begin
process(clk,in1,in2,in3,in4)
        variable      count: std_logic_vector(7 downto 0);
        begin
           if(clk'event and clk='1')    then
              if(ju='1')    then
               o1<='0';o2<='0';o3<='0';o4<='0';o5  <='0';block1 <='0';count: ="
               00000000";
              elsif(in1='1')    then
                      if(block1='0') then o1<='1'; block1<='1';count: ="00000001";
                          end if;
              elsif(in2='1')    then
                      if(block1='0') then o2<='1'; block1<='1';count: ="00000001";
                          end if;
              elsif(in3='1') then
                      if(block1='0') then o3<='1'; block1<='1';count: ="00000001";
                          end if;
```

```
                elsif(in4 = '1') then
                        if(block1 = '0') then o4 <= '1'; block1 <= '1';count: = "00000001";
                            end if;
                end if;
                if(count/ = "00000000") then
                  if(count = "00010010") then count: = "00000000";o5 <= '1';
                        else      count: = count + 1;
                  end if;
                end if;
            end if;
        end process;
    process(judge)
        begin
            if(judge'event and judge = '1') then
            ju <= not ju;
            end if;
    end process;
end one;
//计分显示电路
/*信号定义:
clk:时钟信号;
c1、c2、c3、c4:抢答组别输入信号;
add:加分按钮;
min:减分按钮;
reset:初始分(10 分)设置信号;
count1l、count1h:第一组得分输出;
count2l、count2h:第二组得分输出;
count3l、count3h:第三组得分输出;
count4l、count4h:第四组得分输出。
library ieee;
use ieee.std_logic_1164.all;
use ieee.std_logic_unsigned.all;
entity count is
      port( clk,c1,c2,c3,c4,add,min,reset:in std_logic;
      count1l,count1h,count2l,count2h:buffer std_logic_vector(3 downto 0);
      count3l,count3h,count4l,count4h:buffer std_logic_vector(3 downto 0));
end count;
architecture bk of count is
begin
    clk_up1:process(clk,add,min,reset,c1,c2,c3,c4)
    begin
        if(clk'event and clk = '1') then
            if(reset = '1') then
```

```
count1h <= "0001" ;count1l <= "0000" ;count2h <= "0001" ;count2l <= "0000" ;
count3h <= "0001" ;count3l <= "0000" ;count4h <= "0001" ;count4l <= "0000" ;
elsif( add = '1')  then
            if( c1 = '1')  then
                  if( count1l = "1001" ) then count1l <= "0000" ;
                      if( count1h = "1001" ) then count1h <= "0000" ;
                      else   count1h <= count1h + 1;
                      end if;
                   else count1l <= count1l + 1;
                  end if;
              elsif( c2 = '1')  then
                  if( count2l = "1001" ) then count2l <= "0000" ;
                      if( count2h = "1001" ) then count2h <= "0000" ;
                      else count2h <= count2h + 1;
                      end if;
                  else count2l <= count2l + 1;
                  end if;
              elsif( c3 = '1')  then
                  if( count3l = "1001" ) then count3l <= "0000" ;
                       if( count3h = "1001" ) then count3h <= "0000" ;
                       else count3h <= count3h + 1;
                    end if;
                   else count3l <= count3l + 1;
                   end if;
              elsif( c4 = '1') then
                  if( count4l = "1001" ) then
                       count4l <= "0000" ;
                       if( count4h = "1001" ) then count4h <= "0000" ;
                       else count4h <= count4h + 1;
                       end if;
                    else count4l <= count4l + 1;
                    end if;
                end if;
      elsif( min = '1') then
                if( c1  = '1') then
                      if( count1l/ = "0000" ) then count1l <= count1l - 1;
                      elsif( count1h/ = "0000" ) then count1h <= count1h - 1;
                        count1l <= "1001" ;
                      end if;
                elsif( c2 = '1')  then
                     if( count2l/ = "0000" ) then count2l <= count2l - 1;
                        elsif( count2h/ = "0000" ) then count2h <= count2h - 1;
                        count2l <= "1001" ;
```

```
                    end if;
                elsif(c3 = '1')  then
                    if(count3l/ = "0000")  then count3l <= count3l - 1;
                    elsif(count3h/ = "0000")  then
                    count3h <= count3h - 1;  count3l <= "1001";
                    end if;
                elsif(c4 = '1')  then
                    if(count4l/ = "0000") then count4l <= count4l - 1;
                    elsif(count4h/ = "0000") then
                    count4h <= count4h - 1; count4l <= "1001";
                    end if;
                end if;
            end if;
        end if;
    end process clk_up1;
end bk;
```

数字式竞赛抢答器顶层 bdf 文件如图 B-2 所示。

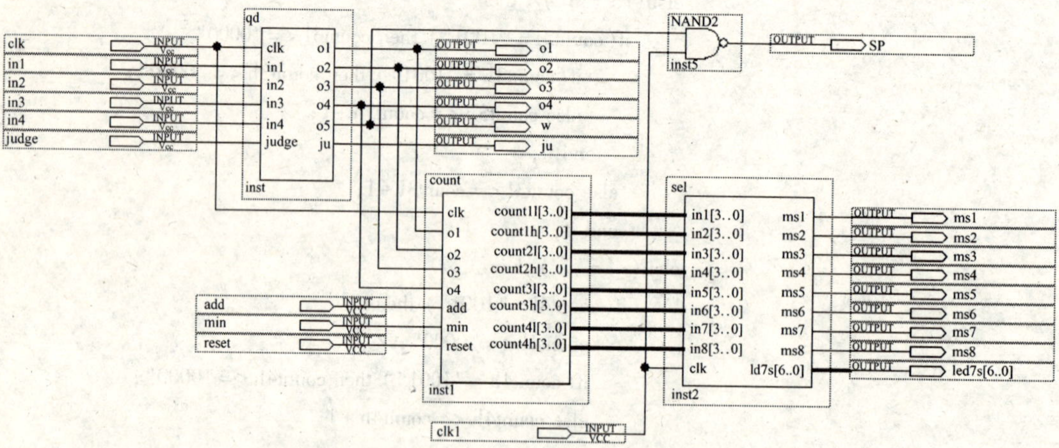

图 B-2 数字式竞赛抢答器顶层 bdf 文件

B.3 洗衣机控制器主控电路

//洗衣机控制器

/ * 信号定义:

d0、d1 、…、d9:数据开关信号,分别代表 0、1、…、9;

start:开始信号;

reset:复位信号;

t1l、t1h、t2l、t2h:预置时间;

forward:正转状态输出显示;

back:反转状态输出显示;

stop:停止状态输出显示;

sound:停机音响输出;

```
library ieee;
use  ieee.std_logic_1164.all;
use  ieee.std_logic_unsigned.all;
entity washing is
port(d1,d2,d3,d4,d5,d6,d7,d8,d9,d0,clk,reset,start:in std_logic;
      forward,stop,back,sound:buffer std_logic;
      t1h,t1l,t2h,t2l:buffer std_logic_vector(3 downto 0));
end washing;
architecture one of washing is
signal  dall:std_logic_vector(9 downto 0);
begin
       dall <= d1 &d2 &d3 &d4 &d5 &d6 &d7 &d8 &d9 & d0;
process(clk)
       variable fsb:std_logic_vector(2 downto 0);
       variable flag:std_logic;
       begin
        if(clk'event and clk ='1') then
              fsb:=forward & stop & back;
               if(dall/="0000000000") then
                     t1h <= t1l;
                  if(d0 ='1') then t1l <= "0000";
                  elsif(d1 ='1') then t1l <= "0001";
                  elsif(d2 ='1') then t1l <= "0010";
                  elsif(d3 ='1') then t1l <= "0011";
                  elsif(d4 ='1') then t1l <= "0100";
                  elsif(d5 ='1') then t1l <= "0101";
                  elsif(d6 ='1') then t1l <= "0110";
                  elsif(d7 ='1') then t1l <= "0111";
                  elsif(d8 ='1') then t1l <= "1000";
                  elsif(d9 ='1') then t1l <= "1001";
                  end if;
               else
                  if((start ='1') and (fsb ="000")) then
                        fsb:="100";
                  elsif(reset ='1') then
                    fsb:="000";sound <='0';flag:='0';t2h <="0000";t2l <="0000"; t1h <=
"0000"; t1l <="0000";
                  elsif(fsb/="000") then
                    case(fsb) is
                      when "100"  =>
                        if(t2h ="0010") then
                            t2h <="0000";t2l <="0000";
```

```
                        fsb: = "010";
                    else
                        if(t2l = "1001") then
                            t2l <= "0000";
                            t2h <= t2h + 1;
                        else t2l <= t2l + 1;
                        end if;
                    end if;
                when "010" =>
                    if(t2l = "1001") then
                        t2l <= "0000";
                        if(flag = '1') then
                            fsb: = "100";
                            if(t1l = 0) then
                                if(t1h /= "0000") then t1h <= t1h - 1; t1l <= "1001";
                                end if;
                            else t1l <= t1l - 1;
                            end if;
                        else fsb: = "001"; flag: = not flag;
                        end if;
                    else t2l <= t2l + 1;
                    end if;
                when "001" =>
                    if(t2h = "0010") then
                        t2h <= "0000"; t2l <= "0000";
                        fsb: = "010";
                    else
                        if(t2l = "1001") then
                            t2l <= "0000"; t2h <= t2h + 1;
                        else t2l <= t2l + 1;
                        end if;
                    end if;
                when others => null;
            end case;
        end if;
            if(t1h = "0000" and t1l = "0000") then
                fsb: = "000"; sound <= '1'; flag: = '0'; t2h <= "0000"; t2l <= "0000";
            end if;
    end if;
  end if;
    forward <= fsb(2); stop <= fsb(1); back <= fsb(0);
  end process clk_up;
end;
```

洗衣机控制器顶层 bdf 文件如图 B-3 所示。

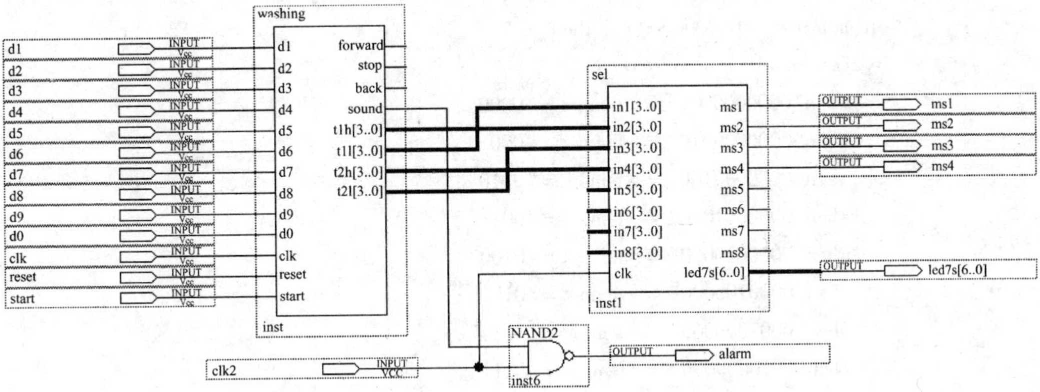

图 B-3　洗衣机控制器顶层 bdf 文件

B.4　密码锁主控电路

```
//密码锁
/＊信号定义:
n0、n1、…、n9:数据开关信号,分别代表 0、1、…、9;
back:删除信号;
cheak:密码检验信号;
set:密码确认信号;
close:关锁信号;
lock:密码锁状态显示信号;
num1、num2、num3、num4:密码输出显示信号,每一个数都是四位二进制数。
library ieee;
use   ieee. std_logic_1164. all;
use   ieee. std_logic_unsigned. all;
entity code is
port( n0,n1,n2,n3,n4,n5,n6,n7,n8,n9:in std_logic;
        back,check,set,close,clk:in std_logic;
        lock:buffer std_logic;
        num1,num2,num3,num4:buffer std_logic_vector(3 downto 0));
end code;
architecture ak of code is
signal temp:std_logic_vector(3 downto 0);
signal num10:std_logic_vector(9 downto 0);
signal code16:std_logic_vector(15 downto 0);
signal vcode16:std_logic_vector(15 downto 0);
begin
      num10 <= n0 & n1 & n2 & n3 & n4 & n5 & n6 & n7 & n8 & n9;
      vcode16 <=  num4 & num3 & num2 & num1;
      clk_up1:process(clk)
```

```
begin
    if(clk'event and clk='1') then
        if(num10/="0000000000") then
            case num10 is
            when"0000000001" =>temp<="0000";
            when"0000000010" =>temp<="0001";
            when"0000000100" =>temp<="0010";
            when"0000001000" =>temp<="0011";
            when"0000010000" =>temp<="0100";
            when"0000100000" =>temp<="0101";
            when"0001000000" =>temp<="0110";
            when"0010000000" =>temp<="0111";
            when"0100000000" =>temp<="1000";
            when"1000000000" =>temp<="1001";
            when others =>null;
            end case;
            num4<=num3; num3<=num2; num2<=num1; num1<=temp;
            elsif(back='1') then
            num1<=num2; num2<=num3; num3<=num4; num4<="0000";
            end if;
        end if;
end process clk_up1;
clk_up2:process(clk)
begin
      if(clk'event and clk='1') then
            if((lock='0') and (check='1')) then
                  if(code16=vcode16) then
                      lock<='1';
                       elsif(vcode16="0000000000000111") then
                      lock<='1';
                      end if;
             elsif((lock='1') and (close='1')) then
                  lock<='0';
               end if;
      end if;
end process clk_up2;
clk_up3:process(clk)
begin
      if(clk'event and clk='1') then
         if(lock='1' and set='1') then
         code16<=vcode16;
         end if;
       end if;
end process clk_up3;
```

```
end ak;
```

电子密码锁主控电路顶层 bdf 文件如图 B-4 所示。

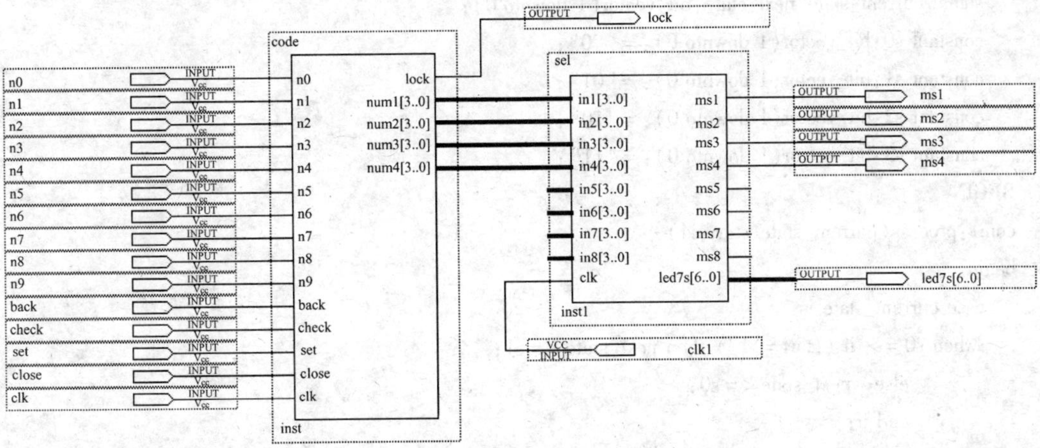

图 B-4　电子密码锁主控电路顶层 bdf 文件

B.5　乘法器主控电路

```
//乘法器
/＊信号定义
clk:时钟信号;
start:乘法开始信号;
endd:乘积结束信号;
clr:复位信号。
 ＊/
LIBRARY ieee;
USE ieee.std_logic_1164.all;
ENTITY mulcon IS
    PORT
    (
        start : IN STD_LOGIC;
        i4 : IN STD_LOGIC;
        bi : IN STD_LOGIC;
        clk : IN STD_LOGIC;
        endd : OUT STD_LOGIC;
        clr : OUT STD_LOGIC;
        ca : OUT STD_LOGIC;
        cb1 : OUT STD_LOGIC;
        cb0 : OUT STD_LOGIC;
        cm1 : OUT STD_LOGIC;
        cm0 : OUT STD_LOGIC;
        cc : OUT STD_LOGIC
    );
```

```
END mulcon;
ARCHITECTURE mulcon_architecture OF mulcon IS
    signal current_state,next_state:bit_vector(1 downto 0);
    constant s0:bit_vector(1 downto 0):="00";
    constant s1:bit_vector(1 downto 0):="01";
    constant s2:bit_vector(1 downto 0):="10";
    constant s3:bit_vector(1 downto 0):="11";
BEGIN
com1:process(current_state,start,i4)
begin
    case current_state is
     when s0 => if (start ='1') then next_state <= s1;
             else   next_state <= s0;
             end if;
     when s1  => next_state <= s2;
     when s2  => next_state <= s3;
     when s3 => if (i4 ='1') then next_state <= s0;
             else next_state <= s2;
             end if;
end case;
end process com1;
com2:process(current_state,bi)
begin
    case current_state is
     when s0  => endd <='1';clr <='1';ca <='0';cb1 <='0';cb0 <='0';
           cm1 <='0';cm0 <='0';cc <='0';
     when s1 => endd <='0';clr <='0';ca <='1';cb1 <='1';cb0 <='1';
           cm1 <='0';cm0 <='0';cc <='0';
     when s2 => if (bi ='1') then
           endd <='0';clr <='1';ca <='0';cb1 <='0';cb0 <='0';
           cm1 <='1';cm0 <='1';cc <='1';
        else
           endd <='0';clr <='1';ca <='0';cb1 <='0';cb0 <='0';
           cm1 <='0';cm0 <='0';cc <='1';
        end if;
     when s3 => endd <='0';clr <='1';ca <='0';cb1 <='0';cb0 <='1';
           cm1 <='0';cm0 <='1';cc <='0';
end case;
end process com2;
reg:process (clk)
     begin
        if clk ='1' and clk'event then
           current_state <= next_state;
```

```
        end if;
    end process reg;
END mulcon_architecture;
```

乘法器顶层 bdf 文件如图 B-5 所示。图中，四位乘法通过移位相加的思路实现，由控制器 mulcon 对乘法过程进行时序控制。a［3.. 0］和 b［3.. 0］是两个相乘的四位数，74194 为移位寄存器，74283 为四位加法器，74161 为十六进制计数器，74198 为八位寄存器。两个 decoder 为显示译码器，分别将乘积的高四位和低四位转换为七段码，传递至数码管进行显示。

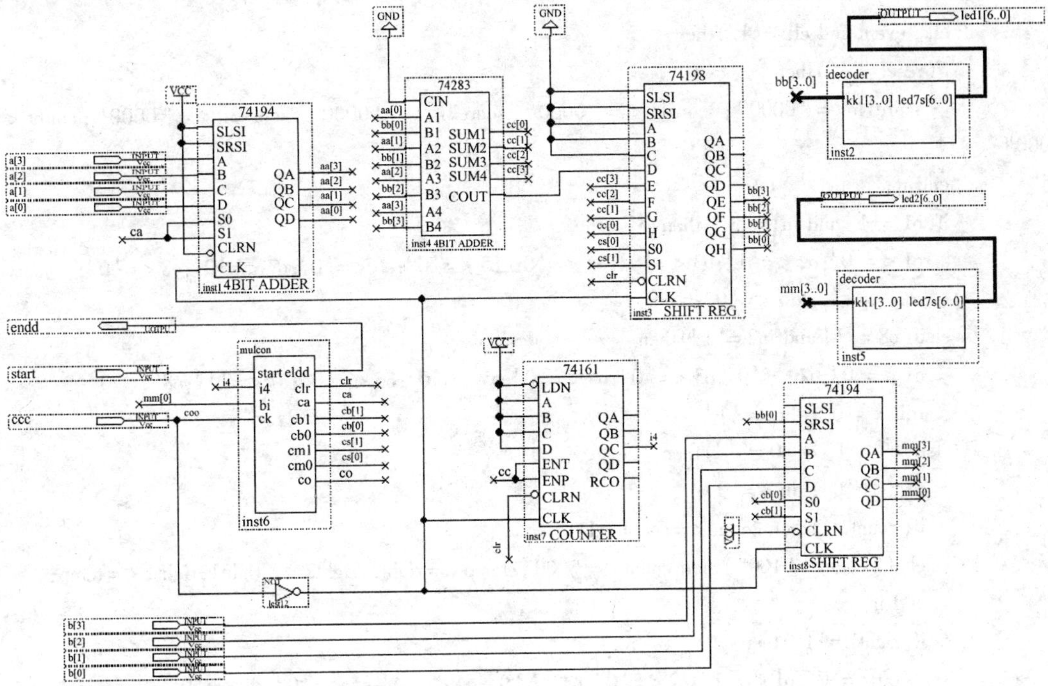

图 B-5　四位数字乘法器顶层 bdf 文件

B.6　乒乓球比赛游戏机主控电路

```
//乒乓球比赛游戏机
/*信号定义:
in1、in2:甲乙双方击球信号;
o1、o2、…、o8:乒乓球轨迹模拟显示信号;
right1、right2:甲乙双方发球权拥有显示信号;
score1、score2:甲乙双方得分显示;
clk:时钟信号;
reset:裁判员复位信号。
library ieee;
use ieee.std_logic_1164.all;
use ieee.std_logic_unsigned.all;
entity pp is
    port(in1,in2,clk,reset:in std_logic;
```

```
      o1,o2,o3,o4,o5,o6,o7,o8,right1,right2:buffer std_logic;
      score1l,score1h,score2l,score2h:buffer std_logic_vector(3 downto 0));
end pp;
architecture one of pp is
  signal count:std_logic_vector(2 downto 0);
  signal ldir,rdir,temp,o0,o9:std_logic;
begin
process(clk,temp,reset,in1,in2,count,ldir,rdir)
  begin
    if(clk'event and clk='1')then
      if(reset='1')then
        score1h<="0000";score1l<="0000";score2h<="0000";score2l<="0000";count<=
"000";
      end if;
      if(o1='1' and in1='1')then
        o1<='0';o2<='1';o3<='0';o4<='0';o5<='0';o6<='0';o7<='0';o8<='0';
        rdir<='1';ldir<='0';
      elsif(o8='1' and in2='1')then
        o1<='0';o2<='0';o3<='0';o4<='0';o5<='0';o6<='0';o7<='1';o8<='0';
        rdir<='0';ldir<='1';
      elsif(o9='1' or o0='1')then
        rdir<='0';ldir<='0';
        if(count<4)then count<=count+1;
        elsif (count="100")then count<="000";temp<=right2;right2<=right1;right1<=temp;
        end if;
        if(right1='1')then
          o0<='0';o1<='1';o2<='0';o3<='0';o4<='0';o5<='0';o6<='0';o7<='0';o8<=
'0';o9<='0';
        else
          o0<='0';o1<='0';o2<='0';o3<='0';o4<='0';o5<='0';o6<='0';o7<='0';o8<=
'1';o9<='0';
        end if;--adding
        if(o9='1')then
              if(score1l(0)='1' and score1l(3)='1')then
                score1l<="0000";score1h<="0001";
              elsif(score1h(0)='1' and score1l(0)='1')then
                score1l<="0000";score1h<="0000";score2l<="0000";score2h<="0000";
                count<="000";
              else
                score1l<=score1l+1;
              end if;
        elsif(o0='1')then
              if(score2l(0)='1' and score2l(3)='1')then
```

```
                score2l <= "0000";score2h <= "0001";
            elsif(score2h(0) = '1' and score2l(0) = '1')then
                score1l <= "0000";score1h <= "0000";score2l <= "0000";score2h <= "0000";
                count <= "000";
            else
                score2l <= score2l + 1;
            end if;
        end if;
    elsif(rdir = '1' and o1 = '0')then
        --o9 <= o8;o8 <= o7;o7 <= o6;o6 <= o5;o5 <= o4;o4 <= o3;o3 <= o2;o2 <= o1;o1 <= o0;
o0 <= '0';
        o9 <= o8;o8 <= o7;o7 <= o6;o6 <= o5;o5 <= o4;o4 <= o3;o3 <= o2;o2 <= o1;o1 <= o0;o0 <= '0';
    elsif(ldir = '1' and o8 = '0')then
        o0 <= o1;o1 <= o2;o2 <= o3;o3 <= o4;o4 <= o5;o5 <= o6;o6 <= o7;o7 <= o8;o8 <= o9;o9 <= '0';
        if(o0 <= '0' and o1 <= '0' and o2 <= '0' and o3 <= '0' and o4 <= '0' and o5 <= '0' and o6 <=
'0' and o7 <= '0' and o8 <= '0' and o9 <= '0')then
            right1 <= '1';
            o0 <= '0';o1 <= '1';o2 <= '0';o3 <= '0';o4 <= '0';o5 <= '0';o6 <= '0';o7 <= '0';o8 <=
'0';o9 <= '0';
        end if;
    end if;
  end if;
 end process;
end one;
```

乒乓球比赛游戏机顶层 bdf 文件如图 B-6 所示。

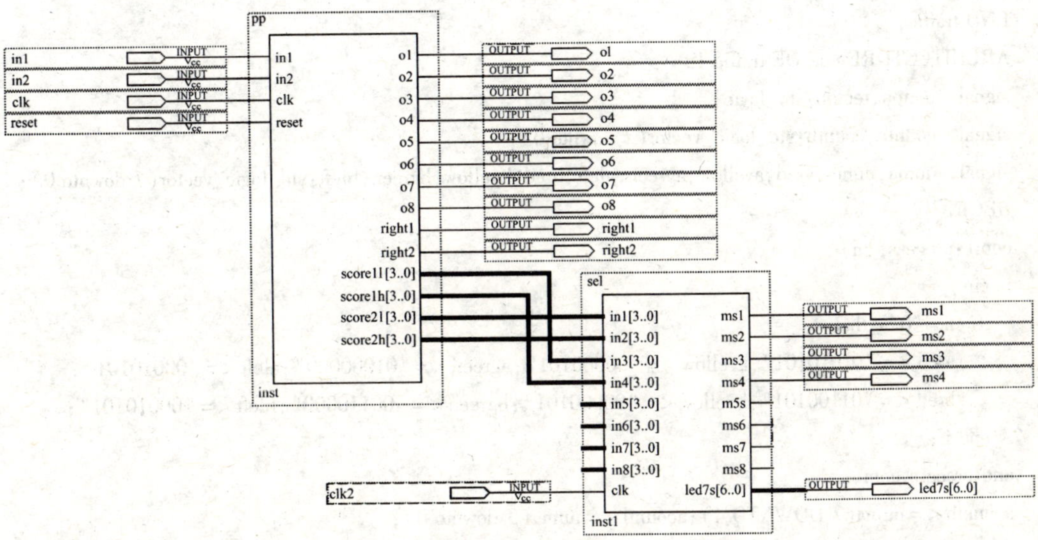

图 B-6　乒乓球比赛游戏机顶层 bdf 文件

B.7 具有四种信号灯的交通灯控制器主控电路

```
//交通灯控制器
/*信号定义:
clk:系统时钟信号;
en:系统使能信号;
lampa1:主干道红灯信号;
lampa2:主干道黄灯信号;
lampa3:主干道绿灯信号;
lampa4:主干道左拐信号;
lampb1:支干道红灯信号;
lampb2:支干道黄灯信号;
lampb3:支干道绿灯信号;
lampb4:主支干道左拐信号;
acounth,acountl:主干道计时输出;
bcounth,bcountl:支干道计时输出。
LIBRARY ieee;
USE ieee.std_logic_1164.all;
USE ieee.std_logic_unsigned.all;
ENTITY traffic IS
    PORT
    (
        clk,en : IN STD_LOGIC;
        lampa1,lampa2,lampa3,lampa4,lampb1,lampb2,lampb3,lampb4 : OUT STD_LOGIC;
        acounth,acountl,bcounth,bcountl: OUT STD_LOGIC_VECTOR(3 DOWNTO 0)
    );
END traffic;
ARCHITECTURE one OF traffic IS
signal  tempa,tempb:std_logic;
signal  counta,countb:std_logic_vector(2 downto 0);
signal  numa,numb,ared,ayellow,agreen,aleft,bred,byellow,bgreen,bleft:std_logic_vector(7 downto 0);
BEGIN
com1:process(en)
begin
  if(en='0') then
      ared<="01010101";ayellow<="00000101";agreen<="01000000";aleft<="00010101";
      bred<="01100101";byellow<="00000101";bgreen<="00110000";bleft<="00010101";
  end if;
end process com1;
acounth<=numa(7 DOWNTO 4);acountl<=numa(3 downto 0);
bcounth<=numb(7 downto 4);bcountl<=numb(3 downto 0);
com2:process(clk,en,tempa,numa)
begin
```

```
if(en ='1')then
    if(tempa ='0')then
        tempa <='1';
        case counta is
when "000"  => numa <= agreen;lampa1 <='0';lampa2 <='0';lampa3 <='1';
   lampa4 <='0';counta <= "001";
when "001"  => numa <= ayellow;lampa1 <='0';lampa2 <='1';lampa3 <='0';
   lampa4 <='0';counta <= "010";
when "010"  => numa <= aleft;lampa1 <='0';lampa2 <='0';lampa3 <='0';
   lampa4 <='1';counta <= "011";
when "011"  => numa <= ayellow;lampa1 <='0';lampa2 <='1';lampa3 <='0';
   lampa4 <='0';counta <= "100";
when "100"  => numa <= ared;lampa1 <='1';lampa2 <='0';lampa3 <='0';
   lampa4 <='0';counta <= "000";
when others  => lampa1 <='1';lampa2 <='0';lampa3 <='0';lampa4 <='0';
        end case;
    elsif(numa >1)then
        if(numa(3 downto 0) = "0000")then
            numa(3 downto 0) <= "1001";numa(7 downto 4) <= numa(7 downto 4) -1;
        else
            numa(3 downto 0) <= numa(3 downto 0) -1;
            if(numa = "00000010")then tempa <='0';end if;
        end if;
    else
        lampa1 <='1';lampa2 <='0';lampa3 <='0';lampa4 <='0';counta <= "000";tempa <='0';
    end if;
  end if;
end process com2;
com3:process(clk,en,tempb,numb)
begin
  if(en ='1')then
    if(tempb ='0')then
      tempb <='1';
      case countb is
        when "000"  => numb <= bgreen;lampb1 <='1';lampb2 <='0';lampb3 <='0';
          lampb4 <='0';countb <= "001";
        when "001"  => numb <= byellow;lampb1 <='0';lampb2 <='0';lampb3 <='1';
          lampb4 <='0';countb <= "010";
        when "010"  => numb <= bleft;lampb1 <='0';lampb2 <='1';lampb3 <='0';
          lampb4 <='0';countb <= "011";
        when "011"  => numb <= byellow;lampb1 <='0';lampb2 <='0';lampb3 <='0';
          lampb4 <='1';countb <= "100";
        when "100"  => numb <= bred;lampb1 <='0';lampb2 <='1';lampb3 <='0';
```

```
            lampb4 <='0';countb <="000";
          when others => lampb1 <='1';lampb2 <='0';lampb3 <='0';lampb4 <='0';
        end case;
      elsif(numb >1)then
        if(numb(3 downto 0)/="0000")then
            numb(3 downto 0) <="1001";numb(7 downto 4) <=numb(7 downto 4) -1;
        else
            numb(3 downto 0) <=numb(3 downto 0) -1;
            if(numb ="00000010")then tempb <='0';end if;
        end if;
      else
            lampb1 <='1';lampb2 <='0';lampb3 <='0';lampb4 <='0';countb <="000";tempb <='0';
      end if;
    end if;
end process com3;
END one;
```

具有四种信号灯的交通灯控制器顶层 bdf 文件如图 B-7 所示。

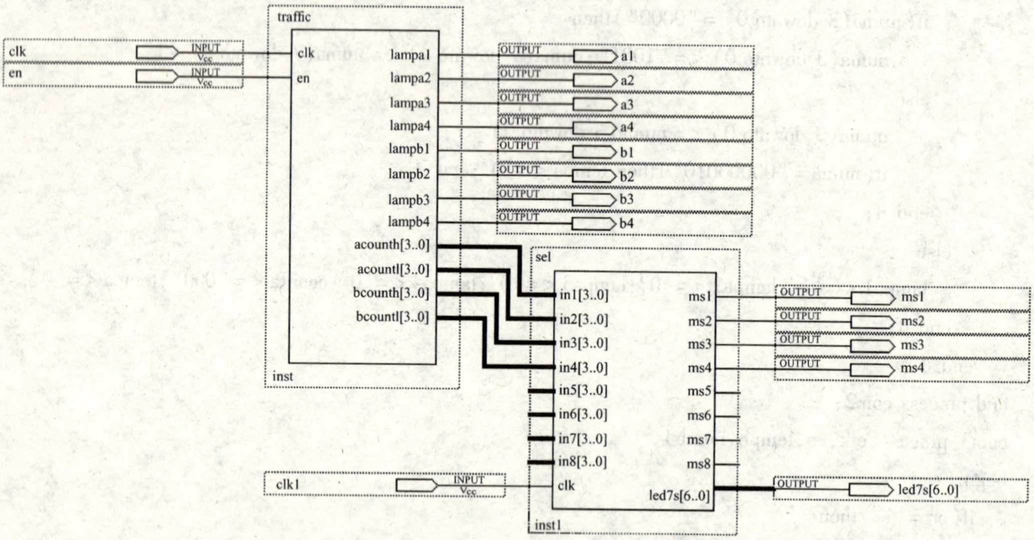

图 B-7 具有四种信号灯的交通灯控制器顶层 bdf 文件

B.8 出租车自动计费器主控电路

//出租车自动计费器

/＊信号定义:

clk:模拟里程数和等待时间的时钟信号:每 100 个 clk 模拟 1/km,每 60 个 clk 为 1min;

reset:复位信号,将计费设置成初值 5 元,里程和等待时间设置成初值 0;

flag:状态标志输出:flag =0 为行驶状态,flag =1 为停车等待状态;

c1、c2、c3、c4:计费输出显示信号;

m2、m1:等待时间输出显示信号;

w2、w1:行驶里程数输出显示信号。

```
library ieee;
use ieee. std_logic_1164. all;
use ieee. std_logic_unsigned. all;
entity ntaxi is
port( clk,reset,flag:in std_logic;
      ifw:buffer std_logic;
      c1,c2,c3,c4:out std_logic_vector(3 downto 0);
      m1,m2,w1,w2:buffer std_logic_vector(3 downto 0));
end ntaxi;
architecture one of ntaxi is
signal t1,t2,t3,t4,tempf:std_logic_vector(3 downto 0);
signal tempm:std_logic_vector(6 downto 0);
signal tempt:std_logic_vector(5 downto 0);
begin
process( clk,reset,flag,ifw,tempf,tempt,tempm)
begin
  if( clk'event and clk ='1')then
     if( reset ='1')then
c4 <="0000";c3 <="0000";c2 <="0101";c1 <="0000";m1 <="0000";m2 <="0000";w1 <=
"0000";w2 <="0000";
           tempm <="0000000";tempt <="000000";tempf <="0000";
           t1 <="0000";t2 <="0010";t3 <="0000";t4 <="0000";
         else
          if( ifw ='1')then
            if( tempt <60) then      tempt <= tempt + 1;
            else
               if( tempf <10) then   tempf <= tempf + 1;
                  if( tempm <100) then
                     tempm <= tempm + 1;
                  end if;
               end if;
            end if;
          end if;
          if( ( ifw ='1') and ( tempt =59) ) then
            tempt <="000000";
            if( w1 ="1001") then w1 <="0000";
               if( w2 ="1001") then w2 <="0000";
               else w2 <= w2 + 1;
               end if;
            else w1 <= w1 + 1;
            end if;
          end if;
          if( ( ifw ='0') and ( tempm =99) ) then
            tempm <="0000000";
            if( m1 ="1001") then m1 <="0000";
```

```
                    if(m2 = "1001") then m2 <= "0000";
                    else m2 <= m2 + 1;
                    end if;
                else m1 <= m1 + 1;
                end if;
            end if;
            if(((ifw = '0') and (tempf = "1001")) or ((ifw = '1') and (tempt = 59))) then
                tempf <= "0000";
                if(t1 = "1001") then t1 <= "0000";
                    if(t2 = "1001") then t2 <= "0000";
                        if(t3 = "1001") then t3 <= "0000";
                            if(t4 = "1001") then t4 <= "0000";
                            else t4 <= t4 + 1;
                            end if;
                        else t3 <= t3 + 1;
                        end if;
                    else t2 <= t2 + 1;
                    end if;
                else t1 <= t1 + 1;
                end if;
            end if;
            if((m2 = 0) and (m1 > 2)) then
                c4 <= t4; c3 <= t3; c2 <= t2; c1 <= t1;
            end if;
        end if;
    end if;
end process;
process(flag, ifw)
begin
  if(flag'event and flag = '1') then
      ifw <= not ifw;
  end if;
end process;
end;
```

出租车自动计费器顶层 bdf 文件如图 B-8 所示。

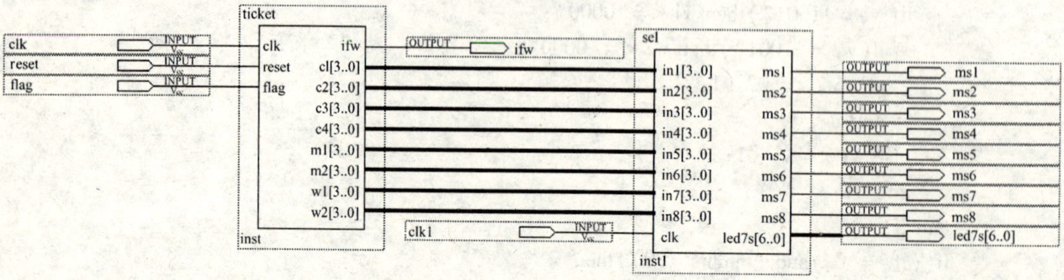

图 B-8 出租车自动计费器顶层 bdf 文件

B.9 自动售邮票机主控电路

```
//自动售邮票机
/*信号定义:
clk:时钟信号;
reset:系统复位清零;
half:5角硬币模拟信号;
one:1元硬币模拟信号;
mout:有找零钱输出显示;
tout:有邮票输出信号;
charge:取零钱;
ok:取邮票;
mh:投入金额数码显示的高4位;
ml:投入金额数码显示的低4位。
library ieee;
use ieee.std_logic_1164.all;
use ieee.std_logic_unsigned.all;
entity ticket is
port(one,half,reset,clk,ok,charge: in std_logic;
    tout,mout: buffer std_logic;
    mh,ml:buffer std_logic_vector(3 downto 0));
end ticket;
architecture a_ticket of ticket is
constant a:std_logic_vector(2 downto 0):="000";
constant b:std_logic_vector(2 downto 0):="001";
constant c:std_logic_vector(2 downto 0):="010";
constant d:std_logic_vector(2 downto 0):="011";
constant e:std_logic_vector(2 downto 0):="100";
signal money:std_logic_vector(2 downto 0);
begin
process(clk,reset,half,one,ok,charge,mh,ml,tout,mout,money)
   begin
   if(clk'event and clk='1') then
         if(reset='1') then
              tout<='0';mout<='0';money<=a;mh<="0000";ml<="0000";
         end if;
    case money is
         when a =>
             if(half='1') then
                    money<=b;mh<="0000";ml<="0101";
             elsif(one='1') then
                    money<=c;mh<="0000";ml<="0000";
             end if;
```

```
            when b  =>
                if(half ='1') then
                    money <= c;mh <= "0001";ml <= "0000";
                elsif(one ='1') then
                    money <= d;mh <= "0001";ml <= "0101";
                end if;
            when c  =>
                if(half ='1') then
                    money <= d;mh <= "0001";ml <= "0101";
                elsif(one ='1') then
                    money <= d;mh <= "0001";ml <= "0000";
                end if;
            when d  =>
                if(half ='1') then
                    money <= e;mh <= "0010";ml <= "0000";
                elsif(one ='1') then
                    money <= a;mh <= "0010";ml <= "0101";mout <= '0';tout <= '1';
                end if;
            when e  =>
                if(half ='1') then
                    money <= a;mh <= "0010";ml <= "0101";tout <= '1';
                elsif(one ='1') then
                    money <= a;mh <= "0011";ml <= "0000";tout <= '1';
                end if;
            when others  => null;
        end case;
        if((mh = "0010" ) and ( ml = "0101" )) then
            if( ok ='1' ) then
                tout <= '0';mout <= '0';mh <= "0000";ml <= "0000";
            end if;
        end if;
        if((mh = "0011") and (ml = "0000")) then
            if( ok ='1' ) then
                tout <= '0';mout <= '1';mh <= "0000";ml <= "0101";
            end if;
        end if;
        if((charge ='1') and (mout ='1'))then
            mh <= "0000";ml <= "0000";mout <= '0';
        end if;
end if;
end process;
end a_ticket;
```

自动售邮票机顶层 bdf 文件如图 B-9 所示。

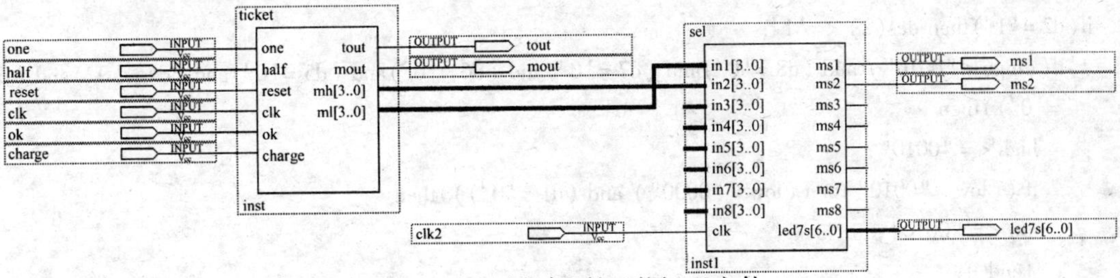

图 B-9　自动售邮票机顶层 bdf 文件

B.10　电梯控制器主控电路

```
//电梯控制器
/*信号定义:
clk:时钟信号;
d1、d2、d3、d4、d5、d6、d7、d8:楼层请求信号;
o1、o2、o3、o4、o5、o6、o7、o8:楼层及请求信号状态显示;
door:开门指示信号;
f1:送数码管显示的当前楼层数。
 */

library ieee;
use ieee.std_logic_1164.all;
use ieee.std_logic_unsigned.all;

entity lift is
port(
      clk:in std_logic;
      d1,d2,d3,d4,d5,d6,d7,d8:in std_logic;
      door:out std_logic;
      fl:buffer std_logic_vector(3 downto 0);
      o1,o2,o3,o4,o5,o6,o7,o8:buffer std_logic);
end lift;

architecture one of lift is
signal up,down:std_logic;
signal des:std_logic_vector(8 downto 1);
signal count:std_logic_vector(2 downto 0);
signal low,high:std_logic_vector(3 downto 0);

begin

process(clk,d1,d2,d3,d4,d5,d6,d7,d8,low,high,count,des,up,down,o1,o2,o3,o4,o5,o6,o7,o8,fl)
begin
if(d1='1') then des(1)<='1';
   if((low>"0001") or (low="0000"))then
      low<="0001";
   end if;
end if;
```

```
if(d2 ='1')then des(2) <='1';
   if((high < "0010") and (d8 ='0')and (d7 ='0')and (d6 ='0')and (d5 ='0')and (d4 ='0')and (d3
   ='0'))then
      high <= "0010";
      if ((low > "0010")or ((low = "0000") and (d1 ='0')))then
      low <= "0010";
        end if;
   end if;
end if;
if(d3 ='1') then des(3) <='1';
   if((high < "0011") and (d8 ='0')and (d7 ='0')and (d6 ='0')and (d5 ='0')and (d4 ='0'))then
      high <= "0011";
      if((low > "0011")or ((low = "0000") and (d2 ='0')and (d1 ='0')))then
      low <= "0011";
      end if;
   end if;
end if;
if(d4 ='1') then des(4) <='1';
   if((high < "0100") and (d8 ='0')and (d7 ='0')and (d6 ='0')and (d5 ='0'))then
      high <= "0100";
      if ((low > "0100")or ((low = "0000") and (d3 ='0')and (d2 ='0') and (d1 ='0')))then
      low <= "0100";
      end if;
   end if;
end if;
if(d5 ='1') then des(5) <='1';
   if((high < "0101") and (d8 ='0')and (d7 ='0')and (d6 ='0'))then
      high <= "0101";
      if((low > "0101")or ((low = "0000")and (d4 ='0')and (d3 ='0')and (d2 ='0')and (d1 ='0')))
      then
      low <= "0101";
      end if;
   end if;
end if;
if(d6 ='1') then des(6) <='1';
   if((high < "0110") and (d8 ='0')and (d7 ='0'))then
      high <= "0110";
      if  ((low > "0110")or  ((low = "0000")  and  (d1 ='0')and  (d2 ='0')and  (d3 ='0')and(d4 =
'0')and(d5 ='0')))then
      low <= "0110";
      end if;
   end if;
end if;
```

```
if(d7 ='1') then des(7) <='1';
  if((high <"0111") and (d8 ='0'))then
    high <="0111";
    if  ((low >"0111")or  ((low ="0000")  and  (d1 ='0')and  (d2 ='0')and  (d3 ='0')and
(d4 ='0')and(d5 ='0')and(d6 ='0')))then
      low <="0111";
      end if;
    end if;
end if;
if(d8 ='1') then des(8) <='1';
  if(high <"1000")then
    high <="1000";
  end if;
end if;
if  ((o1 ='0')and  (o2 ='0')and  (o3 ='0')and  (o4 ='0')and(o5 ='0')and(o6 ='0')and  (o7 =
'0')and  (o8 ='0')) then
  o1 <='1';f l <="0001";
elsif(count ="101")then
  count <="000";door <='0';
  if (low =f l)then low <="0000";end if;
  if (high =f l)then high <="0000";end if;
elsif(count/ ="000")then
  count <=count +1;door <='1';
elsif((o1 ='1')and (des(1) ='1'))then
  count <="001";des(1) <='0';
elsif((o2 ='1')and (des(2) ='1'))then
  count <="001";des(2) <='0';
elsif((o3 ='1')and (des(3) ='1'))then
  count <="001";des(3) <='0';
elsif((o4 ='1')and (des(4) ='1'))then
  count <="001";des(4) <='0';
elsif((o5 ='1')and (des(5) ='1'))then
  count <="001";des(5) <='0';
elsif((o6 ='1')and (des(6) ='1'))then
  count <="001";des(6) <='0';
elsif((o7 ='1')and (des(7) ='1'))then
  count <="001";des(7) <='0';
elsif((o8 ='1')and (des(8) ='1'))then
  count <="001";des(8) <='0';
elsif(up ='1')then
  if (f l <high)then
  o8 <=o7;o7 <=o6;o6 <=o5;o5 <=o4;o4 <=o3;o3 <=o2;o2 <=o1;o1 <='0';
    f l <=f l +1;
```

```
    else
      up <= '0';
    end if;
  elsif(down = '1') then
    if ((f l > low) and (low/ = "0000")) then
    o1 <= o2;o2 <= o3;o3 <= o4;o4 <= o5;o5 <= o6;o6 <= o7;o7 <= o8;o8 <= '0';
      f l <= f l - 1;
    else down <= '0';
    end if;
  else
    if((low/ = "0000") and (low < f l)) then
    if ((high > f l) and ((high - f l) < (f l - low))) then
        up <= '1';
      else down <= '1';end if;
    elsif(high > f l) then up <= '1';
    end if;
  end if;
end process;
end one;
```

电梯控制器顶层 bdf 文件如图 B-10 所示。

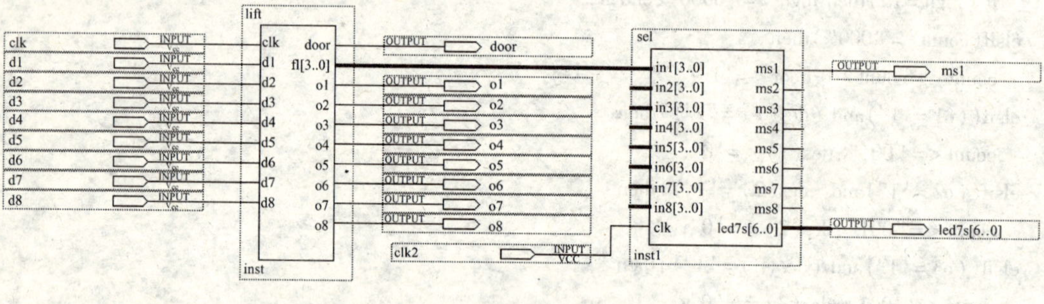

图 B-10 电梯控制器顶层 bdf 文件

附录 C 部分数字系统设计 Verilog HDL 参考代码

C.1 多功能数字钟主控电路

```
//多功能数字钟
/*信号定义:
clk:时钟信号,频率为1Hz;
clk_1k:产生闹铃声、报时音的时钟信号,频率为1024Hz;
mode:功能控制信号;为0:计时功能;
                   为1:闹铃功能;
                   为2:手动校对功能;
turn:在手动校对时,选择是调整时间,还是分钟,若长时间按住该键,可使秒信号清零,用于精确调时;
```

change:手动调整时,每按一次,计数器加1,按住不放,则连续快速加1;
hour、min、sec:时、分、秒显示信号;
alert:扬声器驱动信号;
LD_alert:闹铃功能设置显示信号;
LD_hour:小时调整显示信号;
LD_min:分钟调整显示信号。
*/

```
module clock(clk,clk_1k,mode,change,turn,alert,hour,min,sec,LD_alert,LD_hour,LD_min);
input clk,clk_1k,mode,change,turn;
output alert,LD_alert,LD_hour,LD_min;
output[7:0] hour,min,sec;
reg[7:0]hour,min,sec,hour1,min1,sec1,ahour,amin;
reg[1:0]m,fm,num1,num2,num3,num4;
reg[1:0]loop1,loop2,loop3,loop4,sound;
reg LD_hour,LD_min;
reg clk_1Hz,clk_2Hz,minclk,hclk;
reg alert1,alert2,ear;
reg count1,count2,counta,countb;
reg cn1,cn2;
wire ct1,ct2,cta,ctb,m_clk,h_clk;
always @(posedge clk)
begin
    clk_2Hz <= ~clk_2Hz;
    if(sound==3)begin sound<=0;ear<=1;end
    else begin sound<=sound+1;ear<=0;end
end
always @(posedge clk_2Hz)          //由4Hz的输入时钟产生1Hz的时基信号
      clk_1Hz <= ~clk_1Hz;
always @(posedge mode)             //mode信号控制系统的功能转换
begin if(m==2)m<=0;else m<=m+1;end
always @(posedge turn)
fm <= ~fm;
always                             //产生count1,count2,counta,countb四个信号
begin
  case(m)
  2:begin if(fm)
            begin count1<=change;{LD_min,LD_hour}<=2;end
            else
            begin counta<=change;{LD_min,LD_hour}<=1;end
            {count2,countb}<=0;
     end
  1:begin if(fm)
            begin count2<=change;{LD_min,LD_hour}<=2;end
```

```
                else
                begin countb <= change; {LD_min,LD_hour} <= 1;end
                {count1,counta} <= 2'b00;
        end
        default: {count1,count2,counta,countb,LD_min,LD_hour} <= 0;
        endcase
      end
  always @ (negedge clk)
        //如果长时间按下"change"键,则生成"num1"信号用于连续快速加1
  if(count2) begin
              if(loop1 == 3) num1 <= 1;
              else
              begin loop1 <= loop1 + 1;num1 <= 0;end
              end
  else      begin loop1 <= 0;num1 <= 0;end
  always @ (negedge clk)
  if(countb)   begin
                if(loop2 == 3) num2 <= 1;
                else
                begin loop2 <= loop2 + 1;num2 <= 0;end
                end
  else       begin loop2 <= 0;num2 <= 0;end
  always @ (negedge clk)
  if(count1)   begin
              if(loop3 == 3) num3 <= 1;
              else
              begin loop3 <= loop3 + 1;num3 <= 0;end
              end
  else       begin loop3 <= 0;num3 <= 0;end
  always @ (negedge clk)
  if(counta)   begin
                if(loop4 == 3) num4 <= 1;
                else
                begin loop4 <= loop4 + 1;num4 <= 0;end
                end
  else       begin loop4 <= 0;num4 <= 0;end
  assign ct1 = (num3&clk) | (!num3&m_clk);
  assign ct2 = (num1&clk) | (!num1&count2);
  assign cta = (num4&clk) | (!num4&h_clk);
  assign ctb = (num2&clk) | (!num2&countb);
  always @ (posedge clk_1Hz)                          //秒计时和秒调整
        if(! (sec1^8'h59) | turn&(! m))
              begin
```

```
            sec1 <= 0;if(!(turn&(!m)))minclk <= 1;
            end
      else begin
           if(sec1[3:0] == 4'b1001)
           begin sec1[3:0] <= 4'b0000;sec1[7:4] <= sec1[7:4] + 1;end
           else sec1[3:0] <= sec1[3:0] + 1;minclk <= 0;
           end
assign m_clk = minclk||count1;
always @ (posedge ct1)                        //分计时和分调整
      begin
      if(min1 == 8'h59)begin min1 <= 0;hclk <= 1;end
      else begin
           if(min1[3:0] == 9)
           begin min1[3:0] <= 0;min1[7:4] <= min1[7:4] + 1;end
      else min1[3:0] <= min1[3:0] + 1;hclk <= 0;
      end
      end
assign h_clk = hclk||counta;
always @ (posedge cta)                     //小时计时和小时调整
      if(hour1 == 8'h23)hour1 <= 0;
      else if(hour1[3:0] == 9)
      begin hour1[7:4] <= hour1[7:4] + 1;hour1[3:0] <= 0;end
      else hour1[3:0] <= hour1[3:0] + 1;
always @ (posedge ct2)                     //定时功能中的分钟调节
      if(amin == 8'h59)amin <= 0;
      else if(amin[3:0] == 9)
      begin amin[3:0] <= 0;amin[7:4] <= amin[7:4] + 1;end
      else amin[3:0] <= amin[3:0] + 1;
always @ (posedge ctb)                      //定时功能中的小时调节
       if(ahour == 8'h23)ahour <= 0;
       else if(ahour[3:0] == 9)
       begin ahour[3:0] <= 0;ahour[7:4] <= ahour[7:4] + 1;end
       else ahour[3:0] <= ahour[3:0] + 1;
always                                         //闹铃功能
       if((min1 == amin)&&(hour1 == ahour)&&(amin|ahour)&&(!change))
       if(sec1 < 8'h20)alert1 <= 1;       //控制闹铃时间长短
       else alert1 <= 0;
       else alert1 <= 0;
always                                         //时、分、秒的显示控制
       case(m)
       3'b00:begin hour <= hour1;min <= min1;sec <= sec1;end     //计时状态
```

```
        3'b01:begin hour <= ahour;min <= amin;sec <= 8'hzz;end      //定时状态
        3'b10:begin hour <= hour1;min <= min1;sec <= 8'hzz;end      //校时状态
        endcase
assign LD_alert = (ahour|amin)? 1:0;
assign alert = ((alert1)? clk_1k&clk:0)|alert2;
always
begin
        if((min1 == 8'h59)&&(sec1 > 8'h54)||(!(min1|sec1)))
        if(sec1 > 8'h54)alert2 <= ear&clk_1k;
        else alert2 <= !ear&clk_1k;
        else alert2 <= 0;
end
endmodule
//动态扫描显示模块
module
sel(in1,in2,in3,in4,in5,in6,in7,in8,clk,ms1,ms2,ms3,ms4,ms5,ms6,ms7,ms8,a,b,c,d,e,f,g);
input clk;
input [3:0] in1,in2,in3,in4,in5,in6,in7,in8;
output ms1,ms2,ms3,ms4,ms5,ms6,ms7,ms8,a,b,c,d,e,f,g;
reg ms1,ms2,ms3,ms4,ms5,ms6,ms7,ms8,a,b,c,d,e,f,g;
reg [3:0] temp,flag;
always@(posedge clk)
begin
{ms1,ms2,ms3,ms4,ms5,ms6,ms7,ms8} = 8'b00000000;
flag = flag + 1;
case (flag)
0:begin temp = in1;ms1 = 1;end
1:begin temp = in2;ms2 = 1;end
2:begin temp = in3;ms3 = 1;end
3:begin temp = in4;ms4 = 1;end
4:begin temp = in5;ms5 = 1;end
5:begin temp = in6;ms6 = 1;end
6:begin temp = in7;ms7 = 1;end
7:begin temp = in8;ms8 = 1;end
endcase
case(temp)
4'd0:{a,b,c,d,e,f,g} = 7'b1111110;
4'd1:{a,b,c,d,e,f,g} = 7'b0110000;
4'd2:{a,b,c,d,e,f,g} = 7'b1101101;
4'd3:{a,b,c,d,e,f,g} = 7'b1111001;
4'd4:{a,b,c,d,e,f,g} = 7'b0110011;
```

```
4'd5:{a,b,c,d,e,f,g} =7'b1011011;
4'd6:{a,b,c,d,e,f,g} =7'b1011111;
4'd7:{a,b,c,d,e,f,g} =7'b1110000;
4'd8:{a,b,c,d,e,f,g} =7'b1111111;
4'd9:{a,b,c,d,e,f,g} =7'b1111011;
default:{a,b,c,d,e,f,g} =7'b1111110;
endcase
end
endmodule
```

数字钟系统顶层 bdf 文件如图 C-1 所示。

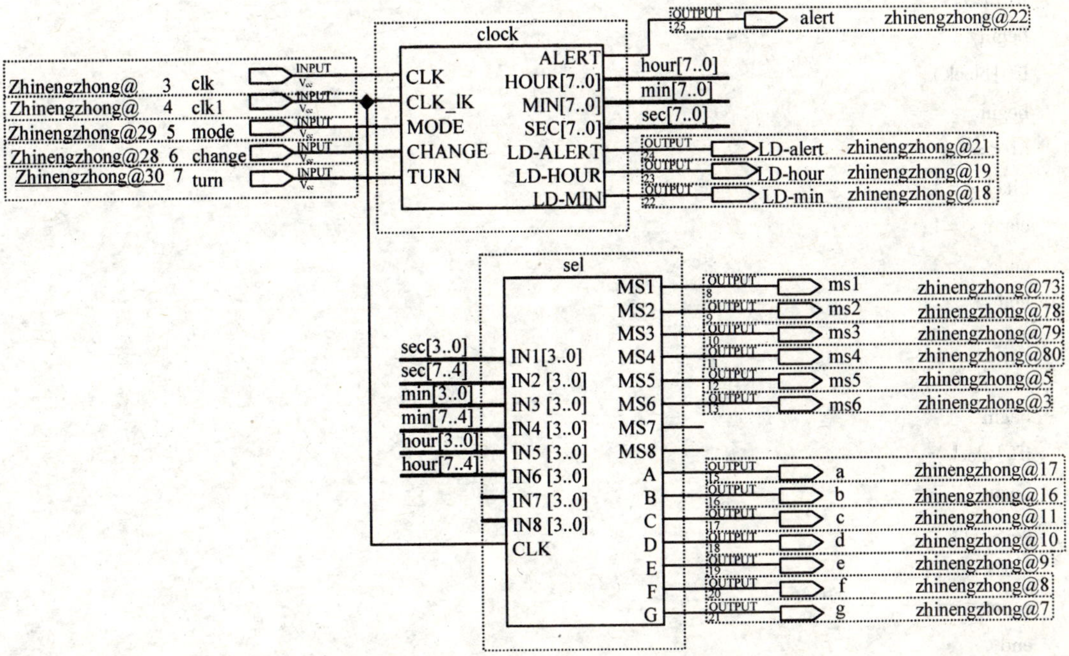

图 C-1　数字钟系统顶层 bdf 文件

C.2　数字式竞赛抢答器主控电路

```
//抢答信号锁存显示电路
/*信号定义:
clk:时钟信号;
in1、in2、in3、in4:抢答按钮信号;
o1、o2、o3、o4:抢答 LED 显示信号;
judge:裁判员抢答开始信号;
ju:系统复位信号。
 */
module sel(clk,in1,in2,in3,in4,judge,o1,o2,o3,o4,o5,ju);
input clk,in1,in2,in3,in4,judge;
output o1,o2,o3,o4,o5,ju;
```

```
reg o1,o2,o3,o4,o5,block,ju;
reg[7:0] count;
always@(posedge clk)
if(ju)
begin
{o1,o2,o3,o4,o5,block} <=6'b000000;
count <=0;
end
//
else
begin
if(in1)
begin
if(!block)
begin
o1 <=1;
block <=1;
count <=1;
end
end
//
else if(in2)
begin
if(!block)
begin
o2 <=1;
block <=1;
count <=1;
end
end
//
else if(in3)
begin
if(!block)
begin
o3 <=1;
block <=1;
count <=1;
end
end
//
else if(in4)
begin
```

```
if(!block)
begin
o4 <= 1;
block <= 1;
count <= 1;
end
end
//
if(count!=0)
begin
if(count == 8'b00010010)
begin
count <= 0;
o5 <= 1;
end
else
begin
count <= count + 1;
end
end
end
always@(posedge judge)
ju = !ju;
endmodule
//计分显示电路
/*信号定义:
clk:时钟信号;
c1、c2、c3、c4:抢答组别输入信号;
add:加分按钮;
min:减分按钮;
reset:初始分(10分)设置信号;
count1l、count1h:第一组得分输出;
count2l、count2h:第二组得分输出;
count3l、count3h:第三组得分输出;
count4l、count4h:第四组得分输出。
*/
module count(clk,c1,c2,c3,c4,add,min,reset,count1l,count1h,count2l,count2h,count3l,count3h, count4l,
count4h);
input clk,c1,c2,c3,c4,add,min,reset;
output [3:0] count1l,count1h,count2l,count2h,count3l,count3h,count4l,count4h;
reg [3:0] count1h,count1l,count2h,count2l,count3h,count3l,count4h,count4l;
always@(posedge clk)
if(reset)
```

```
{count1h,count1l,count2h,count2l,count3h,count3l,count4h,count4l} =32'h10101010;
else if(add)
begin
//
if(c1)
begin
if(count1l ==9)
begin
count1l =0;
if(count1h ==9)
count1h =0;
else
count1h = count1h +1;
end
else
count1l = count1l +1;
end
//
//
if(c2)
begin
if(count2l ==9)
begin
count2l =0;
if(count2h ==9)
count2h =0;
else
count2h = count2h +1;
end
else
count2l = count2l +1;
end
//
//
if(c3)
begin
if(count3l ==9)
begin
count3l =0;
if(count3h ==9)
count3h =0;
else
count3h = count3h +1;
```

```
end
else
count3l = count3l + 1;
end
//
//
if(c4)
begin
if(count4l = =9)
begin
count4l =0;
if(count4h = =9)
count4h =0;
else
count4h = count4h + 1;
end
else
count4l = count4l + 1;
end
//
end
else if(min)
begin
//
if(c1)
begin
if(count1l! =4 ' b0000)
count1l = count1l - 1;
else if(count1h! =4 ' b0000)
begin
count1h = count1h - 1;
count1l =9;
end
end
//
if(c2)
begin
if(count2l! =4 ' b0000)
count2l = count2l - 1;
else if(count2h! =4 ' b0000)
begin
count2h = count2h - 1;
count2l =9;
```

```
end
end
//
if(c3)
begin
if(count3l!=4'b0000)
count3l=count3l-1;
else if(count3h!=4'b0000)
begin
count3h=count3h-1;
count3l=9;
end
end
//
if(c4)
begin
if(count4l!=4'b0000)
count4l=count4l-1;
else if(count4h!=4'b0000)
begin
count4h=count4h-1;
count4l=9;
end
end
//
end
endmodule
```

数字式竞赛抢答器顶层 bdf 文件如图 C-2 所示。

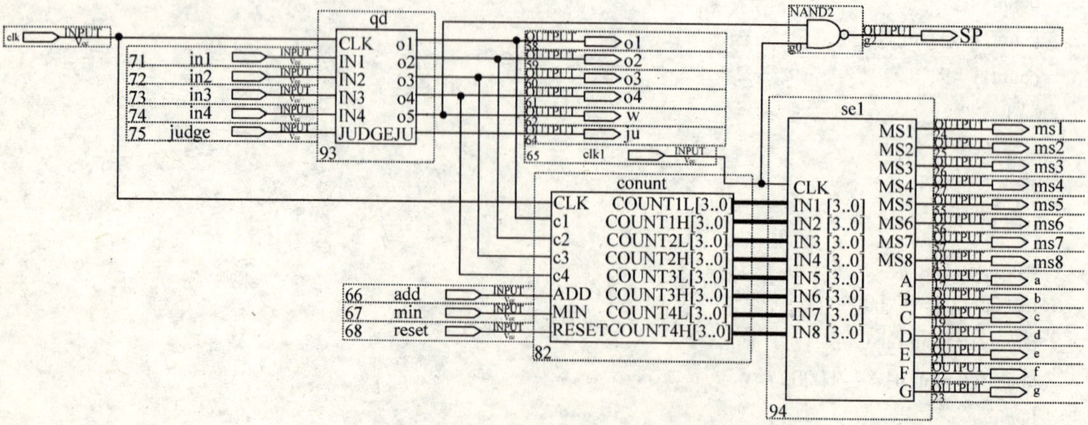

图 C-2 数字式竞赛抢答器顶层 bdf 文件

C.3 洗衣机控制器主控电路

```
//洗衣机控制器
/*信号定义:
d0、d1、…、d9:数据开关信号,分别代表0、1、…、9;
start:开始信号;
reset:复位信号;
t1l、t1h、t2l、t2h:预置时间;
forward:正转状态输出显示;
back:反转状态输出显示;
stop:停止状态输出显示;
sound:停机音响输出;
*/
module
wash(clk,d1,d2,d3,d4,d5,d6,d7,d8,d9,d0,start,reset,t1l,t1h,t2l,t2h,forward,back,stop,sound);
input d1,d2,d3,d4,d5,d6,d7,d8,d9,d0,clk,reset,start;
output forward,stop,back,sound;
output[3:0] t1h,t1l,t2h,t2l;
reg[3:0] t1l,t1h,t2l,t2h;
reg forward,stop,back,sound,f lag;
always@(posedge clk)     //预置时间
if({d1,d2,d3,d4,d5,d6,d7,d8,d9,d0}! =10'b0000000000)
//
begin
t1h<=t1l;
if(d0)
t1l<=0;
if(d1)
t1l<=1;
if(d2)
t1l<=2;
if(d3)
t1l<=3;
if(d4)
t1l<=4;
if(d5)
t1l<=5;
if(d6)
t1l<=6;
if(d7)
t1l<=7;
if(d8)
t1l<=8;
```

```
if(d9)
t1l <=9;
end
//
else
begin
if(start&&{forward,stop,back} ==3'b000)
{forward,stop,back} <=3'b100;
else if(reset)
{forward,stop,back,sound,flag,t2h,t2l,t1h,t1l} <=21'b000000000000000000000;
else if({forward,stop,back} !=3'b000)
begin
//* * * * * * * * * * * * *
case({forward,stop,back})
3'b100:
////
begin
if(t2h ==2)
begin
{t2h,t2l} <=8'h00;
{forward,stop,back} <=3'b010;
end
else
begin
if(t2l ==9)
begin
t2l <=0;
t2h <=t2h +1;
end
else
t2l <=t2l +1;
end
end
////
3'b010:
begin
if(t2l ==9)
begin
t2l <=4'b0000;
if(f lag)
begin
{forward,stop,back} <=3'b100;
///
```

```
if(t1l==0)
begin
if(t1h!=0)
begin
t1h<=t1h-1;
t1l<=9;
end
end
else
t1l<=t1l-1;
///
end
else
{forward,stop,back}<=3'b001;
flag<=!flag;
end
else
t2l<=t2l+1;
end
//
3'b001:
//**************
begin
if(t2h==2)
begin
{t2h,t2l}<=8'h00;
{forward,stop,back}<=3'b010;
end
else
//
begin
if(t2l==9)
begin
t2l<=0;
t2h<=t2h+1;
end
else
t2l<=t2l+1;
end
end
//*************
endcase
//**************
```

```
if({t1h,t1l}==8'b00000000)
{forward,stop,back,sound,flag,t2h,t2l}<=13'b0001000000000;
//
end
end
//
endmodule
```

洗衣机控制器顶层 bdf 文件如图 C-3 所示。

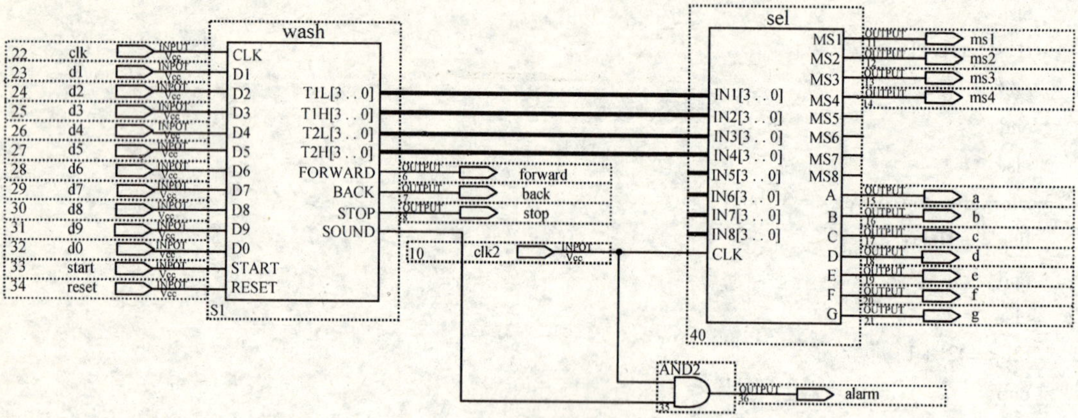

图 C-3 洗衣机控制器顶层 bdf 文件

C.4 电子密码锁主控电路

```
//密码锁
/*信号定义:
n0、n1、…、n9:数据开关信号,分别代表0、1、…、9;
back:删除信号;
cheak:密码检验信号;
set:密码确认信号;
close:关锁信号;
lock:密码锁状态显示信号;
num1、num2、num3、num4:密码输出显示信号,每一个数都是四位二进制数。
*/
module
code(n0,n1,n2,n3,n4,n5,n6,n7,n8,n9,back,check,set,close,lock,num1,num2,num3,num4,clk);
input n0,n1,n2,n3,n4,n5,n6,n7,n8,n9;
input back,check,set,close,clk;
output lock;
output [3:0] num1,num2,num3,num4;
reg lock;
reg [3:0] num1,num2,num3,num4,temp;
reg[15:0] code;
always@(posedge clk)
```

```
begin                    //密码输入显示控制
if({n0,n1,n2,n3,n4,n5,n6,n7,n8,n9}!=10'b0000000000)
begin
case({n9,n8,n7,n6,n5,n4,n3,n2,n1,n0})
10'b0000000001:temp=1'd0;
10'b0000000010:temp=1'd1;
10'b0000000100:temp=1'd2;
10'b0000001000:temp=1'd3;
10'b0000010000:temp=1'd4;
10'b0000100000:temp=1'd5;
10'b0001000000:temp=1'd6;
10'b0010000000:temp=1'd7;
10'b0100000000:temp=1'd8;
10'b1000000000:temp=1'd9;
endcase
num4<=num3;
num3<=num2;
num2<=num1;
num1<=temp;
end
else if(back)                    //密码删除控制
begin
num1<=num2;
num2<=num3;
num3<=num4;
num4<=1'd0;
end
end
always@(posedge clk)                //开锁判断
begin
if(lock==0&&check)
begin
if(code=={num4,num3,num2,num1})
lock<=1;
else if({num4,num3,num2,num1}==16'b0000000000000111)
lock<=1;
end
else if(lock==1&&close)
lock<=0;
end
always@(posedge clk)
begin
if(lock==1&&set)
```

```
code <= {num4,num3,num2,num1};
end
endmodule
```

密码锁顶层 bdf 文件如图 C-4 所示。

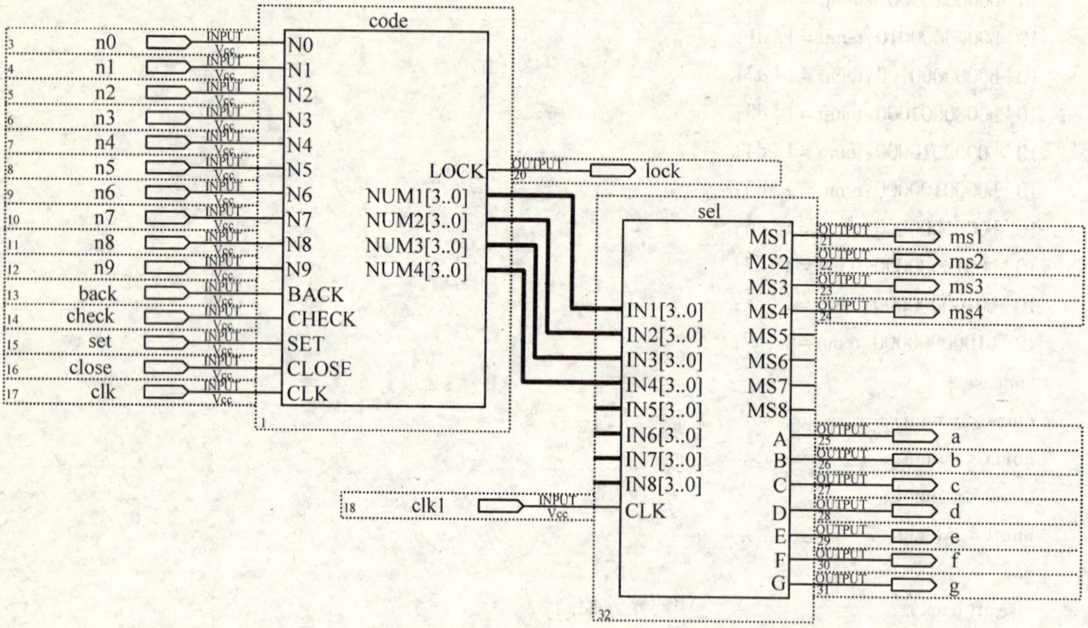

图 C-4 密码锁顶层 bdf 文件

C.5 乘法器主控电路

```
//乘法器
/*信号定义
clk:时钟信号;
mul:相乘信号;
d0、d1、d2、…、d9:数据开关信号,分别代表 0、1、…、9;
o1、o2、o3、o4:乘积输出信号。
*/
module mul(clk,com,d0,d1,d2,d3,d4,d5,d6,d7,d8,d9,o1,o2,o3,o4);
input clk,com,d0,d1,d2,d3,d4,d5,d6,d7,d8,d9;
output [3:0] o1,o2,o3,o4;
reg [3:0] o1,o2,o3,o4,mul1h,mul1l,mul2h,mul2l;
reg flag,hl;
always@(posedge clk)
begin
//
if({d0,d1,d2,d3,d4,d5,d6,d7,d8,d9}!=10'b0000000000)
begin
```

```
o4 <= o3;
o3 <= o2;
o2 <= o1;
case({d0,d1,d2,d3,d4,d5,d6,d7,d8,d9})
10'b1000000000:o1 <=0;
10'b0100000000:o1 <=1;
10'b0010000000:o1 <=2;
10'b0001000000:o1 <=3;
10'b0000100000:o1 <=4;
10'b0000010000:o1 <=5;
10'b0000001000:o1 <=6;
10'b0000000100:o1 <=7;
10'b0000000010:o1 <=8;
10'b0000000001:o1 <=9;
endcase
end
//
if(com)
begin
mul1h <= o2;
mul1l <= o1;
mul2h <= o4;
mul2l <= o3;
flag <= 1;
hl <= 1;
{o1,o2,o3,o4} <= 16'h0000;
end
//
if(flag)
begin
if({mul2h,mul2l} == 8'b00000000)
begin
flag <= 0;
end
else if(hl)
begin
//
if(mul1l + o1 >9||mul1l >= 8&&o1 >= 8||mul1l == 9&&o1 >= 7||o1 == 9&&mul1l >= 7)
begin
if(mul1l >= 8&&o1 >= 8||mul1l == 9&&o1 >= 7||o1 == 9&&mul1l >= 7)
begin
```

```
if(mul1l = =8)
o1 < = o1 -2;
else if(mul1l = =9)
o1 < = o1 -1;
else
o1 < = o1 -3;
end
else
o1 < = mul1l + o1 -10;
if(o2 = =9)
begin
o2 < =0;
if(o3 = =9)
begin
o3 < =0;
o4 < = o4 +1;
end
else
o3 < = o3 +1;
end
else
o2 < = o2 +1;
end
else
o1 < = o1 + mul1l;
hl < =0;
//
end
else
begin
//
if(mul1h + o2 >9||mul1h > =8&&o2 > =8||mul1h = =9&&o1 > =7||o1 = =9&&mul1h > =7)
begin
if(mul1h > =8&&o2 > =8||mul1h = =9&&o1 > =7||o1 = =9&&mul1h > =7)
begin
if(mul1h = =8)
o2 < = o2 -2;
else if(mul1h = =9)
o2 < = o2 -1;
else
o2 < = o2 -3;
end
else
```

```
o2 <= o2 + mul1h - 10;
if(o3 == 9)
begin
o3 <= 0;
o4 <= o4 + 1;
end
else
o3 <= o3 + 1;
end
else
o2 <= mul1h + o2;
///
hl <= 1;
if(mul2l == 0)
begin
mul2l <= 9;
mul2h <= mul2h - 1;
end
else
mul2l <= mul2l - 1;
///
//
end
end
//
end
endmodule
```

乘法器顶层 bdf 文件如图 C-5 所示。

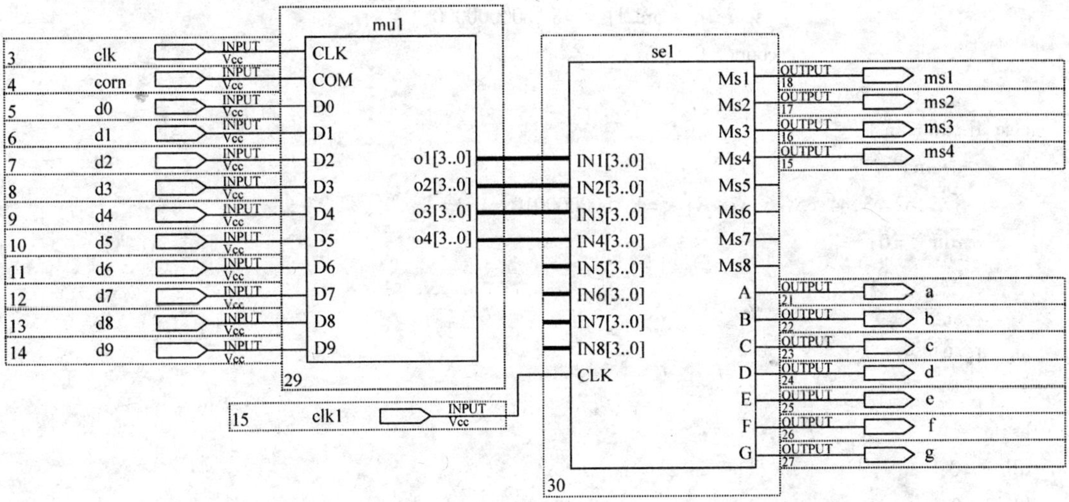

图 C-5　乘法器顶层 bdf 文件

C.6 乒乓球比赛游戏机主控电路

```
//乒乓球比赛游戏机
/*信号定义:
in1、in2:甲乙双方击球信号;
o1、02、…、o8:乒乓球轨迹模拟显示信号;
right1、right2:甲乙双方发球权拥有显示信号;
score1、score2:甲乙双方得分显示;
clk:时钟信号;
reset:裁判员复位信号。
*/
module
pp(in1,clk,reset,in2,o1,o2,o3,o4,o5,o6,o7,o8,right1,right2,score1l,score1h,score2l,score2h);
input in1,in2,clk,reset;
output [3:0] score1l,score1h,score2l,score2h;
output o1,o2,o3,o4,o5,o6,o7,o8,right1,right2;
reg[2:0] count;
reg [3:0] score1l,score1h,score2l,score2h;
reg o0,o1,o2,o3,o4,o5,o6,o7,o8,o9,right1,right2,ldir,rdir,temp;
always@(posedge clk)
begin
if(o1&&in1)
        begin
        {o1,o2,o3,o4,o5,o6,o7,o8}<=8'b01000000;
        rdir<=1;
        ldir<=0;
        end
if(reset==1) begin {score1h,score1l}<=8'b00000000;
                              {score2h,score2l}<=8'b00000000;
                              count=0;
                    end
else if(o8&&in2)
        begin
        {o1,o2,o3,o4,o5,o6,o7,o8}<=8'b00000010;
        rdir<=0;
        ldir<=1;
        end
else if(o9||o0)
//
begin
rdir<=0;
ldir<=0;
if(count<4)
```

```
count = count + 1;
else if(count = =4)
        begin
        count =0;
        temp = right2;
        right2 = right1;
        right1 = temp;
        end
if(right1)
{o0,o1,o2,o3,o4,o5,o6,o7,o8,o9} <=10'b0100000000;
else
{o0,o1,o2,o3,o4,o5,o6,o7,o8,o9} <=10'b0000000010;
    if(o9)begin
            if(score1l[0]&&score1l[3])
                begin score1l <=4'b0000;score1h <=4'b0001;end
            else if(score1h[0]&&score1l[0])
                begin {score1h,score1l} <=8'b00000000;
                      {score2h,score2l} <=8'b00000000;
                      count =0;
                end
     else score1l <= score1l +1;
   end
 else if(o0)
   begin if(score2l[0]&&score2l[3])
         begin score2l <=4'b0000;score2h <=4'b0001;end
         else if(score2h[0]&&score2l[0])
              begin {score1h,score1l} <=8'b00000000;
                    {score2h,score2l} <=8'b00000000;
                    count =0;
              end
         else score2l <= score2l +1;
     end
 end
 //
 else if(rdir&&! o1)
 {o0,o1,o2,o3,o4,o5,o6,o7,o8,o9} <= {o0,o1,o2,o3,o4,o5,o6,o7,o8,o9} >>1;
 else if(ldir&&! o8)
 {o0,o1,o2,o3,o4,o5,o6,o7,o8,o9} <= {o0,o1,o2,o3,o4,o5,o6,o7,o8,o9} <<1;
 if({o0,o1,o2,o3,o4,o5,o6,o7,o8,o9} = =10'b0000000000)
 begin
 right1 =1;
```

```
{o0,o1,o2,o3,o4,o5,o6,o7,o8,o9} <= 10'b0100000000;
end
end
endmodule
```

乒乓球比赛游戏机顶层 bdf 文件如图 C-6 所示。

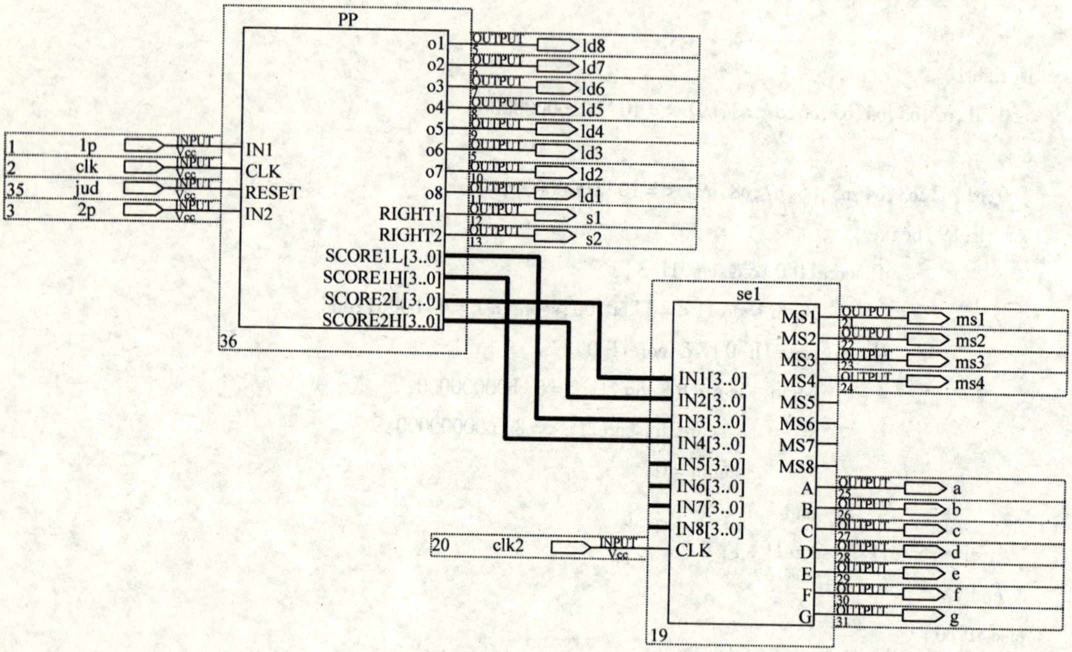

图 C-6 乒乓球比赛游戏机顶层 bdf 文件

C.7 具有四种信号灯的交通灯控制器主控电路

```
//交通灯控制器
/*信号定义：
clk:系统时钟信号；
en:系统使能信号；
lampa1:主干道红灯信号；
lampa2:主干道黄灯信号；
lampa3:主干道绿灯信号；
lampa4:主干道左拐信号；
lampb1:支干道红灯信号；
lampb2:支干道黄灯信号；
lampb3:支干道绿灯信号；
lampb4:主支干道左拐信号；
acounth,acountl:主干道计时输出；
```

bcounth,bcountl:支干道计时输出。

```
*/
module
traffic(clk,en,lampa1,lampa2,lampa3,lampa4,lampb1,lampb2,lampb3,lampb4,acounth,acountl, bcounth,
bcountl);
output[3:0] acounth,acountl,bcounth,bcountl;
output lampa1,lampa2,lampa3,lampa4,lampb1,lampb2,lampb3,lampb4;
input clk,en;
reg tempa,tempb;
reg[2:0] counta,countb;
reg[7:0] numa,numb;
reg[7:0] ared,ayellow,agreen,aleft,bred,byellow,bgreen,bleft;
reg lampa1,lampa2,lampa3,lampa4,lampb1,lampb2,lampb3,lampb4;
always @(en)
if(!en)
begin
ared <= 8'b01010101;
ayellow <= 8'b00000101;
agreen <= 8'b01000000;
aleft <= 8'b00010101;
bred <= 8'b01100101;
byellow <= 8'b00000101;
bleft <= 8'b00010101;
bgreen <= 8'b00110000;
end
assign {acounth,acountl} = numa;
assign {bcounth,bcountl} = numb;
always@(posedge clk)
begin
if(en)
begin
if(!tempa)
begin
tempa <= 1;
case(counta)
0:begin numa <= agreen;{lampa1,lampa2,lampa3,lampa4} <= 2;counta <= 1;end
1:begin numa <= ayellow;{lampa1,lampa2,lampa3,lampa4} <= 4;counta <= 2;end
2:begin numa <= aleft;{lampa1,lampa2,lampa3,lampa4} <= 1;counta <= 3;end
3:begin numa <= ayellow;{lampa1,lampa2,lampa3,lampa4} <= 4;counta <= 4;end
4:begin numa <= ared;{lampa1,lampa2,lampa3,lampa4} <= 8;counta <= 0;end
default:{lampa1,lampa2,lampa3,lampa4} <= 8;
```

```
endcase
end
else begin
if(numa>1)
if(numa[3:0]==0)
begin
numa[3:0]<=4'b1001;
numa[7:4]<=numa[7:4]-1;
end
else numa[3:0]<=numa[3:0]-1;
if(numa==2)tempa<=0;
end
end
else
begin
{lampa1,lampa2,lampa3,lampa4}<=4'b1000;
counta<=0;tempa<=0;
end
end
always@(posedge clk)
begin
if(en)
begin
if(! tempb)
begin
tempb<=1;
case(countb)
0:begin numb<=bred;{lampb1,lampb2,lampb3,lampb4}<=8;countb<=1;end
1:begin numb<=bgreen;{lampb1,lampb2,lampb3,lampb4}<=2;countb<=2;end
2:begin numb<=byellow;{lampb1,lampb2,lampb3,lampb4}<=4;countb<=3;end
3:begin numb<=bleft;{lampb1,lampb2,lampb3,lampb4}<=1;countb<=4;end
4:begin numb<=byellow;{lampb1,lampb2,lampb3,lampb4}<=4;countb<=0;end
default:{lampb1,lampb2,lampb3,lampb4}<=8;
endcase
end
else
begin
if(!numb[3:0])begin
numb[3:0]<=9;
numb[7:4]<=numb[7:4]-1;
end
```

```
else numb[3:0] <= numb[3:0] - 1;
if(numb == 2) tempb <= 0;
end
end
else
begin
{lampb1,lampb2,lampb3,lampb4} <= 4'b1000;
tempb <= 0;
countb <= 0;
end
end
endmodule
```

具有四种信号等的交通灯控制器顶层 bdf 文件如图 C-7 所示。

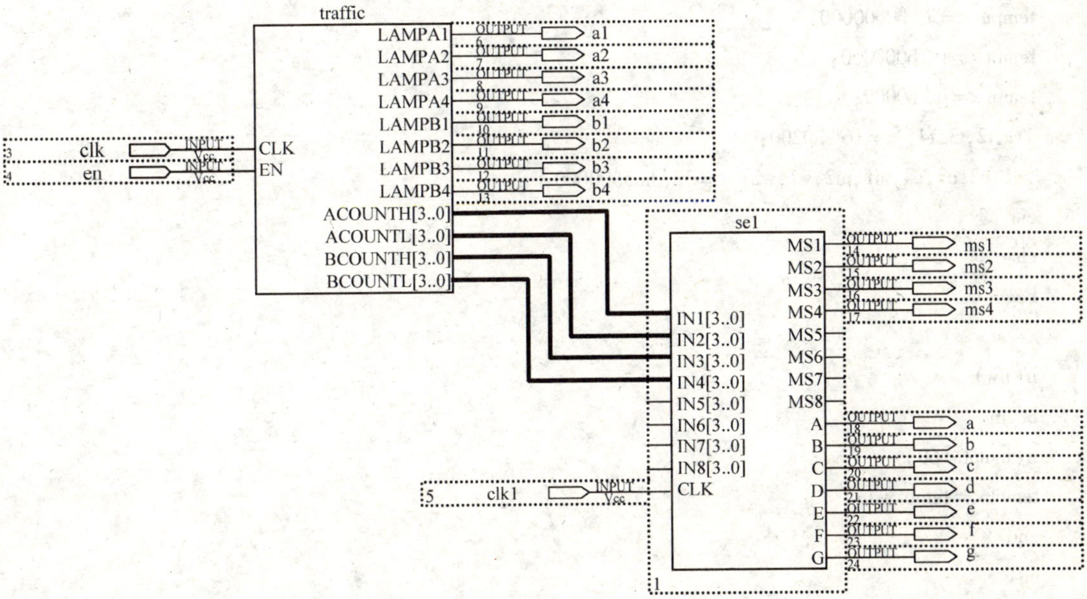

图 C-7　具有四种信号等的交通灯控制器顶层 bdf 文件

C.8　出租车自动计费器主控电路

```
//出租车自动计费器
/*信号定义:
clk:模拟里程数和等待时间的时钟信号:每 100 个 clk 模拟 1km,每 60 个 clk 为 1min;
reset:复位信号,将计费设置成初值 5 元,里程和等待时间设置成初值 0;
flag:状态标志输出:flag = 0 为行驶状态,flag = 1 为停车等待状态;
c1、c2、c3、c4:计费输出显示信号;
m2、m1:等待时间输出显示信号;
```

w2、w1:行驶里程数输出显示信号。
*/

```
module ntaxi(clk,reset,flag,ifw,c1,c2,c3,c4,m2,m1,w2,w1);
input clk,reset,f lag;
output [3:0] c1,c2,c3,c4,m1,m2,w1,w2;
output ifw;
reg ifw;
reg[3:0] t1,t2,t3,t4,c1,c2,c3,c4,m1,m2,w1,w2,tempf;
reg[6:0] tempm;
reg[5:0] tempt;
//
always@(posedge clk)
if(reset)
begin
{c4,c3,c2,c1} <=16'h0050;
tempm <=7'b0000000;
tempt <=6'b000000;
tempf <=4'b0000;
{t1,t2,t3,t4} <=16'h0200;
{c1,c2,c3,c4,m1,m2,w1,w2} <=32'h05000000;
end
else
begin
//***
if(ifw)
begin
if(tempt<60)
tempt <=tempt+1;
end
else
begin
if(tempf<10)
tempf <=tempf+1;
if(tempm<100)
tempm <=tempm+1;
end
//***
if(ifw&&tempt==59)
begin
tempt <=6'b000000;
if(w1==9)
```

```
begin
w1 <=0;
if(w2 ==9)
w2 <=0;
else
w2 <= w2 +1;
end
else
w1 <= w1 +1;
end
//
if(!ifw&&tempm ==99)
begin
tempm <=7'b0000000;
if(m1 ==9)
begin
m1 <=0;
if(m2 ==9)
m2 <=0;
else
m2 <= m2 +1;
end
else
m1 <= m1 +1;
end
//
if(!ifw&&tempf ==9||ifw&&tempt ==59)
begin
tempf <=4'b0000;
if(t1 ==9)
begin
t1 <=0;
if(t2 ==9)
begin
t2 <=0;
if(t3 ==9)
begin
t3 <=0;
if(t4 ==9)
t4 <=0;
```

```
else
t4 <= t4 + 1;
end
else
t3 <= t3 + 1;
end
else
t2 <= t2 + 1;
end
else
t1 <= t1 + 1;
end
//
if(m2 == 4'b0000&&m1 >= 3)
{c4,c3,c2,c1} <= {t4,t3,t2,t1};
//
end
always@ (posedge flag)
ifw <= !ifw;
endmodule
```

出租车自动计费器顶层 bdf 文件如图 C-8 所示。

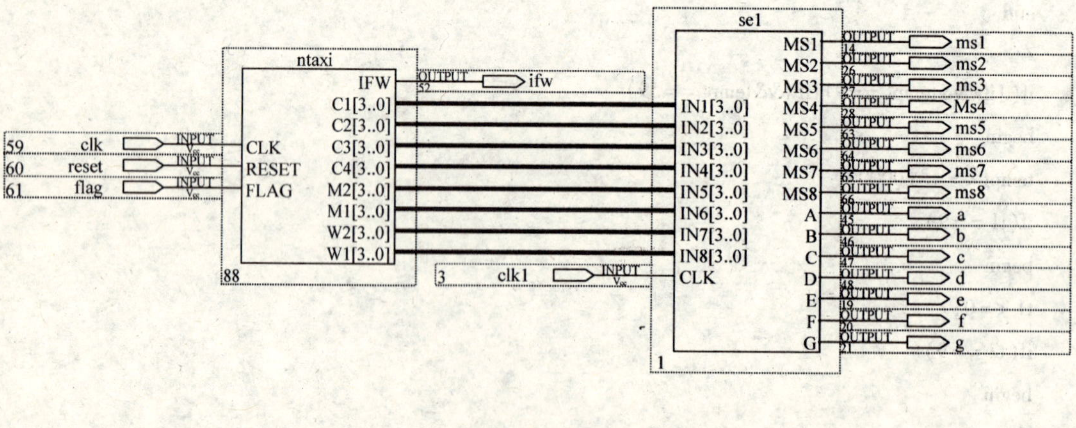

图 C-8 出租车自动计费器顶层 bdf 文件

C.9 自动售邮票机主控电路

```
//自动售邮票机
/*信号定义:
```

```
clk:时钟信号;
reset:系统复位清零;
half:5 角硬币模拟信号;
one:1 元硬币模拟信号;
mout:有找零钱输出显示;
tout:有邮票输出信号;
charge:取零钱;
ok:取邮票;
mh:投入金额数码显示的高 4 位;
ml: 投入金额数码显示的低 4 位。
*/
module ticket(one,half,mh,ml,tout,mout,reset,clk,ok,charge);
parameter a =0,b =1,c =2,d =3,e =4; //定义 5 个状态
input one,half,reset,clk,ok,charge;
output tout,mout,mh,ml;
reg mout,tout;
reg[3:0] money;
reg[3:0] mh;
reg[3:0] ml;
always@(posedge clk)
begin
if(reset)
begin
tout =0;
mout =0;
money =a;
{mh,ml} =8'b00000000;
end
case(money)
a:
if(half) begin money =b;{mh,ml} =8'b00000101;end
else if(one)
begin money =c;{mh,ml} =8'b00010000;end
b:
if (half) begin money =c;{mh,ml} =8'b00010000;end
else if(one)
begin money =d;{mh,ml} =8'b00010101;end
c:
```

```
if(half) begin money = d;{mh,ml} = 8'b00010101;end
else if(one)
begin money = e;{mh,ml} = 8'b00100000;end
d:
if(half) begin money = e;{mh,ml} = 8'b00100000;end
else if(one)
begin money = a;
{mh,ml} = 8'b00100101;
mout = 0;
tout = 1;          //sell
end
e:
if(half)
begin
money = a;
{mh,ml} = 8'b00100101;
tout = 1;          //sell
end

else if(one)
begin
money = a;
{mh,ml} = 8'b00110000;
tout = 1;
end
endcase
if({mh,ml} == 8'b00100101) begin
if(ok) begin tout = 0;mout = 0;{mh,ml} = 8'b00000000;end
end
if({mh,ml} == 8'b00110000) begin
if(ok) begin tout = 0;mout = 1;{mh,ml} = 8'b00000101;end
end
if(charge&&mout == 1) begin {mh,ml} = 8'b00000000;mout = 0;end
end
endmodule
```

自动售邮票机顶层 bdf 文件如图 C-9 所示。

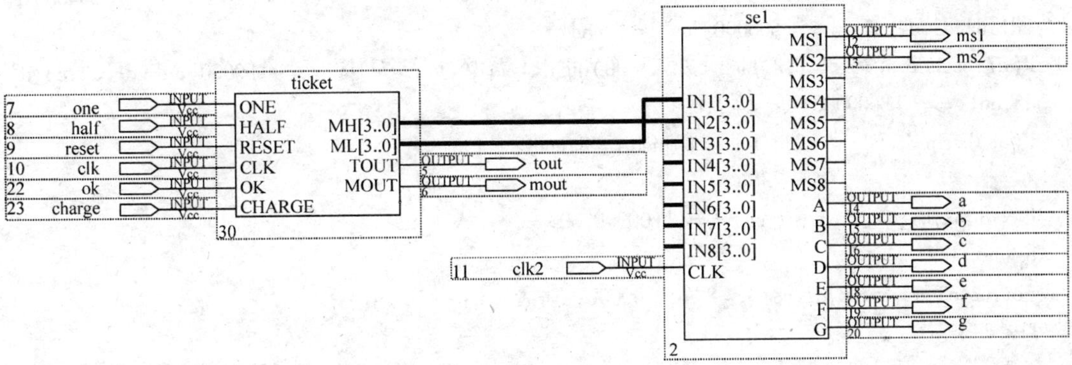

图 C-9　自动售邮票机顶层 bdf 文件

C.10　电梯控制器主控电路

```
//电梯控制器
/＊信号定义:
clk:时钟信号;
d1、d2、d3、d4、d5、d6、d7、d8:楼层请求信号;
o1、o2、o3、o4、o5、o6、o7、o8:楼层及请求信号状态显示;
door:开门指示信号;
f1:送数码管显示的当前楼层数。
＊/
module lift(clk,d1,d2,d3,d4,d5,d6,d7,d8,o1,o2,o3,o4,o5,o6,o7,o8,door,f1);
input clk,d1,d2,d3,d4,d5,d6,d7,d8;
output o1,o2,o3,o4,o5,o6,o7,o8,door,f1;
reg o1,o2,o3,o4,o5,o6,o7,o8,door,up,down;
reg[8:1] des;
reg[2:0] count;
reg[3:0] low,high,f1;
always@(posedge clk)
begin
//
if(d1)begin des[1]<=1;if(low>1||low==4'b0000)low<=1;end
if(d2)begin des[2]<=1;if(high<2&&{d3,d4,d5,d6,d7,d8}==6'b000000)high<=2;if(low>2||low
==4'b0000&&!d1)low<=2;end
if(d3)begin des[3]<=1;if(high<3&&{d4,d5,d6,d7,d8}==5'b00000)high<=3;if((low>3||low==
4'b0000)&&{d1,d2}==2'b00)low<=3;end
if(d4)begin des[4]<=1;if(high<4&&{d5,d6,d7,d8}==4'b0000)high<=4;if((low>4||low==4'
b0000)&&{d1,d2,d3}==3'b000)low<=4;end
if(d5)begin des[5]<=1;if(high<5&&{d6,d7,d8}==3'b000)high<=5;if((low>5||low==4'b0000)
&&{d1,d2,d3,d4}==4'b0000)low<=5;end
```

```
if(d6)begin des[6] <=1;if(high<6&&{d7,d8} ==2'b00)high<=6;if((low>6||low==4'b0000)&&
{d1,d2,d3,d4,d5} ==5'b00000)low<=6;end
if(d7)begin des[7] <=1;if(high<7&&! d8)high<=7;if((low>7||low==4'b0000)&&{d1,d2,d3,d4,
d5,d6} ==6'b000000)low<=7;end
if(d8)begin des[8] <=1;if(high<8)high<=8;end
//
if({o1,o2,o3,o4,o5,o6,o7,o8} ==8'b00000000)
begin
{o1,o2,o3,o4,o5,o6,o7,o8} <=8'b10000000;
f1<=1;
end
else if(count==3'b101)
begin
count<=0;
door<=0;
if(low==f1)
low<=4'b0000;
if(high==f1)
high<=4'b0000;
end
else if(count! =0)
begin
count<=count+1;
door<=1;
end
else if(o1&&des[1])
begin
count<=1;
des[1] <=0;
end
else if(o2&&des[2])
begin
count<=1;
des[2] <=0;
end
else if(o3&&des[3])
begin
count<=1;
des[3] <=0;
end
else if(o4&&des[4])
begin
count<=1;
```

```
des[4] <=0;
end
else if(o5&&des[5])
begin
count <=1;
des[5] <=0;
end
else if(o6&&des[6])
begin
count <=1;
des[6] <=0;
end
else if(o7&&des[7])
begin
count <=1;
des[7] <=0;
end
else if(o8&&des[8])
begin
count <=1;
des[8] <=0;
end
//
else if(up)
begin
if(fl <high)
begin
{o1,o2,o3,o4,o5,o6,o7,o8} <={o1,o2,o3,o4,o5,o6,o7,o8} >>1;
fl <=fl +1;
end
else
up <=0;
end
//
else if(down)
begin
if(fl >low&&low! =4'b0000)
begin
{o1,o2,o3,o4,o5,o6,o7,o8} <={o1,o2,o3,o4,o5,o6,o7,o8} <<1;
fl <=fl -1;
end
else
down <=0;
```

```
end
else
//* * * * * * * * * * * * * * * * * *
begin
if(low! =4'b0000&&low<f1)
begin
if(high>fl&&high-f1<f1-low)
up<=1;
else
down<=1;
end
else if(high>f1)
up<=1;
end
//* * * * * * * * * * * * * * * * *
end
endmodule
```

电梯控制器顶层 bdf 文件如图 C-10 所示。

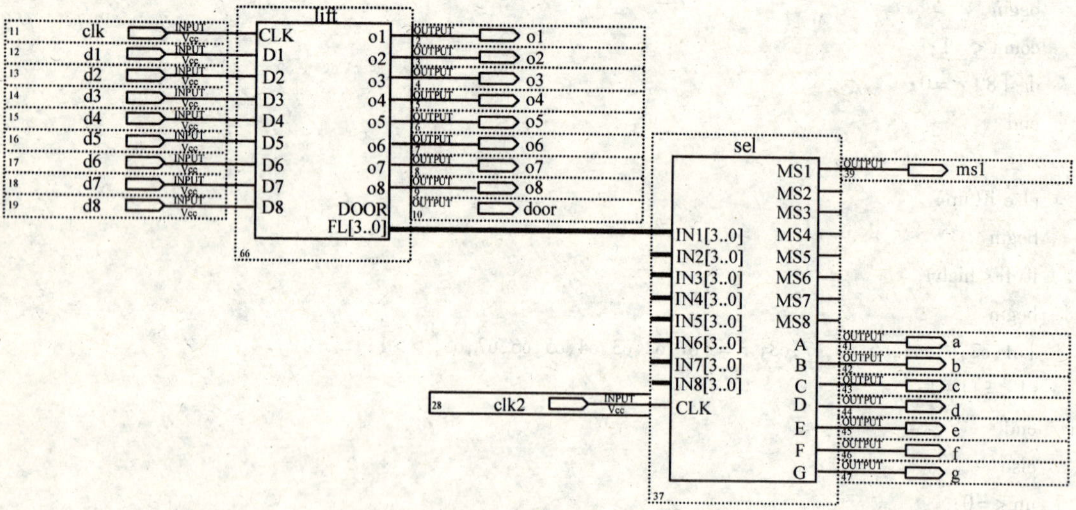

图 C-10 电梯控制器顶层 bdf 文件

附录 D VHDL 标准程序包文件

1. STANDARD. VHD

```
package STANDARD is
-- Predefined enumeration types
type BOOLEAN is (FALSE, TRUE);
type BIT is ('0','1');
type CHARACTER IS (
```

```
NUL, SOH, STX, ETX, EOT, ENQ, ACK, BEL,
BS, HT, LF, VT, FF, CR, SO, SI,
DLE, DC1, DC2, DC3, DC4, NAK, SYN, ETB,
CAN, EM, SUB, ESC, FSP, GSP, RSP, USP,
' ', '!', '"', '#', '$', '%', '&', ''',
'(', ')', '*', '+', ',', '-', '.', '/',
'0', '1', '2', '3', '4', '5', '6', '7',
'8', '9', ':', ';', '<', '=', '>', '?',

'@', 'A', 'B', 'C', 'D', 'E', 'F', 'G',
'H', 'I', 'J', 'K', 'L', 'M', 'N', 'O',
'P', 'Q', 'R', 'S', 'T','U', 'V', 'W',
'X', 'Y', 'Z', ''[', '\', ']', '^', '_'

'`', 'a', 'b', 'c', 'd', 'e', 'f', 'g',
'h', 'i', 'j', 'k', 'l', 'm', 'n', 'o',
'p', 'q', 'r', 's', 't', 'u', 'v', 'w',
'x', 'y', 'z', ''{', '|', '}', '~', DEL,

C128, C129, C130, C131, C132, C133, C134, C135,
C136, C137, C138, C139, C140, C141, C142, C143,
C144, C145, C146, C147, C148, C149, C150, C151,
C152, C153, C154, C155, C156, C157, C158, C159,

'?', '?', '?', '?', '?', '?', '?', '?',
'?', '?', '?', '?', '?', '?', '?', '?',
'?', '?', '?', '?', '?', '?', '?', '?',
'?', '?', '?', '?', '?', '?', '?', '?',

'?', '?', '?', '?', '?', '?', '?', '?',
'?', '?', '?', '?', '?', '?', '?', '?',
'?', '?', '?', '?', '?', '?', '?', '?',
'?', '?', '?', '?', '?', '?', '?', '?',

'?', '?', '?', '?', '?', '?', '?','?',
'?', '?', '?', '?', '?', '?', '?', '?',
'?', '?', '?', '?', '?', '?', '?', '?',
'?', '?', '?', '?', '?', '?', '?', '?');

type SEVERITY_LEVEL is (NOTE, WARNING, ERROR, FAILURE);
-- Predefined numeric types
type INTEGER is range -2147483648 to 2147483647;
type REAL is range -1.7e38 to 1.7e38;
```

```
-- Predefined type TIME
type TIME is range -9223372036854775808 to 9223372036854775807
    units
        fs;              -- femtosecond
    ps = 1000 fs;        -- picosecond
    ns = 1000 ps;        -- nanosecond
    us = 1000 ns;        -- microsecond
    ms = 1000 us;        -- millisecond
    sec = 1000 ms;       -- second
    min = 60 sec;        -- minute
    hr  = 60 min;        -- hour
end units;

subtype DELAY_LENGTH is TIME range 0 fs to TIME'HIGH;

-- A function that returns the current simulation time, Tc:
impure function NOW return DELAY_LENGTH;

-- Predefined numeric subtypes:
subtype NATURAL is INTEGER range 0 to INTEGER'HIGH;
subtype POSITIVE is INTEGER range 1 to INTEGER'HIGH;
-- Predefined array types:
type STRING is array (POSITIVE range <>) of CHARACTER;
type BIT_VECTOR is array (NATURAL range <>) of BIT;
-- The predefined types for opening files:
type FILE_OPEN_KIND is (
READ_MODE, -- Resulting access mode is read-only.
WRITE_MODE, -- Resulting access mode is write-only.
APPEND_MODE); -- Resulting access mode is write-only; information
        -- is appended to the end of the existing file.
type FILE_OPEN_STATUS is (
OPEN_OK, -- File open was successful.
STATUS_ERROR, -- File object was already open.
NAME_ERROR, -- External file not found or inaccessible.
MODE_ERROR); -- Could not open file with requested access mode.
-- The 'FOREIGN attribute:
attribute FOREIGN: STRING;
end STANDARD;
```

2. std_logic_1164.VHD

```
-------------------------
--    Title     : std_logic_1164 multi-value logic system
--    Library   : This package shall be compiled into a library
--              : symbolically named IEEE.
```

```
--              :
--  Developers: IEEE model standards group (par 1164)
--     Purpose: This packages defines a standard for designers
--              : to use in describing the interconnection data types
--              : used in vhdl modeling.
--              :
--  Limitation: The logic system defined in this package may
--              : be insufficient for modeling switched transistors,
--              : since such a requirement is out of the scope of this
--              : effort. Furthermore, mathematics, primitives,
--              : timing standards, etc. are considered orthogonal
--              : issues as it relates to this package and are therefore
--              : beyond the scope of this effort.
--              :
--  Note        : No declarations or definitions shall be included in,
--              : or excluded from this package. The "package declaration"
--              : defines the types, subtypes and declarations of
--              : std_logic_1164. The std_logic_1164 package body shall be
--              : considered the formal definition of the semantics of
--              : this package. Tool developers may choose to implement
--              : the package body in the most efficient manner available
--              : to them.
------------------------
--  modification history :
------------------------
--  version | mod. date: |
--    v4.200 | 01/02/92 |
------------------------
PACKAGE std_logic_1164 IS
    -------------------
    -- logic state system (unresolved)
    -------------------
    TYPE std_ulogic IS ( 'U',  -- Uninitialized
                         'X',  -- Forcing Unknown
                         '0',  -- Forcing 0
                         '1',  -- Forcing 1
                         'Z',  -- High Impedance
                         'W',  -- Weak Unknown
                         'L',  -- Weak 0
                         'H',  -- Weak 1
                         '-'   -- Don't care
                       );
    -------------------
```

```
-- unconstrained array of std_ulogic for use with the resolution function
-------------------
TYPE std_ulogic_vector IS ARRAY ( NATURAL RANGE <> ) OF std_ulogic;
-------------------
-- resolution function
-------------------
FUNCTION resolved ( s : std_ulogic_vector ) RETURN std_ulogic;
-------------------
-- *** industry standard logic type ***
-------------------
SUBTYPE std_logic IS resolved std_ulogic;
-------------------
-- unconstrained array of std_logic for use in declaring signal arrays
-------------------
TYPE std_logic_vector IS ARRAY ( NATURAL RANGE <> ) OF std_logic;
-------------------
-- common subtypes
-------------------
SUBTYPE X01 IS resolved std_ulogic RANGE 'X' TO '1'; -- ('X','0','1')
SUBTYPE X01Z IS resolved std_ulogic RANGE 'X' TO 'Z'; -- ('X','0','1','Z')
SUBTYPE UX01 IS resolved std_ulogic RANGE 'U' TO '1'; -- ('U','X','0','1')
SUBTYPE UX01Z IS resolved std_ulogic RANGE 'U' TO 'Z'; -- ('U','X','0','1','Z')
-------------------
-- overloaded logical operators
-------------------
FUNCTION "and" ( l : std_ulogic; r : std_ulogic ) RETURN UX01;
FUNCTION "nand" ( l : std_ulogic; r : std_ulogic ) RETURN UX01;
FUNCTION "or" ( l : std_ulogic; r : std_ulogic ) RETURN UX01;
FUNCTION "nor" ( l : std_ulogic; r : std_ulogic ) RETURN UX01;
FUNCTION "xor" ( l : std_ulogic; r : std_ulogic ) RETURN UX01;
FUNCTION "xnor" ( l : std_ulogic; r : std_ulogic ) RETURN UX01;
FUNCTION "not" ( l : std_ulogic                  ) RETURN UX01;
-------------------
-- vectorized overloaded logical operators
-------------------
FUNCTION "and" ( l, r : std_logic_vector  ) RETURN std_logic_vector;
FUNCTION "and" ( l, r : std_ulogic_vector ) RETURN std_ulogic_vector;
FUNCTION "nand" ( l, r : std_logic_vector  ) RETURN std_logic_vector;
FUNCTION "nand" ( l, r : std_ulogic_vector ) RETURN std_ulogic_vector;
FUNCTION "or" ( l, r : std_logic_vector  ) RETURN std_logic_vector;
FUNCTION "or" ( l, r : std_ulogic_vector ) RETURN std_ulogic_vector;
FUNCTION "nor" ( l, r : std_logic_vector  ) RETURN std_logic_vector;
FUNCTION "nor" ( l, r : std_ulogic_vector ) RETURN std_ulogic_vector;
```

```
FUNCTION "xor" ( l, r : std_logic_vector  ) RETURN std_logic_vector;
FUNCTION "xor" ( l, r : std_ulogic_vector ) RETURN std_ulogic_vector;
FUNCTION "xnor" ( l, r : std_logic_vector  ) RETURN std_logic_vector;
FUNCTION "xnor" ( l, r : std_ulogic_vector ) RETURN std_ulogic_vector;
FUNCTION "not" ( l : std_logic_vector  ) RETURN std_logic_vector;
FUNCTION "not" ( l : std_ulogic_vector ) RETURN std_ulogic_vector;
----------------------
-- conversion functions
----------------------
FUNCTION To_bit ( s : std_ulogic;        xmap : BIT := '0') RETURN BIT;
FUNCTION To_bitvector ( s : std_logic_vector ; xmap : BIT := '0') RETURN
BIT_VECTOR;
FUNCTION To_bitvector ( s : std_ulogic_vector; xmap : BIT := '0') RETURN
BIT_VECTOR;
FUNCTION To_StdULogic ( b : BIT              ) RETURN std_ulogic;
FUNCTION To_StdLogicVector ( b : BIT_VECTOR       ) RETURN
std_logic_vector;
FUNCTION To_StdLogicVector ( s : std_ulogic_vector ) RETURN std_logic_vector;
FUNCTION To_StdULogicVector ( b : BIT_VECTOR       ) RETURN
std_ulogic_vector;
FUNCTION To_StdULogicVector ( s : std_logic_vector  ) RETURN std_ulogic_vector;
----------------------
-- attributes for conversion functions
----------------------
attribute Synth_Conversion_Function: STRING;
attribute Synth_Conversion_Function of To_bit: function is "BIT";
attribute Synth_Conversion_Function of To_bitvector: function is "BIT_VECTOR";
attribute Synth_Conversion_Function of To_StdULogic: function is "std_ulogic";
attribute Synth_Conversion_Function of To_StdLogicVector: function is "std_logic_vector";
attribute Synth_Conversion_Function of To_StdULogicVector: function is "std_ulogic_vector";
----------------------
-- strength strippers and type convertors
----------------------
FUNCTION To_X01 ( s : std_logic_vector  ) RETURN std_logic_vector;
FUNCTION To_X01 ( s : std_ulogic_vector ) RETURN std_ulogic_vector;
FUNCTION To_X01 ( s : std_ulogic        ) RETURN X01;
FUNCTION To_X01 ( b : BIT_VECTOR        ) RETURN std_logic_vector;
FUNCTION To_X01 ( b : BIT_VECTOR        ) RETURN std_ulogic_vector;
FUNCTION To_X01 ( b : BIT               ) RETURN X01;
FUNCTION To_X01Z ( s : std_logic_vector  ) RETURN std_logic_vector;
FUNCTION To_X01Z ( s : std_ulogic_vector ) RETURN std_ulogic_vector;
FUNCTION To_X01Z ( s : std_ulogic        ) RETURN X01Z;
FUNCTION To_X01Z ( b : BIT_VECTOR        ) RETURN std_logic_vector;
```

```
    FUNCTION To_X01Z ( b : BIT_VECTOR          ) RETURN std_ulogic_vector;
    FUNCTION To_X01Z ( b : BIT                 ) RETURN X01Z;
    FUNCTION To_UX01 ( s : std_logic_vector    ) RETURN std_logic_vector;
    FUNCTION To_UX01 ( s : std_ulogic_vector   ) RETURN std_ulogic_vector;
    FUNCTION To_UX01 ( s : std_ulogic          ) RETURN UX01;
    FUNCTION To_UX01 ( b : BIT_VECTOR          ) RETURN std_logic_vector;
    FUNCTION To_UX01 ( b : BIT_VECTOR          ) RETURN std_ulogic_vector;
    FUNCTION To_UX01 ( b : BIT                 ) RETURN UX01;
    --------------------
    -- edge detection
    --------------------
    FUNCTION rising_edge (SIGNAL s : std_ulogic) RETURN BOOLEAN;
    FUNCTION falling_edge (SIGNAL s : std_ulogic) RETURN BOOLEAN;
    --------------------
    -- object contains an unknown
    --------------------
    FUNCTION Is_X ( s : std_ulogic_vector ) RETURN BOOLEAN;
    FUNCTION Is_X ( s : std_logic_vector  ) RETURN BOOLEAN;
    FUNCTION Is_X ( s : std_ulogic        ) RETURN BOOLEAN;
END std_logic_1164;
```

3. std_logic_arith. VHD

```
    --------------------
-- Copyright (c) 1994, 1990 - 1993 by Synopsys, Inc. All rights reserved. --
--                                                                        --
-- This source file may be used and distributed without restriction       --
-- provided that this copyright statement is not removed from the file    --
-- and that any derivative work contains this copyright notice.           --
--                                                                        --
-- Package name: std_logic_arith                                          --
--                                                                        --
-- Description: This package contains a set of arithmetic operators       --
--              and functions.                                            --
--------------------
library IEEE;
use IEEE. std_logic_1164. ALL;
package std_logic_arith is
    type UNSIGNED is array (NATURAL range < >) of STD_LOGIC;
    type SIGNED is array (NATURAL range < >) of STD_LOGIC;
    subtype SMALL_INT is INTEGER range 0 to 1;
    function " + "(L: UNSIGNED; R: UNSIGNED) return UNSIGNED;
    function " + "(L: SIGNED; R: SIGNED) return SIGNED;
    function " + "(L: UNSIGNED; R: SIGNED) return SIGNED;
    function " + "(L: SIGNED; R: UNSIGNED) return SIGNED;
```

```
function "+"(L: UNSIGNED; R: INTEGER) return UNSIGNED;
function "+"(L: INTEGER; R: UNSIGNED) return UNSIGNED;
function "+"(L: SIGNED; R: INTEGER) return SIGNED;
function "+"(L: INTEGER; R: SIGNED) return SIGNED;
function "+"(L: UNSIGNED; R: STD_ULOGIC) return UNSIGNED;
function "+"(L: STD_ULOGIC; R: UNSIGNED) return UNSIGNED;
function "+"(L: SIGNED; R: STD_ULOGIC) return SIGNED;
function "+"(L: STD_ULOGIC; R: SIGNED) return SIGNED;
function "+"(L: UNSIGNED; R: UNSIGNED) return STD_LOGIC_VECTOR;
function "+"(L: SIGNED; R: SIGNED) return STD_LOGIC_VECTOR;
function "+"(L: UNSIGNED; R: SIGNED) return STD_LOGIC_VECTOR;
function "+"(L: SIGNED; R: UNSIGNED) return STD_LOGIC_VECTOR;
function "+"(L: UNSIGNED; R: INTEGER) return STD_LOGIC_VECTOR;
function "+"(L: INTEGER; R: UNSIGNED) return STD_LOGIC_VECTOR;
function "+"(L: SIGNED; R: INTEGER) return STD_LOGIC_VECTOR;
function "+"(L: INTEGER; R: SIGNED) return STD_LOGIC_VECTOR;
function "+"(L: UNSIGNED; R: STD_ULOGIC) return STD_LOGIC_VECTOR;
function "+"(L: STD_ULOGIC; R: UNSIGNED) return STD_LOGIC_VECTOR;
function "+"(L: SIGNED; R: STD_ULOGIC) return STD_LOGIC_VECTOR;
function "+"(L: STD_ULOGIC; R: SIGNED) return STD_LOGIC_VECTOR;

function "-"(L: UNSIGNED; R: UNSIGNED) return UNSIGNED;
function "-"(L: SIGNED; R: SIGNED) return SIGNED;
function "-"(L: UNSIGNED; R: SIGNED) return SIGNED;
function "-"(L: SIGNED; R: UNSIGNED) return SIGNED;
function "-"(L: UNSIGNED; R: INTEGER) return UNSIGNED;
function "-"(L: INTEGER; R: UNSIGNED) return UNSIGNED;
function "-"(L: SIGNED; R: INTEGER) return SIGNED;
function "-"(L: INTEGER; R: SIGNED) return SIGNED;
function "-"(L: UNSIGNED; R: STD_ULOGIC) return UNSIGNED;
function "-"(L: STD_ULOGIC; R: UNSIGNED) return UNSIGNED;
function "-"(L: SIGNED; R: STD_ULOGIC) return SIGNED;
function "-"(L: STD_ULOGIC; R: SIGNED) return SIGNED;

function "-"(L: UNSIGNED; R: UNSIGNED) return STD_LOGIC_VECTOR;
function "-"(L: SIGNED; R: SIGNED) return STD_LOGIC_VECTOR;
function "-"(L: UNSIGNED; R: SIGNED) return STD_LOGIC_VECTOR;
function "-"(L: SIGNED; R: UNSIGNED) return STD_LOGIC_VECTOR;
function "-"(L: UNSIGNED; R: INTEGER) return STD_LOGIC_VECTOR;
function "-"(L: INTEGER; R: UNSIGNED) return STD_LOGIC_VECTOR;
function "-"(L: SIGNED; R: INTEGER) return STD_LOGIC_VECTOR;
function "-"(L: INTEGER; R: SIGNED) return STD_LOGIC_VECTOR;
function "-"(L: UNSIGNED; R: STD_ULOGIC) return STD_LOGIC_VECTOR;
```

```
function " - "(L: STD_ULOGIC; R: UNSIGNED) return STD_LOGIC_VECTOR;
function " - "(L: SIGNED; R: STD_ULOGIC) return STD_LOGIC_VECTOR;
function " - "(L: STD_ULOGIC; R: SIGNED) return STD_LOGIC_VECTOR;

function " + "(L: UNSIGNED) return UNSIGNED;
function " + "(L: SIGNED) return SIGNED;
function " - "(L: SIGNED) return SIGNED;
function "ABS"(L: SIGNED) return SIGNED;
function " + "(L: UNSIGNED) return STD_LOGIC_VECTOR;
function " + "(L: SIGNED) return STD_LOGIC_VECTOR;
function " - "(L: SIGNED) return STD_LOGIC_VECTOR;
function "ABS"(L: SIGNED) return STD_LOGIC_VECTOR;
function " * "(L: UNSIGNED; R: UNSIGNED) return UNSIGNED;
function " * "(L: SIGNED; R: SIGNED) return SIGNED;
function " * "(L: SIGNED; R: UNSIGNED) return SIGNED;
function " * "(L: UNSIGNED; R: SIGNED) return SIGNED;

function " * "(L: UNSIGNED; R: UNSIGNED) return STD_LOGIC_VECTOR;
function " * "(L: SIGNED; R: SIGNED) return STD_LOGIC_VECTOR;
function " * "(L: SIGNED; R: UNSIGNED) return STD_LOGIC_VECTOR;
function " * "(L: UNSIGNED; R: SIGNED) return STD_LOGIC_VECTOR;

function " < "(L: UNSIGNED; R: UNSIGNED) return BOOLEAN;
function " < "(L: SIGNED; R: SIGNED) return BOOLEAN;
function " < "(L: UNSIGNED; R: SIGNED) return BOOLEAN;
function " < "(L: SIGNED; R: UNSIGNED) return BOOLEAN;
function " < "(L: UNSIGNED; R: INTEGER) return BOOLEAN;
function " < "(L: INTEGER; R: UNSIGNED) return BOOLEAN;
function " < "(L: SIGNED; R: INTEGER) return BOOLEAN;
function " < "(L: INTEGER; R: SIGNED) return BOOLEAN;
functin " <= "(L: UNSIGNED; R: UNSIGNED) return BOOLEAN;
function " <= "(L: SIGNED; R: SIGNED) return BOOLEAN;
function " <= "(L: UNSIGNED; R: SIGNED) return BOOLEAN;
function " <= "(L: SIGNED; R: UNSIGNED) return BOOLEAN;
function " <= "(L: UNSIGNED; R: INTEGER) return BOOLEAN;
function " <= "(L: INTEGER; R: UNSIGNED) return BOOLEAN;
function " <= "(L: SIGNED; R: INTEGER) return BOOLEAN;
function " <= "(L: INTEGER; R: SIGNED) return BOOLEAN;

function " > "(L: UNSIGNED; R: UNSIGNED) return BOOLEAN;
function " > "(L: SIGNED; R: SIGNED) return BOOLEAN;
function " > "(L: UNSIGNED; R: SIGNED) return BOOLEAN;
function " > "(L: SIGNED; R: UNSIGNED) return BOOLEAN;
```

```
function ">"(L: UNSIGNED; R: INTEGER) return BOOLEAN;
function ">"(L: INTEGER; R: UNSIGNED) return BOOLEAN;
function ">"(L: SIGNED; R: INTEGER) return BOOLEAN;
function ">"(L: INTEGER; R: SIGNED) return BOOLEAN;

function ">="(L: UNSIGNED; R: UNSIGNED) return BOOLEAN;
function ">="(L: SIGNED; R: SIGNED) return BOOLEAN;
function ">="(L: UNSIGNED; R: SIGNED) return BOOLEAN;
function ">="(L: SIGNED; R: UNSIGNED) return BOOLEAN;
function ">="(L: UNSIGNED; R: INTEGER) return BOOLEAN;
function ">="(L: INTEGER; R: UNSIGNED) return BOOLEAN;
function ">="(L: SIGNED; R: INTEGER) return BOOLEAN;
function ">="(L: INTEGER; R: SIGNED) return BOOLEAN;

function "="(L: UNSIGNED; R: UNSIGNED) return BOOLEAN;
function "="(L: SIGNED; R: SIGNED) return BOOLEAN;
function "="(L: UNSIGNED; R: SIGNED) return BOOLEAN;
function "="(L: SIGNED; R: UNSIGNED) return BOOLEAN;
function "="(L: UNSIGNED; R: INTEGER) return BOOLEAN;
function "="(L: INTEGER; R: UNSIGNED) return BOOLEAN;
function "="(L: SIGNED; R: INTEGER) return BOOLEAN;
function "="(L: INTEGER; R: SIGNED) return BOOLEAN;

function "/="(L: UNSIGNED; R: UNSIGNED) return BOOLEAN;
function "/="(L: SIGNED; R: SIGNED) return BOOLEAN;
function "/="(L: UNSIGNED; R: SIGNED) return BOOLEAN;
function "/="(L: SIGNED; R: UNSIGNED) return BOOLEAN;
function "/="(L: UNSIGNED; R: INTEGER) return BOOLEAN;
function "/="(L: INTEGER; R: UNSIGNED) return BOOLEAN;
function "/="(L: SIGNED; R: INTEGER) return BOOLEAN;
function "/="(L: INTEGER; R: SIGNED) return BOOLEAN;

function SHL(ARG: UNSIGNED; COUNT: UNSIGNED) return UNSIGNED;
function SHL(ARG: SIGNED; COUNT: UNSIGNED) return SIGNED;
function SHR(ARG: UNSIGNED; COUNT: UNSIGNED) return UNSIGNED;
function SHR(ARG: SIGNED; COUNT: UNSIGNED) return SIGNED;

function CONV_INTEGER(ARG: INTEGER) return INTEGER;
function CONV_INTEGER(ARG: UNSIGNED) return INTEGER;
function CONV_INTEGER(ARG: SIGNED) return INTEGER;
```

```
function CONV_INTEGER(ARG: STD_ULOGIC) return INTEGER;

function CONV_UNSIGNED(ARG: INTEGER; SIZE: INTEGER) return UNSIGNED;
function CONV_UNSIGNED(ARG: UNSIGNED; SIZE: INTEGER) return UNSIGNED;
function CONV_UNSIGNED(ARG: SIGNED; SIZE: INTEGER) return UNSIGNED;
function CONV_UNSIGNED(ARG: STD_ULOGIC; SIZE: INTEGER) return
UNSIGNED;
function CONV_SIGNED(ARG: INTEGER; SIZE: INTEGER) return SIGNED;
function CONV_SIGNED(ARG: UNSIGNED; SIZE: INTEGER) return SIGNED;
function CONV_SIGNED(ARG: SIGNED; SIZE: INTEGER) return SIGNED;
function CONV_SIGNED(ARG: STD_ULOGIC; SIZE: INTEGER) return SIGNED;
function CONV_STD_LOGIC_VECTOR(ARG: INTEGER; SIZE: INTEGER)
                                              return STD_LOGIC_VECTOR;
function CONV_STD_LOGIC_VECTOR(ARG: UNSIGNED; SIZE: INTEGER)
                                              return STD_LOGIC_VECTOR;
function CONV_STD_LOGIC_VECTOR(ARG: SIGNED; SIZE: INTEGER)
                                              return STD_LOGIC_VECTOR;
function CONV_STD_LOGIC_VECTOR(ARG: STD_ULOGIC; SIZE: INTEGER)
                                              return STD_LOGIC_VECTOR;
----------------------
-- attributes for conversion functions
----------------------
attribute Synth_Conversion_Function of CONV_INTEGER: function is "INTEGER";
attribute Synth_Conversion_Function of CONV_UNSIGNED: function is "UNSIGNED";
attribute Synth_Conversion_Function of CONV_SIGNED: function is "SIGNED";
attribute Synth_Conversion_Function of CONV_STD_LOGIC_VECTOR: function is "STD_LOGIC_VECTOR";
----------------------
-- zero extend STD_LOGIC_VECTOR (ARG) to SIZE,
-- SIZE < 0 is same as SIZE = 0
-- returns STD_LOGIC_VECTOR(SIZE-1 downto 0)
function EXT(ARG: STD_LOGIC_VECTOR; SIZE: INTEGER) return STD_LOGIC _VECTOR;
-- sign extend STD_LOGIC_VECTOR (ARG) to SIZE,
-- SIZE < 0 is same as SIZE = 0
-- return STD_LOGIC_VECTOR(SIZE-1 downto 0)
function SXT(ARG: STD_LOGIC_VECTOR; SIZE: INTEGER) return STD_LOGIC _VECTOR;
end std_logic_arith;
```

4. std_logic_signed. VHD

```
--------------------
```

```
-- Copyright (c) 1994, 1990 - 1993 by Synopsys, Inc. All rights reserved. --
--
-- This source file may be used and distributed without restriction --
-- provided that this copyright statement is not removed from the file --
-- and that any derivative work contains this copyright notice. --
--
-- Package name: std_logic_signed --
-- --
-- Description: This package contains a set of signed arithemtic --
-- operators and functions. --
--------------------
library IEEE;
use IEEE.std_logic_1164.all;
use IEEE.std_logic_arith.all;
package std_logic_signed is
function "+"(L: STD_LOGIC_VECTOR; R: STD_LOGIC_VECTOR) return STD_LOGIC_VECTOR;
function "+"(L: STD_LOGIC_VECTOR; R: INTEGER) return STD_LOGIC_VECTOR;
function "+"(L: INTEGER; R: STD_LOGIC_VECTOR) return STD_LOGIC_VECTOR;
function "+"(L: STD_LOGIC_VECTOR; R: STD_LOGIC) return STD_LOGIC_VECTOR;
function "+"(L: STD_LOGIC; R: STD_LOGIC_VECTOR) return STD_LOGIC_VECTOR;
function "-"(L: STD_LOGIC_VECTOR; R: STD_LOGIC_VECTOR) return STD_LOGIC_VECTOR;
function "-"(L: STD_LOGIC_VECTOR; R: INTEGER) return STD_LOGIC_VECTOR;
function "-"(L: INTEGER; R: STD_LOGIC_VECTOR) return STD_LOGIC_VECTOR;
function "-"(L: STD_LOGIC_VECTOR; R: STD_LOGIC) return STD_LOGIC_VECTOR;
function "-"(L: STD_LOGIC; R: STD_LOGIC_VECTOR) return STD_LOGIC_VECTOR;

function "+"(L: STD_LOGIC_VECTOR) return STD_LOGIC_VECTOR;
function "-"(L: STD_LOGIC_VECTOR) return STD_LOGIC_VECTOR;
function "ABS"(L: STD_LOGIC_VECTOR) return STD_LOGIC_VECTOR;

function "*"(L: STD_LOGIC_VECTOR; R: STD_LOGIC_VECTOR) return STD_LOGIC _VECTOR;
function "<"(L: STD_LOGIC_VECTOR; R: INTEGER) return BOOLEAN;
function "<"(L: INTEGER; R: STD_LOGIC_VECTOR) return BOOLEAN;

function "<="(L: STD_LOGIC_VECTOR; R: INTEGER) return BOOLEAN;
function "<="(L: INTEGER; R: STD_LOGIC_VECTOR) return BOOLEAN;

function ">"(L: STD_LOGIC_VECTOR; R: INTEGER) return BOOLEAN;
```

```
    function ">"(L: INTEGER; R: STD_LOGIC_VECTOR) return BOOLEAN;

    function ">="(L: STD_LOGIC_VECTOR; R: INTEGER) return BOOLEAN;
    function ">="(L: INTEGER; R: STD_LOGIC_VECTOR) return BOOLEAN;

    function "="(L: STD_LOGIC_VECTOR; R: INTEGER) return BOOLEAN;
    function "="(L: INTEGER; R: STD_LOGIC_VECTOR) return BOOLEAN;

    function "/="(L: STD_LOGIC_VECTOR; R: INTEGER) return BOOLEAN;
    function "/="(L: INTEGER; R: STD_LOGIC_VECTOR) return BOOLEAN;

    function CONV_INTEGER(ARG: STD_LOGIC_VECTOR) return INTEGER;

end std_logic_signed;
```

5. std_logic_unsigned. VHD

```
--------------------
-- Copyright (c) 1994, 1990 - 1993 by Synopsys, Inc. All rights reserved. --
-- --
-- This source file may be used and distributed without restriction --
-- provided that this copyright statement is not removed from the file --
-- and that any derivative work contains this copyright notice. --
-- --
-- Package name: std_logic_unsigned --
-- --
-- Description: This package contains a set of unsigned arithemtic --
-- operators and functions. --
--------------------
library IEEE;
use IEEE.std_logic_1164.all;
use IEEE.std_logic_arith.all;

package std_logic_unsigned is

function "+"(L: STD_LOGIC_VECTOR; R: STD_LOGIC_VECTOR) return STD_LOGIC _VECTOR;
function "+"(L: STD_LOGIC_VECTOR; R: INTEGER) return STD_LOGIC_VECTOR;
function "+"(L: INTEGER; R: STD_LOGIC_VECTOR) return STD_LOGIC_VECTOR;
function "+"(L: STD_LOGIC_VECTOR; R: STD_LOGIC) return STD_LOGIC_VECTOR;
function "+"(L: STD_LOGIC; R: STD_LOGIC_VECTOR) return STD_LOGIC_VECTOR;
```

```
    function "-"(L: STD_LOGIC_VECTOR; R: STD_LOGIC_VECTOR) return STD_LOGIC _VECTOR;
    function "-"(L: STD_LOGIC_VECTOR; R: INTEGER) return STD_LOGIC_VECTOR;
    function "-"(L: INTEGER; R: STD_LOGIC_VECTOR) return STD_LOGIC_VECTOR;
    function "-"(L: STD_LOGIC_VECTOR; R: STD_LOGIC) return STD_LOGIC_VECTOR;
    function "-"(L: STD_LOGIC; R: STD_LOGIC_VECTOR) return STD_LOGIC_VECTOR;

    function "+"(L: STD_LOGIC_VECTOR) return STD_LOGIC_VECTOR;

    function "*"(L: STD_LOGIC_VECTOR; R: STD_LOGIC_VECTOR) return STD_LOGIC_VECTOR;
    function "<"(L: STD_LOGIC_VECTOR; R: INTEGER) return BOOLEAN;
    function "<"(L: INTEGER; R: STD_LOGIC_VECTOR) return BOOLEAN;

    function "<="(L: STD_LOGIC_VECTOR; R: INTEGER) return BOOLEAN;
    function "<="(L: INTEGER; R: STD_LOGIC_VECTOR) return BOOLEAN;

    function ">"(L: STD_LOGIC_VECTOR; R: INTEGER) return BOOLEAN;
    function ">"(L: INTEGER; R: STD_LOGIC_VECTOR) return BOOLEAN;

    function ">="(L: STD_LOGIC_VECTOR; R: INTEGER) return BOOLEAN;
    function ">="(L: INTEGER; R: STD_LOGIC_VECTOR) return BOOLEAN;

    function "="(L: STD_LOGIC_VECTOR; R: INTEGER) return BOOLEAN;
    function "="(L: INTEGER; R: STD_LOGIC_VECTOR) return BOOLEAN;

    function "/="(L: STD_LOGIC_VECTOR; R: INTEGER) return BOOLEAN;
    function "/="(L: INTEGER; R: STD_LOGIC_VECTOR) return BOOLEAN;

    function CONV_INTEGER(ARG: STD_LOGIC_VECTOR) return INTEGER;

end std_logic_unsigned;
```

附录 E　开发板简介

E.1　DE2 开发板简介

DE2 是由 Altera 合作伙伴友晶科技公司研制的 SOPC 开发板，可以完成 PLD、EDA、SOPC、DSP、Nios Ⅱ嵌入式系统等方面的实验与开发。

DE2 套件如图 E-1 所示，其中包括 DE2 开发板、电源适配器、USB 编程电缆、DE2 系统盘及 Quartus Ⅱ软件。

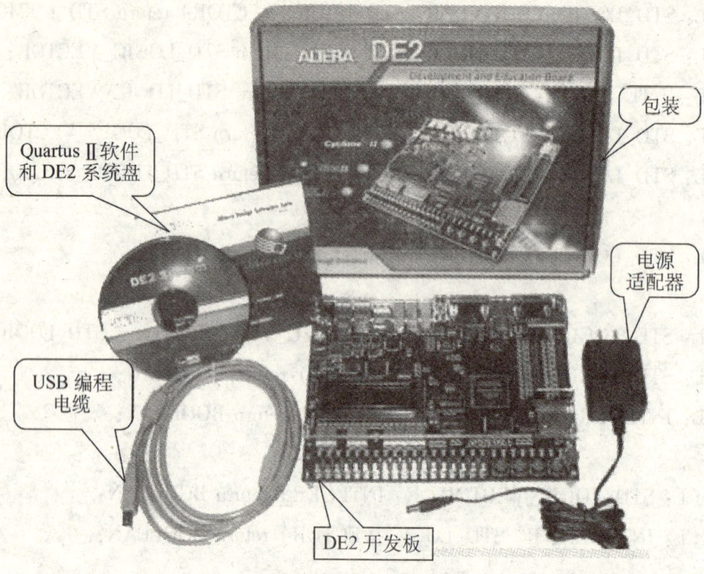

图 E-1　DE2 套件

DE2 开发板的结构如图 E-2 所示。其中包含 EP2C35F672C6 芯片（Cyclone Ⅱ系列 FPGA，35000LE）、SDRAM（8MB）、SRAM（512KB）、Flash（4MB）、16×2 的 LCD、数码管（8 只：HEX7～HEX0）、发光二极管（红色 18 只：LEDR17～LEDR0；绿色 9 只：LEDG8～LEDG0）、按钮（4 个：KEY3～KEY0）、拨盘开关（18 只：SW17～SW0），以及 USB、VGA、RS－232、PS/2 等各种类型的接口。

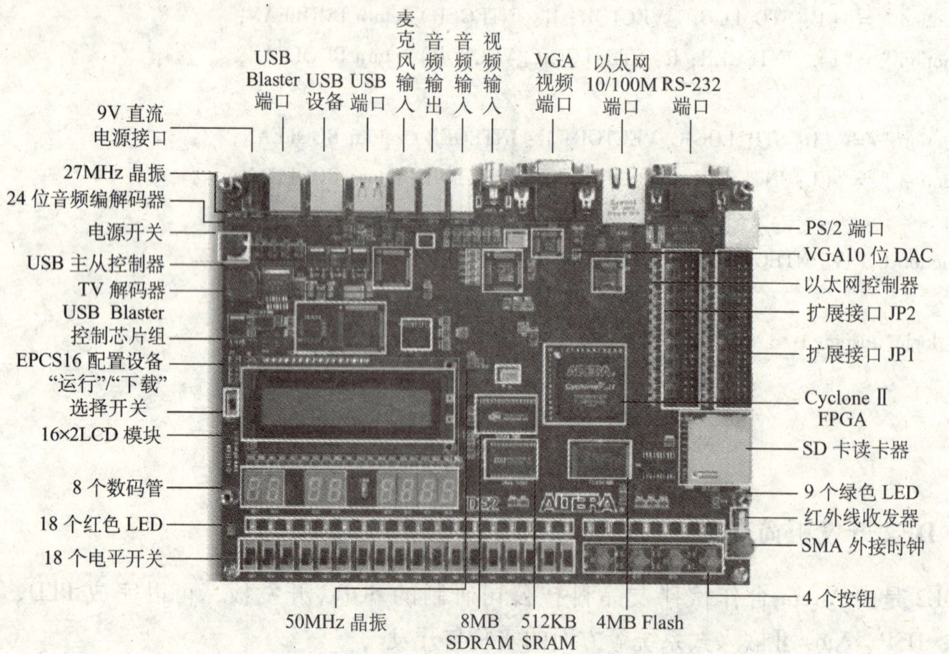

图 E-2　DE2 开发板的结构

E.2 DE2中目标芯片与其他硬件资源的引脚连接

表 E-1 电平开关 SW 与目标芯片引脚连接表

信号名称	FPGA 芯片引脚号	信号名称	FPGA 芯片引脚号
SW[0]	PIN_N25	SW[9]	PIN_A13
SW[1]	PIN_N26	SW[10]	PIN_N1
SW[2]	PIN_P25	SW[11]	PIN_P1
SW[3]	PIN_AE14	SW[12]	PIN_P2
SW[4]	PIN_AF14	SW[13]	PIN_T7
SW[5]	PIN_AD13	SW[14]	PIN_U3
SW[6]	PIN_AC13	SW[15]	PIN_U4
SW[7]	PIN_C13	SW[16]	PIN_V1
SW[8]	PIN_B13	SW[17]	PIN_V2

表 E-2 发光二极管 LEDR/LEDG 与目标芯片引脚连接表

信号名称	FPGA 芯片引脚号	信号名称	FPGA 芯片引脚号	信号名称	FPGA 芯片引脚号
LEDR[0]	PIN_AE23	LEDR[9]	PIN_Y13	LEDR[0]	PIN_AE22
LEDR[1]	PIN_AF23	LEDR[10]	PIN_AA13	LEDR[1]	PIN_AF22
LEDR[2]	PIN_AB21	LEDR[11]	PIN_AC14	LEDR[2]	PIN_W19
LEDR[3]	PIN_AC22	LEDR[12]	PIN_AD15	LEDR[3]	PIN_V18
LEDR[4]	PIN_AD22	LEDR[13]	PIN_AE15	LEDR[4]	PIN_U18
LEDR[5]	PIN_AD23	LEDR[14]	PIN_AF13	LEDR[5]	PIN_U17
LEDR[6]	PIN_AD21	LEDR[15]	PIN_AE13	LEDR[6]	PIN_AA20
LEDR[7]	PIN_AC21	LEDR[16]	PIN_AE12	LEDR[7]	PIN_Y18
LEDR[8]	PIN_AA14	LEDR[17]	PIN_AD12	LEDR[8]	PIN_Y12

表 E-3 时钟端与目标芯片引脚连接表

信号名称	FPGA 芯片引脚号
CLOCK_27	PIN_D13
CLOCK_50	PIN_N2
EXT_CLOCK	PIN_P26

表 E-4 UART 接口信号与目标芯片引脚连接表

信号名称	FPGA 芯片引脚号
UART_RXD	PIN_C25
UART_TXD	PIN_B25

表 E-5 PS/2 接口信号与目标芯片引脚连接表

信号名称	FPGA 芯片引脚号
PS2_CLK	PIN_D26
PS2_DAT	PIN_C24

表 E-6 I^2C 总线接口信号与目标芯片引脚连接表

信号名称	FPGA 芯片引脚号
I2C_SCLK	PIN_A6
I2C_SDAT	PIN_B6

表 E-7 TV 译码器接口信号与目标芯片引脚连接表

TV 信号名称	FPGA 芯片引脚号	TV 信号名称	FPGA 芯片引脚号	TV 信号名称	FPGA 芯片引脚号
TD_DATA[0]	PIN_J9	TD_DATA[4]	PIN_G9	TD_HS	PIN_D5
TD_DATA[1]	PIN_E8	TD_DATA[5]	PIN_F9	TD_VS	PIN_K9
TD_DATA[2]	PIN_H8	TD_DATA[6]	PIN_D7	TD_RESET	PIN_C4
TD_DATA[3]	PIN_H10	TD_DATA[7]	PIN_C7		

表 E-8 DM9000A 接口信号与目标芯片引脚连接表

DM9000A 信号名称	FPGA 芯片引脚号	DM9000A 信号名称	FPGA 芯片引脚号	DM9000A 信号名称	FPGA 芯片引脚号
ENET_DATA[0]	PIN_D17	ENET_DATA[8]	PIN_B20	ENET_CLK	PIN_B24
ENET_DATA[1]	PIN_C17	ENET_DATA[9]	PIN_A20	ENET_CMD	PIN_A21
ENET_DATA[2]	PIN_B18	ENET_DATA[10]	PIN_C19	ENET_CS_N	PIN_A23
ENET_DATA[3]	PIN_A18	ENET_DATA[11]	PIN_D19	ENET_INT	PIN_B21
ENET_DATA[4]	PIN_B17	ENET_DATA[12]	PIN_B19	ENET_RD_N	PIN_A22
ENET_DATA[5]	PIN_A17	ENET_DATA[13]	PIN_A19	ENET_WR_N	PIN_B22
ENET_DATA[6]	PIN_B16	ENET_DATA[14]	PIN_E18	ENET_RST_N	PIN_B23
ENET_DATA[7]	PIN_B15	ENET_DATA[15]	PIN_D18		

表 E-9 AUDIO 接口信号与目标芯片引脚连接表

AUDIO 信号名称	FPGA 芯片引脚号	AUDIO 信号名称	FPGA 芯片引脚号	AUDIO 信号名称	FPGA 芯片引脚号
AUD_ADCLRCK	PIN_C5	AUD_DACLRCK	PIN_C6	AUD_XCK	PIN_A5
AUD_ADCDAT	PIN_B5	AUD_DACDAT	PIN_A4	AUD_BCLK	PIN_B4

表 E-10 按钮开关与目标芯片引脚连接表

信号名称	FPGA 芯片引脚号	信号名称	FPGA 芯片引脚号
KEY[0]	PIN_G26	KEY[2]	PIN_P23
KEY[1]	PIN_N23	KEY[3]	PIN_W26

表 E-11 SD 卡接口信号与目标芯片引脚连接表

信号名称	FPGA 芯片引脚号	信号名称	FPGA 芯片引脚号
SD_DAT	PIN_AD24	SD_CMD	PIN_Y21
SD_DAT3	PIN_AC23	SD_CLK	PIN_AD25

表 E-12 VGA 接口信号与目标芯片引脚连接表

VGA 信号名称	FPGA 芯片引脚号	VGA 信号名称	FPGA 芯片引脚号	VGA 信号名称	FPGA 芯片引脚号
VGA_R[0]	PIN_C8	VGA_G[0]	PIN_B9	VGA_B[0]	PIN_J13
VGA_R[1]	PIN_F10	VGA_G[1]	PIN_A9	VGA_B[1]	PIN_J14
VGA_R[2]	PIN_G10	VGA_G[2]	PIN_C10	VGA_B[2]	PIN_F12
VGA_R[3]	PIN_D9	VGA_G[3]	PIN_D10	VGA_B[3]	PIN_G12
VGA_R[4]	PIN_C9	VGA_G[4]	PIN_B10	VGA_B[4]	PIN_J10
VGA_R[5]	PIN_A8	VGA_G[5]	PIN_A10	VGA_B[5]	PIN_J11
VGA_R[6]	PIN_H11	VGA_G[6]	PIN_G11	VGA_B[6]	PIN_C11
VGA_R[7]	PIN_H12	VGA_G[7]	PIN_D11	VGA_B[7]	PIN_B11
VGA_R[8]	PIN_F11	VGA_G[8]	PIN_E12	VGA_B[8]	PIN_C12
VGA_R[9]	PIN_E10	VGA_G[9]	PIN_D12	VGA_B[9]	PIN_B12
VGA_CLK	PIN_B8	VGA_BLANK	PIN_D6	VGA_HS	PIN_A7
VGA_VS	PIN_D8	VGA_SYNC	PIN_ – B7		

表 E-13 SDRAM 接口信号与目标芯片引脚连接表

SDRAM 信号名称	FPGA 芯片引脚号	SDRAM 信号名称	FPGA 芯片引脚号	SDRAM 信号名称	FPGA 芯片引脚号
DRAM_ADDR[0]	PIN_T6	DRAM_DQ[2]	PIN_AA1	DRAM_BA_0	PIN_AE2
DRAM_ADDR[1]	PIN_V4	DRAM_DQ[3]	PIN_Y3	DRAM_BA_1	PIN_AE3
DRAM_ADDR[2]	PIN_V3	DRAM_DQ[4]	PIN_Y4	DRAM_LDQM	PIN_AD2
DRAM_ADDR[3]	PIN_W2	DRAM_DQ[5]	PIN_R8	DRAM_UDQM	PIN_Y5
DRAM_ADDR[4]	PIN_W1	DRAM_DQ[6]	PIN_T8	DRAM_RAS_N	PIN_AB4
DRAM_ADDR[5]	PIN_U6	DRAM_DQ[7]	PIN_V7	DRAM_ CAS_N	PIN_AB3
DRAM_ADDR[6]	PIN_U7	DRAM_DQ[8]	PIN_W6	DRAM_CKE	PIN_AA6
DRAM_ADDR[7]	PIN_U5	DRAM_DQ[9]	PIN_AB2	DRAM_CLK	PIN_AA7
DRAM_ADDR[8]	PIN_W4	DRAM_DQ[10]	PIN_AB1	DRAM_WE_N	PIN_AD3
DRAM_ADDR[9]	PIN_W3	DRAM_DQ[11]	PIN_AA4	DRAM_ CS_N	PIN_AC3
DRAM_ADDR[10]	PIN_Y1	DRAM_DQ[12]	PIN_AA3		
DRAM_ADDR[11]	PIN_V5	DRAM_DQ[13]	PIN_AC2		
DRAM_DQ[0]	PIN_V6	DRAM_DQ[14]	PIN_AC1		
DRAM_DQ[1]	PIN_AA2	DRAM_DQ[15]	PIN_AA5		

表 E-14 LCD 接口信号与目标芯片引脚连接表

LCD 信号名称	FPGA 芯片引脚号	LCD 信号名称	FPGA 芯片引脚号	LCD 信号名称	FPGA 芯片引脚号
LCD_DATA[0]	PIN_J1	LCD_DATA[5]	PIN_J3	LCD_RS	PIN_K1
LCD_DATA[1]	PIN_J2	LCD_DATA[6]	PIN_H4	LCD_ON	PIN_L4
LCD_DATA[2]	PIN_H1	LCD_DATA[7]	PIN_H3	LCD_BLON	PIN_K2
LCD_DATA[3]	PIN_H2	LCD_RW	PIN_K4		
LCD_DATA[4]	PIN_J4	LCD_EN	PIN_K3		

表 E-15 Flash 接口信号与目标芯片引脚连接表

Flash 信号名称	FPGA 芯片引脚号	Flash 信号名称	FPGA 芯片引脚号	Flash 信号名称	FPGA 芯片引脚号
FL_ADDR[0]	PIN_AC18	FL_ADDR[12]	PIN_W16	FL_DQ[0]	PIN_AF20
FL_ADDR[1]	PIN_AB18	FL_ADDR[13]	PIN_W15	FL_DQ[1]	PIN_AE20
FL_ADDR[2]	PIN_AE19	FL_ADDR[14]	PIN_AC16	FL_DQ[0]	PIN_AB20
FL_ADDR[3]	PIN_AF19	FL_ADDR[15]	PIN_AD16	FL_DQ[1]	PIN_AC20
FL_ADDR[4]	PIN_AE18	FL_ADDR[16]	PIN_AE16	FL_DQ[0]	PIN_AF21
FL_ADDR[5]	PIN_AF18	FL_ADDR[17]	PIN_AC15	FL_DQ[1]	PIN_AE21
FL_ADDR[6]	PIN_Y16	FL_ADDR[18]	PIN_AB15	FL_CE_N	PIN_V17
FL_ADDR[7]	PIN_AA16	FL_ADDR[19]	PIN_AA15	FL_OE_N	PIN_W17
FL_ADDR[8]	PIN_AD17	FL_ADDR[20]	PIN_Y15	FL_RST_N	PIN_AA18
FL_ADDR[9]	PIN_AC17	FL_ADDR[21]	PIN_Y14	FL_WE_N	PIN_AA17
FL_ADDR[10]	PIN_AE17	FL_DQ[0]	PIN_AD19		
FL_ADDR[11]	PIN_AF17	FL_DQ[1]	PIN_AC19		

表 E-16 SRAM 接口信号与目标芯片引脚连接表

SRAM 信号名称	FPGA 芯片引脚号	SRAM 信号名称	FPGA 芯片引脚号	SRAM 信号名称	FPGA 芯片引脚号
SRAM_ADDR[0]	PIN_AE4	SRAM_ADDR[13]	PIN_W8	SRAM_DQ[8]	PIN_AE7
SRAM_ADDR[1]	PIN_AF4	SRAM_ADDR[14]	PIN_W10	SRAM_DQ[9]	PIN_AF7
SRAM_ADDR[2]	PIN_AC5	SRAM_ADDR[15]	PIN_Y10	SRAM_DQ[10]	PIN_AE8
SRAM_ADDR[3]	PIN_AC6	SRAM_ADDR[16]	PIN_AB8	SRAM_DQ[11]	PIN_AF8
SRAM_ADDR[4]	PIN_AD4	SRAM_ADDR[17]	PIN_AC8	SRAM_DQ[12]	PIN_W11
SRAM_ADDR[5]	PIN_AD5	SRAM_DQ[0]	PIN_AD8	SRAM_DQ[13]	PIN_W12
SRAM_ADDR[6]	PIN_AE5	SRAM_DQ[1]	PIN_AE6	SRAM_DQ[14]	PIN_AC9
SRAM_ADDR[7]	PIN_AF5	SRAM_DQ[2]	PIN_AF6	SRAM_DQ[15]	PIN_AC10
SRAM_ADDR[8]	PIN_AD6	SRAM_DQ[3]	PIN_AA9	SRAM_WE_N	PIN_AE10
SRAM_ADDR[9]	PIN_AD7	SRAM_DQ[4]	PIN_AA10	SRAM_OE_N	PIN_AD10
SRAM_ADDR[10]	PIN_V10	SRAM_DQ[5]	PIN_AB10	SRAM_UB_N	PIN_AF9
SRAM_ADDR[11]	PIN_V9	SRAM_DQ[6]	PIN_AA11	SRAM_LB_N	PIN_AE9
SRAM_ADDR[12]	PIN_AC7	SRAM_DQ[7]	PIN_Y11	SRAM_ CE_N	PIN_AC11

表 E-17 GPIO 与目标芯片引脚连接表

GPIO 引脚名称	FPGA 芯片引脚号	GPIO 引脚名称	FPGA 芯片引脚号	GPIO 引脚名称	FPGA 芯片引脚号
GPIO_0[0]	PIN_F25	GPIO_0[5]	PIN_F23	GPIO_0[10]	PIN_N18
GPIO_0[1]	PIN_J22	GPIO_0[6]	PIN_J21	GPIO_0[11]	PIN_P18
GPIO_0[2]	PIN_E26	GPIO_0[7]	PIN_J20	GPIO_0[12]	PIN_G23
GPIO_0[3]	PIN_E25	GPIO_0[8]	PIN_F25	GPIO_0[13]	PIN_G24
GPIO_0[4]	PIN_F24	GPIO_0[9]	PIN_F26	GPIO_0[14]	PIN_K22

（续）

GPIO 引脚名称	FPGA 芯片引脚号	GPIO 引脚名称	FPGA 芯片引脚号	GPIO 引脚名称	FPGA 芯片引脚号
GPIO_0[15]	PIN_G25	GPIO_0[34]	PIN_L25	GPIO_1[17]	PIN_T24
GPIO_0[16]	PIN_H23	GPIO_0[35]	PIN_L19	GPIO_1[18]	PIN_T25
GPIO_0[17]	PIN_H24	GPIO_1[0]	PIN_K25	GPIO_1[19]	PIN_T18
GPIO_0[18]	PIN_J23	GPIO_1[1]	PIN_K26	GPIO_1[20]	PIN_T21
GPIO_0[19]	PIN_J24	GPIO_1[2]	PIN_M22	GPIO_1[21]	PIN_T20
GPIO_0[20]	PIN_H25	GPIO_1[3]	PIN_M23	GPIO_1[22]	PIN_U26
GPIO_0[21]	PIN_H26	GPIO_1[4]	PIN_M19	GPIO_1[23]	PIN_U25
GPIO_0[22]	PIN_H19	GPIO_1[5]	PIN_M20	GPIO_1[24]	PIN_U23
GPIO_0[23]	PIN_H18	GPIO_1[6]	PIN_N20	GPIO_1[25]	PIN_U24
GPIO_0[24]	PIN_K19	GPIO_1[7]	PIN_M21	GPIO_1[26]	PIN_R19
GPIO_0[25]	PIN_K21	GPIO_1[8]	PIN_M24	GPIO_1[27]	PIN_T19
GPIO_0[26]	PIN_K23	GPIO_1[9]	PIN_P24	GPIO_1[28]	PIN_U20
GPIO_0[27]	PIN_K24	GPIO_1[10]	PIN_MR25	GPIO_1[29]	PIN_U21
GPIO_0[28]	PIN_L21	GPIO_1[11]	PIN_R24	GPIO_1[30]	PIN_V26
GPIO_0[29]	PIN_L20	GPIO_1[12]	PIN_R20	GPIO_1[31]	PIN_V25
GPIO_0[30]	PIN_J25	GPIO_1[13]	PIN_T22	GPIO_1[32]	PIN_V24
GPIO_0[31]	PIN_J26	GPIO_1[14]	PIN_T23	GPIO_1[33]	PIN_V23
GPIO_0[32]	PIN_L23	GPIO_1[15]	PIN_M24	GPIO_1[34]	PIN_W25
GPIO_0[33]	PIN_L24	GPIO_1[16]	PIN_P24	GPIO_1[35]	PIN_W23

表 E-18　数码管与目标芯片引脚连接表

数码管引脚名称	FPGA 芯片引脚号	数码管引脚名称	FPGA 芯片引脚号	数码管引脚名称	FPGA 芯片引脚号
HEX0[0]	PIN_AF10	HEX2[0]	PIN_AB23	HEX4[0]	PIN_ U9
HEX0[1]	PIN_AB12	HEX2[1]	PIN_ V22	HEX4[1]	PIN_U1
HEX0[2]	PIN_AC12	HEX2[2]	PIN_AC25	HEX4[2]	PIN_U2
HEX0[3]	PIN_AD11	HEX2[3]	PIN_AC26	HEX4[3]	PIN_T4
HEX0[4]	PIN_AE11	HEX2[4]	PIN_AB26	HEX4[4]	PIN_R7
HEX0[5]	PIN_V14	HEX2[5]	PIN_AB25	HEX4[5]	PIN_R6
HEX0[6]	PIN_V13	HEX2[6]	PIN_Y24	HEX4[6]	PIN_T3
HEX1[0]	PIN_V20	HEX3[0]	PIN_Y23	HEX5[0]	PIN_T2
HEX1[1]	PIN_V21	HEX3[1]	PIN_AA25	HEX5[1]	PIN_P6
HEX1[2]	PIN_W21	HEX3[2]	PIN_AA26	HEX5[2]	PIN_P7
HEX1[3]	PIN_Y22	HEX3[3]	PIN_Y26	HEX5[3]	PIN_T9
HEX1[4]	PIN_AA24	HEX3[4]	PIN_Y25	HEX5[4]	PIN_R5
HEX1[5]	PIN_AA23	HEX3[5]	PIN_ U22	HEX5[5]	PIN_R4
HEX1[6]	PIN_AB24	HEX3[6]	PIN_W24	HEX5[6]	PIN_R3

（续）

数码管引脚名称	FPGA 芯片引脚号	数码管引脚名称	FPGA 芯片引脚号	数码管引脚名称	FPGA 芯片引脚号
HEX6[0]	PIN_R2	HEX6[5]	PIN_M5	HEX7[3]	PIN_L6
HEX6[1]	PIN_P4	HEX6[6]	PIN_M4	HEX7[4]	PIN_L7
HEX6[2]	PIN_P3	HEX7[0]	PIN_L3	HEX7[5]	PIN_P9
HEX6[3]	PIN_M2	HEX7[1]	PIN_L2	HEX7[6]	PIN_N9
HEX6[4]	PIN_M3	HEX7[2]	PIN_L9		

E.3　HF03 型 EDA 实验箱

HF03 是由合肥工业大学电气学院自行研制的专用 EDA 开发板，可以完成 PLD、EDA 的相关实验与开发。

HF03 的硬件电路如图 E-3 所示。

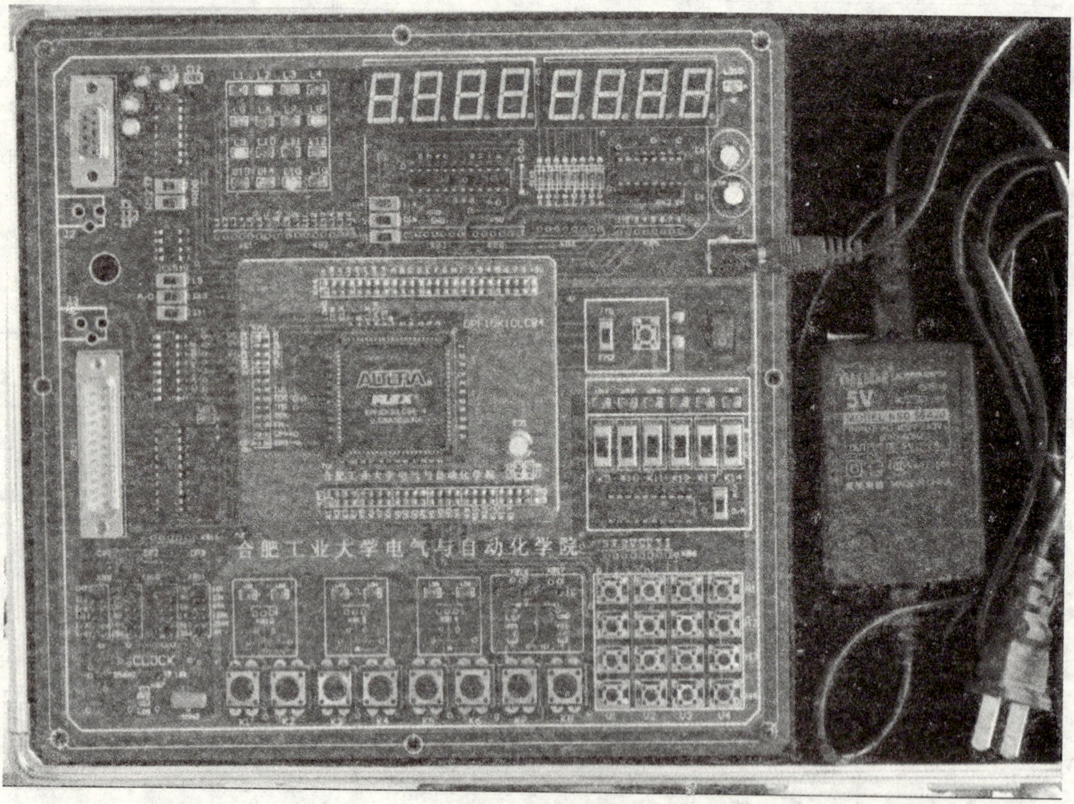

图 E-3　HF03 的硬件电路

E.4　HF03 中目标芯片与其他硬件资源的引脚连接

HF03 中使用的目标芯片为 EPF10K10，它与外部硬件资源的引脚连接如表 E-19 所示。

表 E-19　EPF10K10 引脚分配表

外部器件				引脚
数码管（16）	七段信号	A		83
		B		81
		C		80
		D		79
		E		78
		F		73
		G		72
		DOT		71
	位信号 MS1 - MS8	MS1		61
		MS2		62
		MS3		64
		MS4		65
		MS5		66
		MS6		67
		MS7		69
		MS8		70
发光二极管（16）	AD558	D7	L1	16
		D6	L2	17
		D5	L3	18
		D4	L4	19
		D3	L5	21
		D2	L6	22
		D1	L7	23
		D0	L8	24
	TLC549	LOAD	L9	11
		DIN	L10	10
		CLK	L11	9
	RS232	R	L12	8
		T	L13	7
	MAX7219	CLK	L14	6
		DATA	L15	5
		CS	L16	3
	AD558	CS		25

外部器件			引脚
数据开关（14）	高低电平（按键）	K1	27
		K2	28
		K3	29
		K4	35
		K5	36
		K6	37
	单脉冲	K7	38
		K8	39
	高低电平（拨码）	K9	52
		K10	53
		K11	54
		K12	58
		K13	59
		K14	60
4×4 键盘（8）		V1	2
		V2	44
		V3	84
		V4	47
		H1	48
		H2	49
		H3	50
		H4	51
蜂鸣器		FM	30
时钟信号		CP1	42
		CP2	01
		CP3	43

参考文献

[1] 黄正瑾. 在系统编程技术及其应用 [M]. 2 版. 南京：东南大学出版社，1999.
[2] 彭介华. 电子技术课程设计指导 [M]. 北京：高等教育出版社，2003.
[3] 李国丽，刘春，朱维勇. 电子技术基础实验 [M]. 北京：机械工业出版社，2007.
[4] 潘松，黄继业. EDA 技术实用教程 [M]. 2 版. 北京：科学出版社，2006.
[5] 郑家龙，王小海，章安元. 集成电子技术基础教程 [M]. 北京：高等教育出版社，2002.
[6] 宋万杰，罗丰，吴顺君. CPLD 技术及其应用 [M]. 西安：西安电子科技大学出版社，1999.
[7] 张昌凡，龙永红，彭涛. 可编程逻辑器件及 VHDL 设计技术 [M]. 广州：华南工学院出版社，2001.
[8] 卢杰，赖毅. VHDL 与数字电路设计 [M]. 北京：科学出版社，2001.
[9] 王金明，杨吉斌. 数字系统设计与 Verilog HDL [M]. 北京：电子工业出版社，2002.
[10] 阎石. 数字电子技术基础 [M]. 5 版. 北京：高等教育出版社，2006.
[11] 张明. Verilog HDL 实用教程 [M]. 成都：电子科技大学出版社，1999.
[12] J. Bhasker. Verilog HDL 硬件描述语言 [M]. 徐振林等译. 北京：机械工业出版社，2000.
[13] 刘明业，将敬旗，刁岚松，等译. 硬件描述语言 Verilog [M]. 北京：清华大学出版社，2001.
[14] 侯伯亨，顾新. VHDL 硬件描述语言与数字逻辑电路设计 [M]. 西安：西安电子科技大学出版社，1999.
[15] 斯蒂芬·布朗. 数字逻辑设计（VHDL）基础（英文版）[M]. 北京：机械工业出版社，2002.
[16] 谭会生，张昌凡. EDA 技术及应用 [M]. 西安：西安电子科技大学出版社，2001.
[17] 侯伯亨，顾新. VHDL 硬件描述语言与数字逻辑电路设计 [M]. 西安：西安电子科技大学出版社，1997.
[18] 邓元庆，贾鹏. 数字电路与系统设计 [M]. 西安：西安电子科技大学出版社，2003.
[19] 田良. 综合电子系统设计与实践 [M]. 南京：东南大学出版社，2002.
[20] 王道宪. CPLD/FPGA 可编程逻辑器件应用与开发 [M]. 北京：国防工业出版社，2004.
[21] 王毓银. 数字电路逻辑设计 [M]. 北京：高等教育出版社，1999.
[22] 侯建军. 数字电子技术基础 [M]. 北京：高等教育出版社，2003.
[23] 王建校，危建国. SOPC 设计基础与实践 [M]. 西安：西安电子科技大学出版社，2006.
[24] 江国强. SOPC 技术与应用 [M]. 北京：机械工业出版社，2006.
[25] 潘松，黄继业. SOPC 技术实用教程 [M]. 北京：清华大学出版社，2005.